Oliver Geyer

SOMMERHAUS, JETZT!

INHALT

DER AUSWEG AUS DEM EINWEG-DILEMMA

Wie bescheuert muss man als Vogel eigentlich sein, um bei so einem Sonnenaufgang ausgerechnet *hier* rumzufliegen?«

Ich nahm Ollis Bemerkung und das anschwellende Vogelgeschrei wie durch Watte wahr. Die Ohren waren noch betäubt vom Wummern der Nacht.

»Ich meine, die könnten doch einfach starten und wären in zwanzig Minuten an den schönsten Wäldern und Seen. Mit kerngesunden Regenwürmern als Willkommenssnack.«

Berlin-Kreuzberg, Kottbusser Tor. Graue Hauptstadtvögel stapften in ihren eigenen Hinterlassenschaften auf Stahlträgern herum. Die gelben Waggons der U-Bahn-Linie 1, die in diesem Teil der Stadt oberirdisch verläuft, donnerten über ihren Köpfen in Richtung Endstation. Dort, wo wir entlangliefen, gab es nur Rückstände von Döner mit Zigarettenstummeln als Sättigungsbeilage.

»Wahrscheinlich wissen die gar nicht, was ihnen fehlt«, entgegnete ich Olli. »Komm, lass uns irgendwo in Ruhe noch einen nehmen. Ich habe für morgen die Lizenz zum Ausschlafen.«

Die blaue Stunde löste wieder einmal eine tiefe Zufriedenheit bei mir aus. Es war die Tageszeit, in der mir Berlin immer besonders nach bei sich selbst erschien. Als Familienvater erlebte man sie nicht mehr ganz so oft mit. Aber wenn man dann mal wieder eine dieser Nächte absolviert hatte, die meist mit irgendeiner Restaurantentdeckung anfingen, im allgemeinen Vernissagen-, Bar- und Klubbetrieb der Stadt an Fahrt aufnahmen und bei morgendlichem Gezwitscher in der nächsten Eckkneipe endeten, dann war einem wieder glasklar, dass man genau hier leben wollte. Nur in größeren Städten, davon waren Olli und ich zutiefst überzeugt, gab es auch für den erwachsenen Menschen ein würdevolles Leben nach dem Essengehen. Oder eben auf dem platten Land.

»In dem Punkt unterscheiden wir uns von diesen komischen Vögeln«, sagte ich. »Wir können von dieser Stadt auch nicht lassen. Aber *wir* wissen inzwischen, dass es da draußen auch ziemlich schön sein kann.«

Schweigend liefen wir unter der Hochbahn entlang.

»O Mann«, sagte ich.

»Was ist?«, fragte Olli.

»Morgen früh krieg ich wieder meinen Stadtfrust.«

»Locker bleiben, gegen Mittag fahren wir ja erst mal mit den anderen irgendwo raus zum See.«

Das war vor gut drei Jahren.

Im Schädel dröhnte es noch, als ich mich am nächsten Tag zur Mittagszeit auf der Autobahn am nördlichen Stadtrand wiederfand.

»Fahr mal an der nächsten Raste raus, wir müssen noch einen Einweggrill besorgen«, sagte Simone.

»Einweggrill, Einweggrill!«, moserte ich, »Einweggrills sind überhaupt das Schlimmste. Wenn du mich fragst, ist der Einweggrill das Sommerhaus des kleinen Mannes.«

Trotz meines Katers reflektierte ich unsere Misere buchstäblich auf der Überholspur – und scherte mich nicht weiter darum, dass Simone alles andere als aufnahmebereit war für meine Möchtegern-Bonmots. Wie ein Schlangenmensch schraubte sie sich mit dem Oberkörper vom Beifahrersitz in den hinteren Teil des Wagens. In dieser verdrehten Haltung absolvierte

Simone weite Strecken unserer familiären Autofahrten: Aus der Drehung heraus ins Nucki-Lager in der Mittelkonsole greifen und dem kleinen Oscar den Stöpsel reindrücken; den anderen, verloren gegangenen Schnuller unter Oscars gefledderten Sesamstraßen-Magazinen im Fußraum aufspüren und ins Nucki-Zwischenlager in der Mittelkonsole einweisen; angelutschte und halb aufgelöste Zwiebäcke flugs abtupfen und dem Kleinen wieder anreichen; Sesamstraßen-Magazine mit einem Feuchttuch von verkrusteten Kleinkindspeichel-Zwiebackrückständen befreien und zurücklegen; Gurte, die drücken, so zurechtzupfen, dass sie nicht mehr drücken; Schnuller an den Kopf geworfen kriegen und unablässig schimpfen. Aber für jedes Nölen des kleinen Hintersassen ein offenes Ohr haben. Nicht haben: ein offenes Ohr für die seelischen Nöte des Fahrers. Um irgendwann auch mal wieder ihre Aufmerksamkeit geschenkt zu bekommen, versuchte ich deshalb, erst einmal Oscar zu beruhigen.

»Oscar, jetzt sag mal ganz ruhig *Om*«, empfahl ich dem Kleinen und summte ihm das lang gestreckte Mantra vor: »*Oooooommmm.*«

Aber Oscar brüllte es heraus wie der Frontmann einer Punkband: »Oooooommmm!« Es war nichts zu wollen.

Betont lässig, einarmig mit flacher Hand lenkend, ließ ich das Auto über die A11 schaukeln, bis wir etwa zwanzig Minuten hinter Berlin die Abfahrt Wandlitz nahmen. Olli hatte meinen Fahrstil mal als »Wischtechnik« bezeichnet. Mit Wischtechnik chauffierte ich die Kleinfamilie in den wilden Waldzauber der Mark hinein, der gleich hinter der Autobahn anfing. Dieses Land, so ging es mir durch meine verkaterte Birne, hatte offenkundig einen besonders guten Deal mit der Sonne. Sie leuchtete den Forst hier auf eine Art aus, dass der Moos- und Grasboden wie phosphorbestäubt hellgrün zwischen den Bäumen und ihrem Schattenspiel schimmerte. Einsprengsel märkischen Sands brachten wärmere Töne ins Spiel. Meine Gedanken drifteten ins Schwärmerische ab: Wirkte diese Natur nach der langen Winterpause nicht wie ein Brandenburgisches Konzert, in dem der Wald, das Licht und das Wasser der vielen Seen aufs Schönste komponiert waren? Dieses Konzert hätte ich am liebsten wieder den ganzen Sommer um die Ohren, dachte ich – und trat im nächsten Moment gedanklich auf die Bremse. Ich rief mich selbst zur Raison, um wieder klar zu sehen, dass Brandenburg vielerorts, und besonders in den Straßendörfern, einen eher spröden Charme versprühte. Aber war es nicht nur menschlich, dass man eine verloren gegangene Heimat verklärte? Auch wenn es nur der Zweitwohnsitz war. Schließlich war ich hier auf kaltem Entzug: Sechs Jahre lang hatten wir uns mit Olli und einigen anderen Freunden eine Datsche am See geteilt, bis im letzten Herbst die Kündigung kam. Nun war einer der ersten schönen Tage des Frühlings *danach*, und im Grunde war es viel zu heiß für diese Jahreszeit. Ein Tag wie im August, aber noch ohne Blätter an den Bäumen. Ich fühlte mich vom Wetter regelrecht provoziert. So gut es ging verdrängte ich den Gedanken, dass es schon am Abend wieder zurück in die ultrahocherhitzte Hauptstadt gehen sollte. Und nahm meinen Monolog wieder auf.

»Mit dem Wort ›Einweg‹ in Zusammenhang mit Grillen beginnt die Demütigung doch schon! *Ein* Mal, und dann ist direkt wieder Schluss. Das ist doch wie offener Vollzug, Simone! Da fehlen nur noch elektronische Fußfesseln, die einem vor dem Tagesausflug aufs Land angelegt werden. Man darf für ein paar Stunden den Geschmack der Freiheit kosten, in der Abendsonne am See die stinkende Gallertmasse im Grill entflammen, sein eingeschweißtes Lidl-Steak grillen und noch einmal in den See springen. Dann wandert alles in den Müll, und man muss zurück in den Berliner Altbau. Man fährt geradezu wieder ein in den Altbau.«

Simone rollte mit den Augen. »Jetzt übertreib mal nicht …«

Klar übertrieb ich. Ich musste ja übertreiben, damit mir überhaupt jemand zuhörte. In Zechlin am See hatte es nur weiten Horizont in alle Richtungen gegeben. Auch zeitlich. Da konnten wir rund um die Uhr verweilen, wenn wir wollten.

»Du kannst nicht im Ernst von mir verlangen, dass ich jetzt auch noch gute Laune habe, während ich mich nach all den Jahren wieder mit einem Einweggrill unterm Arm in die Kassenschlange an der Tanke einreihen muss. Diese komische Götterspeise, mit der man Einweggrills anzündet, die versinnbildlicht für mich geradezu die ganze Traurigkeit dieser Instant-Freiheit. Außerdem …«

Summ Summ Summ.

Eine SMS setzte meinen Ergüssen ein Ende.

»Olli schreibt, dass Fabian Bescheid gegeben hat, dass sie einen schönen See gefunden haben«, meldete Simone. »Wir sollen an der alten Mühle links abbiegen.« Nun setzte ein SMS-Trommelfeuer ein. *Summ Summ Summ.* »Fabian lässt fragen, ob wir noch Saft und Zigaretten mitbringen können. Da kommt er ja früh mit.« *Summ Summ Summ.* »Die ist von Andine. Dass sie und Konrad etwas später kommen.«

Noch einige Hundert Meter vor der besagten Abzweigung stand am Straßenrand eine andere alte Mühle, ein nicht mehr ganz taufrischer Volvo 740 GL Kombi mit offener Kühlerhaube. Am technischen Innenleben des Fahrzeugs schraubte ein Mann herum, der sich so weit in den Motorraum vorgebeugt hatte, dass man zwischen seinem Tweedsakko und der braunen Cordhose einen freien Blick auf einen sehr blassen Rücken hatte. Aus der Beifahrertür baumelten die Beine einer Frau, die es sich über beide Sitze hinweg bequem gemacht hatte.

»Konrad und Andine«, sagte Simone, »war ja klar.«

Ich hielt neben dem Pannenfahrzeug, fuhr zur Begrüßung das Fenster herunter und sagte mit überdrehter Reklamestimme:

»*It's a Wellsow!*« Dieser Slogan einer längst eingestellten Luxus-Baureihe von Volvo stand in angelaufenen goldenen Lettern auf der Kofferraumklappe des Wagens und war in unserem Freundeskreis zur allgemein gebräuchlichen Formel für Konrads und Andines automobiles Edel-Elend geworden.

Mit Altöl verschmierter Hand schob Konrad eine Haarsträhne aus der Stirn, rückte seine kleine runde Brille zurecht und strahlte uns an. »Tag der Herr! Wir brauchen dann wohl noch einen Moment länger. Der Keilriemen mal wieder.« Die Beine aus der Fahrerkabine suchten Bodenkontakt. Andine lief mit ausgebreiteten Armen auf unser Auto zu, riss die Türen auf und küsste Oscar ab. »Mon Dieu! Ihr seid die Rettung. Lord Cord kann alleine weiterschrauben, ich fahre bei euch mit.« Am Tweed von Konrads Ärmel kroch eine Ölspur hinunter.

Neben seiner Tätigkeit in einer politischen Beratungsfirma promovierte Konrad seit geraumer Zeit in Volkswirtschaftslehre und traf auch seine Entscheidungen beim Autokauf immer ganz als Homo oeconomicus. Nach der reinen Lehre durfte der Kaufpreis dieses Gebrauchsgegenstands den Gebrauchsnutzen um keinen Euro übersteigen. Jeder Cent, der darüber hinausging, diente in Konrads Augen entweder einem fragwürdigen Prestige oder dem Aufbau eines überflüssigen Sicherheitspuffers und galt mithin als rausgeschmissenes Geld. Als Sohn eines Entwicklungshelfers, der einem westfälischen Landadelsgeschlecht entstammte, hatte Konrad mit seinen Eltern lange Zeit in Afrika gelebt. Afrika war denn auch die Folie, vor der Konrad den Rest der Welt und das ganze Leben betrachtete, weshalb er mehr oder weniger unverhohlen das allgemeine Sicherheitsdenken und die Wohlstandsweichgespültheit mitteleuropäischer Prägung verachtete, auf jeden Fall aber allzu intakte Fahrzeuge. Das würde es in Afrika nicht geben. So als Homo oeconomicus africanus blieb man lieber ab und zu mal auf der Strecke und ersetzte gerissene Keilriemen mit den Strumpfhosen der Lebensgefährtin –

Herumbasteln als Lebensart. Der Legende nach waren Konrad und Andine auf dem Weg zu unserer gemeinsamen Wochenenddatsche selten in einem Rutsch über Wandlitz hinausgekommen, einer Gemeinde, die ja schon zu DDR-Zeiten als Parteibonzen-Siedlung den Beinamen Volvograd trug.

»Fahrt ihr ruhig vor«, sagte Konrad, »ich kann das letzte Stück zur Not laufen.«

Auf dem Parkplatz am See standen schon die Autos der anderen marodierenden Vertriebenen unseres Wochenenddomizils. »Erstaunlich, aber der Anblick von geparktem Blech kann tatsächlich melancholisch stimmen«, sagte ich zu Simone.

Diese Autos standen dort genauso, wie sie immer auf dem Feldweg vor dem Zechliner Ferienhäuschen gestanden hatten: der uralte grüne Klempnerbulli der Schönbergers, mit dem Jörg seine Schrottskulpturen durch die Gegend transportierte und Elke ihre Fotoausrüstung; daneben der unfallbedingt etwas derangierte, aber immer gut ausgesaugte Dreier-BMW von Olli, der als Oberamtsrat im Landwirtschaftsministerium diente; dann der silberne Audi mit den cremefarbenen Ledersitzen, in dem Jungunternehmer Fabian neuerdings vorfuhr und vor dessen hinterem Fenster ein in Plastikfolie eingehüllter turbogereinigter Anzug hing.

Schönbergers breiteten auf der Badewiese schon ihre Picknickdecke aus, die anderen arbeiteten sich noch daran ab, einen kleinen Hausstand zu der Badestelle zu transportieren. Wie eine Dampframme zog Oscar an allen vorbei in Richtung von Noah, dem Kleinen der Schönbergers, ich eilte ihm mit dem Einweggrill unterm Arm hinterher. Olli schleppte Getränkekisten und presste im Rhythmus seiner Stoßatmung ein gekünstelt gut gelauntes »Servus, Grüezi und Hallo!« hervor. Andine busselte mit allen und tirilierte: »Dann ist die Zweitfamilie ja fast wieder versammelt, Graf Zahl muss nur noch geschwind unsern Wellsow reparieren!«

»Jetzt mal alle schön gelassen bleiben«, schritt Fabian ein und begrüßte jeden Einzelnen mit Handschlag.

Ich schmiss den Einweggrill in den Sand und tönte: »Da, hier ist unsere Zukunft.«

»Ist schon echt bitter«, sagte Olli mit einem Lachen in h-Moll und reichte Bierflaschen in die Runde. »Bitteschön, der Klügere kippt nach.«

Ich musste passen. »Nee, erst mal anbaden, kaltes Wasser soll gut gegen Depressionen sein.«

Die Ankündigung, baden zu gehen, löste das gewohnte Schwarmverhalten aus. Während ich im See paddelte, schaute ich zu, wie einer nach dem anderen die Hüllen fallen ließ und sich mehr oder weniger mimosenhaft dem Wasser näherte. Noah und Oscar bauten am Ufer eine Burg aus Matsch.

Als sich alle in Badetücher gewickelt auf die Decken gefläzt hatten, konnte ich es mir nicht verkneifen, unser Treffen anzumoderieren: »Ich würde mal sagen, das ist dann wohl so eine Art Gründungskongress unseres Bundes der Datschenvertriebenen. Wie wär's, wenn wir uns hier ab heute einmal im Jahr mit Fähnchen und Trachten treffen, um unsere Retro-Romantik zu zelebrieren? Wir sollten revisionistische Brandreden halten, in denen die Gültigkeit des Aufhebungsvertrags für unseren Sommersitz geleugnet wird! Und mit feuchten Augen schwelgen in Erinnerungen an unseren verlorenen Wohlstand: die sommerlichen Tafeln auf der Seeterrasse, die Winterabende am knisternden Kamin mit Blick auf die verschneite Prignitz.«

Andine spielte einen Nervenzusammenbruch vor. »Du streust Salz in die Wunden!«

Olli nahm seinen sehr tiefen Eröffnungszug aus der Zigarette, bei dem seine Sehnen am Hals immer stark hervortraten. »Warum ist Konrad nach unserem Rauswurf eigentlich nicht wie Gräfin Dönhoff hoch zu Ross zurück nach Berlin geritten?

Das wäre doch mal standesgemäß gewesen. Aber Jörg und Elke, wie ihr da vorhin Noah und alle Habseligkeiten im Bollerwagen durch den Sand gezogen habt, das sah eigentlich auch schon ganz passend aus.«

Jörg befreite eine aus der Tupperbox gekullerte Bratwurst von ihrer Sandpanade und drehte sich in aller Gemütsruhe eine Zigarette. Der Schrottkünstler überstürzte nichts und reagierte gerne erst nach einer längeren Kunstpause, wenn die Aufmerksamkeit der anderen sich schon fast dem nächsten Thema zuwandte. »Nur, dass uns nicht der Russe vertrieben hat«, sagte er.

Vertrieben hatte uns aus dem Kleinod an der Rheinsberger Seenplatte – einem Bungalow, zu dem ein eigener Steg, ein Ruderboot, ein großer Garten und eine Terrasse mit Seeblick gehörte – der Eigentümer selbst. Das war Markus Jünemann, ein Industrieller, der aus einer Kleinstadt in Nordrhein-Westfalen die Welt mit Explosionsfilteranlagen belieferte. Vertrieben hatte er uns aus einem Paradies, in das wir uns auf unsere spätstudentischen Tage Anfang der Nullerjahre aus Berlin geflüchtet hatten, um eine Pause von der Hauptstadt und dem hochtourigen Leerlauf ihres Nachtlebens zu machen.

»Wenigstens mal für einen Sommer irgendeine Bleibe irgendwo auf dem Land mieten, nur für die Wochenenden …« Das war Konrads Idee.

Konrad übernahm immer schon in all jenen Belangen die Vorreiterrolle, für die man bei den linksliberalen Szenegängern, in den von uns bevorzugten Wohnzimmerbars und Klubs, ein Naserümpfen ernten würde: Er leistete sich eine Putzfrau, die für ihn den Abwasch in der WG-Küche erledigte, er argumentierte mit Verve gegen Solarenergie und Windkraft, und er verkündete seine Absicht, einen Landsitz haben zu wollen, zu einem Zeitpunkt, als die meisten drei Kreuze machten, weil sie gerade mal den Absprung aus der Studentenbude mit Kohleofen geschafft hatten.

»Ganz Deutschland träumt von der Kastanienallee, und wir wollen nur noch weg«, hatte Olli damals unseren Abgang zurechtmystifiziert – und damit eine für viele Jahre im hohen Drehzahlbereich rotierende Selbstvergewisserungsmaschine angeleiert: Dass es ja wohl mehr als angemessen wäre und total Avantgarde sowieso, sich neben dem Leben in der Stadt, in die zurzeit alle Welt strebt und an die auch wir unser Herz verloren hatten, noch eine Landzuflucht zu leisten. Es war ein eigentümliches Gefühl à la: »Wir haben den Hype nicht mehr so nötig«, das seine heutige Entsprechung vielleicht darin fände, sein iPad vor den Augen der Werbeagenturkollegen, ohne eine Miene zu verziehen, in den Altglascontainer zu werfen. So in etwa kamen wir uns damals vor.

An den ersten Sommerabenden wurden der Garten und die Terrasse mit den obligatorischen, rot leuchtenden Seventies-Bogenstehlampen und Sperrmüllsofas ausstaffiert. »Gutes Mood-Management ist die halbe Miete«, hieß es, und als Audioteppich wurde das damals allgegenwärtige Down-Tempo-Trance-Geschwurbel von Kruder, Dorfmeister und DJ-Konsorten ausgelegt. So ganz ohne den Schick des Berliner Nachtlebens mochte man seine Wochenenden dann auch wieder nicht verstreichen lassen. Das Nightlife mit dem hauptstadtbewährten Formenarsenal der ausklingenden Neunzigerjahre sollte weitergehen, aber zur Abwechslung mal unter dem funkelnden Sternenzelt und an der nach Tannennadeln duftenden Ostprignitzer Luft. Mit wirrem Kopp und bei Vollmond vom Steg in den lauwarmen See zu hechten und sich dann mit triefend nasser Badehose direkt wieder ins Getümmel zu stürzen, darum ging es. Bier trinken, kiffen, mit fiebriger Intensität über Gott und die Welt diskutieren und an improvisierten Festtafeln mit endlosen Lichterketten und zahllosen Teelichtern selbstmörderische Mengen von Grillfleisch vertilgen.

Das kleinbürgerliche Umfeld mit DDR-Datschen und älteren Pfahl-Holzhäuschen am Seeufer, die auch als Kulisse für eine Astrid-Lindgren-Verfilmung hätten herhalten können, die skandinavisch anmutende Landschaft mit schier endlosen Wäldern und Seen ringsherum – das alles amalgamierte unter unserem neuberlinischen Einfluss zu dem charakteristischen Zechlin-Flair, zu dessen Beschreibung sich das frisch formierte Datschenkollektiv auf die Formel einigte: »*Ferien auf Saltkrokan* plus Alkohol und Marihuana.« Die Rohrdommel aus dem Schilf am anderen Ufer groovte ihre Rufe bald auf die Frequenzen der Trancetechno-DJs ein, stimmungsvoll abgemischt mit schrillen Begeisterungsrufen, wie man sie zuletzt im Rahmen des Mauerfalls vernommen hatte. »Wahnsinn!« Der kleine Unterschied bestand darin, dass wir uns nicht über das Sortiment des KaDeWe freuten, sondern darüber, dass wir in den Osten durften und dort ein Domizil in einem Landstrich aufgetan hatten, dessen Schönheit uns Westkindern ja nicht bewusst war – und den uns der Wind der Geschichte ganz unerwartet als Wochenend-Tummelplatz vor die Füße geweht hatte. Wir waren Wendegewinner.

Nach einem frühherbstlichen Abend bei Kamingeknister stellte sich die Frage, ob wir es dabei bewenden lassen sollten, nicht mehr. Von diesem Ort hier müsste man uns schon verjagen. In der Hitze eines Sommers war die halb zufällig zusammengekommene und lose gekoppelte Gruppe, von der sich einige Leute zuvor gerade mal auf lockerer Thekenbasis kannten, zu einem festen Freundeskreis karamellisiert.

Jörg hing auf seiner Picknickdecke noch für eine Zigarettenlänge unserer Vertreibung aus diesem Paradies nach. »Hätte mir irgendjemand mit hellseherischen Fähigkeiten im Laufe meiner Kindheit in Rheinland-Pfalz auf der Landkarte gezeigt, wo ich mal Jahre meines Lebens verbringen würde, ich hätte gedacht, dass wirklich die Russen den Kalten Krieg gewinnen und wir alle ins Umerziehungslager müssen.«

Neben Andine flog ein verschmuddeltes Tweedsakko in den Sand. Konrad.

»Seid ihr etwa schon wieder mit Vergangenheitsbewältigung beschäftigt?«, fragte er.

Das allgemeine Schweigen kam einem Eingeständnis gleich. Konrad betrachtete Besitzstandswahrung im Allgemeinen und larmoyantes Trauern um unser verlorenes Landgut im Speziellen als ein Vergehen, das er gewöhnlich durch demonstratives Ärmelhoch ahndete. Nun holte er eine Klarsichthülle mit einem Stapel Papieren aus der Tasche.

»Hier, Maklerexposés. Eins der Häuser können wir sogar heute gegen Abend noch besichtigen, ist hier ganz in der Nähe.«

Wie Schüler, denen der Lehrer die Aufgabenzettel für die Klassenarbeit in die Hand drückt, reckten wir den Hals und ließen die Exposés kursieren. Es handelte sich um Anwesen, die allesamt irgendwo draußen in der Mark Brandenburg lagen, weit entfernt vom Speckgürtel der Hauptstadt.

»Ich sehe das genau wie Konrad«, durchbrach Olli das Schweigen, »wir müssen unbedingt irgendwie weitermachen. Ich will ja nicht, nur weil ich auf die vierzig zugehe, auf einmal in ein Vollklinker-Reihenhaus mit Carport umziehen.«

»Du willst dich nicht aus dem Leben *ausklinkern*, Olli!«, sprang ich ihm bei. Olli ignorierte das alberne Wortspiel.

»Für mich bleibt es das relevante Lebensmodell, dass man beides kombiniert: best of Stadtleben und best of Landleben. Das Beste aus *beiden* Welten.«

Andine kräuselte die Stirn und machte eine pseudoverärgerte Miene. »Darum geht es Konrad nur gar nicht, Olli. Gib ruhig zu, Lord Cord, du willst einfach mal endlich richtig Gutsherr spielen …«

Konrad Volkmann von Plettenberg genannt Droste kicherte

verdruckst. Dann platzte es aus ihm heraus: »Stimmt ja, ich will endlich Land! Eigenes Land!«

Aus seiner Landsehnsucht hatte Konrad nie einen Hehl gemacht, wobei er dem Wort »Land« gerne einen weihevollen Klang verlieh. Er wollte *Land* besitzen, wollte *Land* beackern und bewirtschaften, ganz so, wie er das als Kind in den Ferien auf Großvaters Wasserschlösschen kennengelernt hatte. Konrad hatte schon immer viel davon geredet, Bäume zu pflanzen, Scheunen zu bauen und umzubauen, zu reiten und zu jagen. Während wir anderen damals in Zechlin das Gefühl hatten, als Pächter der Datsche bereits am Ziel angekommen zu sein, hatte Lord Cord die Zeit in unserer Furnier-Finca offenkundig nur als Ouvertüre zu jenem Glanz empfunden, den diese Datsche offensichtlich vermissen ließ – und der mit dem Erwerb eines standesgemäßen Landhauses zu einem späteren Zeitpunkt zu realisieren war.

Während der gesamten Zechliner Zeit kam keiner von uns so recht dahinter, wofür die Menschheit Explosionsfilteranlagen brauchte. Und doch waren wir der Welt dankbar, dass sie diese Technologie so intensiv nachfragte, hatte das Explosionsfiltergeschäft unseren Vermieter doch in den Stand versetzt, sich dieses kleine Ferienhaus herzurichten. Immerhin hatte Jünemann die alte DDR-Datsche so aufgemotzt, dass die Nachbarn nur noch vom »Chefbungalow« sprachen, wenn sie unser Haus meinten – sie hatten den Chefbungalow noch nicht von innen gesehen.

Als Nachfolger im Familienunternehmen erbte Markus Jünemann Mitte der Neunzigerjahre das ganze, mehrere Fußballfelder große Areal, auf dem sich neben anderen Datschen auch unser Kleinod befand. Es handelte sich um das Feriengelände des volkseigenen Betriebs »Pumpenwerke Dessau«, den sein Vater nach der Wende mit seinem kerngesunden westdeutschen Unternehmen geschluckt und verdaut hatte. Als Anreiz dafür, dass Jünemann junior sich um das Gelände kümmerte, überließ ihm der Senior diese Datsche in Premiumlage: ein paar Meter oberhalb eines Bilderbuchsees und genau in der richtigen Entfernung von allen Mücken und den ebenso lästigen Tagesbesuchern an den öffentlichen Badestellen – sozusagen auf der Beletage des Geländes. Jünemann baute die Datsche mit einigen Saufkumpanen, die sich an irgendeiner technischen Hochschule mit verheerendem Männerüberschuss zusammengerottet hatten, zu seinem »Sahnestückchen« um. Das Wort »Sahnestückchen« hatte für ihn indes weniger etwas mit ästhetischen Kriterien zu tun als mit seinen uninspirierten Erwartungen an Ferienhausarchitektur. Jünemann wollte es offenbar wieder so kuschelig haben wie in den Dänemark-Urlauben seiner Jugend. Als wir die Datsche das erste Mal betraten, wähnten wir uns in einem Ferienhauskatalog von Dr. Tigges.

Denn Jünemann hatte diesem ehemaligen VEB-Ferienbungalow, aus dessen Substanz man mit einem Händchen für kritische Rekonstruktion durchaus einen gewissen DDR-Retroreiz hätte herauskitzeln können, gleichsam den Holzvertäfelungstod beschert. Alle drei Zimmer und die Küche des Bungalows bestanden ausnahmslos aus Holz, nicht einmal bei den Lichtschaltern wich Jünemann auch nur einen Zentimeter von seinem innenarchitektonischen Holzweg ab. Die verbliebene Restästhetik hatte er in Grund und Boden gekachelt. Und doch: Als die letzte Spax-Schraube versenkt, die letzte Fliese verfugt war, sollte Jünemann feststellen, dass er damit bei seiner Frau nicht landen konnte. Nachdem die Unternehmergattin das Gelände in ihren Prada-Schläppchen zum ersten Mal betreten und angesichts der Bauschuttberge das Näschen gerümpft hatte, suchte Jünemann dringend Mieter. So erzählt es jedenfalls die Legende, die die Nachbarn schmiedeten.

Uns war erst mal egal, wie das verschlimmbesserte Sahnestückchen von innen aussah, wir brauchten eigentlich nur ein paar Betten, in die wir uns nach durchzechter Nacht ablegen konnten. Ein Dach über dem Kopf. Die Bodenfliesen wurden mit den Perserteppichen von Fabians verstorbener Großtante überdeckt. Die Teppiche wiederum verschwanden meistens unter einer Schicht Matratzen, da die Betten der zwei Schlafzimmer bei Weitem nicht ausreichten, wenn alle zwölf Mitmieter und womöglich noch ein paar Freunde gleichzeitig vor Ort waren. An solchen Wochenenden sah es in der Datsche aus wie in einer zum Schlafsaal umfunktionierten Turnhalle beim ökumenischen Kirchentag. Doch uns ging es sowieso nur um die Terrasse und den See, den man durch die großen Panoramafenster immer im Blick hatte. Der Kamin und diese Fenster waren das Beste, was Jünemann dieser Datsche angetan hatte.

Noch schöner war aber, dass dieses Anwesen – von ein wenig Rasenmähen abgesehen – kaum Arbeit machte. Das Einzige, was hier permanent arbeitete, war Jünemanns Holzbungalow, in dessen Gebälk es unentwegt knackte. Eine Geräuschkulisse, die uns schon bald auf Tiefenentspannung konditioniert hatte und unmittelbar nach dem Aufschließen der Hütte den Alltag vergessen ließ. Für Konrad hingegen muss das Knacken die ständige Mahnung gewesen sein, dass es *das* ja wohl noch nicht gewesen sein konnte. Nun, im Frühling nach unserer Vertreibung aus dem DDR-Datschenparadies, wurden seine Instinkte wieder geweckt. Er sah die Gelegenheit gekommen. Er wollte uns notfalls zum Jagen tragen.

»Eigenes *Land* will ich allein schon deshalb, damit uns nie wieder jemand einfach so rausschmeißen kann«, sagte Konrad.

»Ist aber doch auch egal, wer hier warum wieder ein Haus auf dem Land will«, sagte Simone und wusch nebenbei Oscars Schnuller im Seewasser ab. »Das Wichtigste ist doch, dass scheinbar alle irgendwie wollen, dass die Sache weitergehen soll! – So, das musste ich jetzt mal sagen.« Spontan fanden sich Flaschen und Pappbecher in der Mitte des Deckenlagers zusammen.

»Bravo Simone, das ist die richtige Einstellung!«, lobte Lord Cord.

Eine Scheibe Weißbrot mampfend versuchte ich es mit dem nächsten Kalauer: »Darf ich einen Toast aussprechen? *Sommerhaus jetzt.*«

Die Trinkgefäße klirrten noch einmal zusammen.

Nur Andine war schon wieder auf dem Weg vom Stimmungsplateau zurück ins Jammertal. »Fragt sich nur, wie wir ein Anwesen bezahlen sollen, das endlich mal mitteleuropäischen Standard bietet. Für jeden ein eigenes Schlafzimmer wär ja auch mal was …«

»Über den Kampf zum Spiel finden, Madame!«, empfahl Konrad. »Übrigens, ist hier jemand im ADAC?«

Fabian drückte ihm ein goldenes Kärtchen in die Hand. »Wir müssen denen aber sagen, dass ich gefahren bin.«

»Gut. Um 17 Uhr ist Besichtigung bei diesem Haus hier in der Nähe. ›Wohnhaus mit eigenem See und guter Verkehrsanbindung‹. Bis dahin muss die Karre wieder laufen.«

Von wenigen Petitessen und kleineren Streitigkeiten mal abgesehen hatte es in Zechlin über die grobe Marschrichtung letztlich immer Einigkeit gegeben. Die Präambel unserer in lauen Sommernächten unermüdlich herbeidiskutierten, ungeschriebenen Statuten war die Überzeugung, dass ein Leben im Vorort Teufelszeug ist, wachsweicher Kompromiss aus Stadt- und Landleben. Dass man das Beste aus diesen beiden Welten nun einmal nur durch zwei Wohnsitze bekommen kann: einen in direkter Nachbarschaft zu den Bars, Kinos, Theatern, Restaurants und Falafelbuden Berlins und einen anderen mit Seezugang, zwischen Wäldern, Auen und Rohrdommeln. Und dann war da noch der Artikel 1 unserer ungeschriebenen Charta: der Glaube an die Wirkung des kollektiven Chaos als eine Frischzellenkur, die uns auch dann mental elastisch halten sollte, wenn wir einmal Gefahr liefen, *zu* erwachsen zu werden. Dafür mehrten sich im Laufe der Zechliner Jahre die Anzeichen.

In dieser Umgebung, in der alles wie unter Weichzeichner verschwamm, gingen in einer Silvesternacht auf dem zugefrorenen See neben Andine und Konrad auch Simone und ich auf Tuchfühlung. Bei Elke und Jörg gab es schon Nachwuchs, Simone und ich legten ein Jahr später nach. Das Zechliner Nightlife wich nach und nach einem mehr geregelten Tag-Nacht-Rhythmus. Die Wochenenden dienten zunehmend der Erholung und Frischluftkur für gestresste Eltern. Zusehends wuchsen wir aus dem ohnehin schon zu kleinen Bungalow heraus und setzten dennoch, wie zum Trotz, mehr denn je auf das Wochenendkollektiv als Breitband-Anti-Idiotikum gegen Frühvergreisung. So glaubten wir, würden wir den offenkundigen Anfängen schon wehren.

Aufgrund unserer Fertilität und des ungebrochenen Besucherstroms gab die Zechliner Datsche immer häufiger ein Bild ab wie aus den Tagesschauaufnahmen der Prager Botschaft der BRD, die im Wendejahr 1989 von DDR-Ausreisewilligen belagert wurde: ein Notquartier für Familien mit Kindern. Subkutan kam Endzeitstimmung auf, ahnten wir, dass es so nicht weitergehen konnte. Für den überfälligen Systemwechsel waren wir andererseits auch noch nicht bereit. Stattdessen veranstalteten wir erst einmal eine Riesenparty, eine, bei der es anders als bei allen bisherigen Festen keine Deckelung der Gästezahl gab, sondern jeder frei von der Leber weg einladen durfte. Alle Bedenken, das könnte für unsere kleine Datsche eine Nummer zu groß werden, wurden in den Wind geschlagen. Als Motto verständigte man sich auf »Balkan«, ganz so, als wollte man die Party von vornherein auf Eskalation programmieren. Gastgeber und Gäste erschienen in Gypsie-Kostümierung, die Frauen in wild geblümten Kleidern, die Männer mit Hochglanz-Jogginganzügen aus Ballonseide, Hüten und Gebissen mit vielen Goldzähnen und noch mehr Lücken. Es wurde eine Party, die wie ein Erdbeben der Stärke 3 begann und sich dann kontinuierlich steigerte. Nicht zuletzt dank des einen oder anderen Fläschchens Sliwowitz.

Als Gäste und Gastgeber schon voll waren wie die Grottenolme, kam mit einem Mal tumultartige Unruhe auf. Es fehlte an Brennholz, um die vom Dorfschlachter gelieferten Spanferkel zu Ende zu grillen.

Olli, der in praktischen Belangen des Landlebens generell mit weniger Augenmaß operierte als in seinem Job im Landwirtschaftsministerium, hatte die Lösung: »Diese hässlichen Sichtschutz-Bastmatten vor unserem Zaun, die will der Jünemann doch bestimmt auch schon lange loswerden, die knallen wir jetzt mal einfach aufs Feuer.«

Die Flammenwand des Bastmatteninfernos erwischte gottlob keine Menschen, aber sie erzeugte eine Druckwelle, die eine Scheibe der Jünemannschen Panoramafensterfront zum Bersten brachte. Die Schweine waren verkohlt. Der Explosionsfilterhersteller ging in die Luft. Am Ende des Monats lag das Kündigungsschreiben auf dem Tisch.

»Eine kurze Frage hätte ich aber trotzdem noch«, sagte Olli, »stehe ich alleine mit dem Verdacht, dass Konrad die Balkan-Party nur angezettelt hat, um die Sollbruchstelle für Zechlin zu finden?«

Ich holte den Einweggrill aus der Packung und baute ihn am Rande des Picknickdeckenlagers auf. »Schlage vor, wir lassen die Vergangenheit ruhen. Wie wär's, wenn ich jetzt mal unseren ›Grillfix Delux‹ anschmeiße und wir die ersten Würstchen auf den Rost legen?«

Simone verteilte Pappteller, Elke kramte große Salatschüsseln aus dem Bollerwagen und befreite sie von ihrer Frischhaltefolie. Jörg lag regungslos auf der am stärksten versandeten Decke und gab noch für ein Weilchen den Epikureer. Sogar auf Picknickdecken-Niveau verfiel jeder von uns schnell in seine gut eingeübte Rolle.

»Der Motor der Gruppendynamik schnurrt auf jeden Fall auch nach dem Crash vom letzten Jahr weiter wie ein Kätzchen«, kommentierte Olli, während er mit der flachen Hand unablässig Sand von der Picknickdecke fegte. Konrad bekam von dem kleinen Seitenhieb allerdings nichts mit; sein Kopf und der von Fabian hingen noch immer tief über den Exposés, und wir schnappten lediglich hin und wieder Satzfetzen auf: »Verkehrswert schön und gut. Aber ist es eine nicht vermehrbare Lage? Am besten erst mal die Flächennutzungspläne anschauen.«

»Die Oberste Heeresleitung befasst sich lieber mit der Eroberung neuen Lebensraums, anstatt mal beim Haushalt zu helfen«, raunte ich Olli zu. Wir warfen uns Blicke zu, die vom selben Leidensdruck zeugten. Erst beim Essen kehrte Ruhe und Seelenfrieden ein. Die normative Kraft des Kulinarischen hatte in dieser Gruppe ihre Wirkung noch nie verfehlt.

Die Karawane zog weiter. Alle folgten Fabians Firmenwagen, der als Einziger mit Navigationssystem ausgestattet war. Doch nach ein paar Hundert Metern fuhr der Silberpfeil schon wieder rechts ran. Durchs Heckfenster war zu sehen, wie das kleine Display mehrmals aus dem Armaturenbrett raus und wieder rein fuhr und Fabian nur mit den Schultern zuckte. Andine lief als Überbringerin schlechter Nachrichten von Auto zu Auto: »Fabians Elektronik spinnt. Außerdem gibt es in Brandenburg und McPomm offenbar so einige Bliesdorfs. Geht ja gut los.«

Nach einer Weile öffnete sich die Tür des grünen Rumpelbusses, und Jörg schlurfte mit einem Stapel bunter Blätter zu Fabian. Diese Loseblattsammlung war einmal ein ADAC-Atlas, den Jörg schon mit dem Rumpelbus übernommen hatte und den er beharrlich im Handschuhfach aufbewahrte. Deutschland war darin noch nicht wiedervereinigt. Konrad, Jörg und Fabian breiteten die infrage kommenden Seiten auf der Wiese aus und grübelten über dem kartografischen Puzzle, als planten sie tatsächlich die Operation Barbarossa. Schließlich griff sich Konrad eine der Atlasseiten und hielt sie zum Zeichen des Aufbruchs hoch. »Ist doch ein Stückchen weiter, aber machbar. Andine und ich fahren vor.« Die Motoren heulten auf.

»Plötzlich ist es also doch etwas weiter – da hat die Witterung unserer Leitwölfe aber kläglich versagt«, meckerte ich.

»Wenn die Autotüren zu sind, setzt bei dir auch sofort der Lästerreflex ein«, meinte Simone.

»Ollis spüren so was eben.«

»Was spüren Ollis?«

Ich schwieg. Simone kurbelte die Lehne ihres Sitzes ein Stück nach hinten.

»Oscar schläft. Ich mach jetzt auch mal ein bisschen die Augen zu.«

»Ist doch ein Stückchen weiter«, stellte sich als veritable Untertreibung heraus. In einer gut einstündigen Autofahrt näherten wir uns der Oder-Neiße-Grenze. Mich hatten derweil noch meine Zwangsgedanken an die Ungerechtigkeit der Welt und das feine Gespür der Ollis dafür im Würgegriff.

Wegen einiger augenfälliger Gemeinsamkeiten – Olli und ich waren nicht nur Namensvettern, sondern stammten beide aus Ostwestfalen, wir waren beide annähernd zwei Meter groß und hatten beide blonde Haare – wurden wir gerne im Doppelpack als »die Ollis« bezeichnet und gelegentlich auch als »Kesslerzwillinge« diffamiert. Neben der phänotypischen Ähnlichkeit waren auch gewisse charakterliche Parallelen nicht von der Hand zu weisen: unsere handwerkliche Minderbegabung etwa. Unsere Neigung, bei allen praktischen Tätigkeiten, besonders bei Gartenarbeiten, eher brachial vorzugehen und tief sitzende Aggressionen auszuagieren. Unser Schicksal, uns als einzige männliche Mitglieder der Mannschaft auch für negentropische Arbeiten wie Aschenbecherleeren, Fegen, Spülmaschine einräumen und Staubsaugen zuständig zu fühlen, derweil die Datschenkollegen lieber Zeitung lasen, über die großen Weltläufe debattierten oder von Zeit zu Zeit in die Runde blafften: »Kann mal einer Kaffee machen?« Darüber stand Ollis und meine Neigung, all dies im Modus einer ironisch angereicherten Larmoyanz unablässig durchzukauen. Sich über die Verhältnisse zu beklagen, sie im Zwiegespräch immer aufs Neue in schillernden Farben zu beschreiben und vor allem zu übertreiben, das hatten wir Ollis als Freizeitspaß lieb gewonnen. Wir waren uns ja dessen bewusst, dass uns der Putz- und Aufräumfimmel nun einmal in die ostwestfälische Wiege gelegt worden war und dass wir, sollten die Ungerechtigkeiten nicht eingebildet sein, diese Verhältnisse mit unserem Lamento ja nur zementierten. Wir Ollis hatten nicht nur den gleichen Putz- und Aufräumfimmel, wir hatten auch die analogen Mechanismen, für unsere Psychohygiene zu sorgen.

»Die Hölle, das sind die anderen«, zitierte Olli gelegentlich Sartre.

»Und manchmal sind sie dann auch wieder der Himmel«, ergänzte ich gerne. Denn Olli und ich liebten dieses Datschenkollektiv. Wo sonst konnte man sich schon in einer so wunderbaren Umgebung so schön über seine Mitbewohner aufregen? Außerdem hätte unser Datschenkollektiv sicher nicht so lange gehalten, wenn die anderen nicht regelmäßig auch der Himmel gewesen wären: deutlich länger jedenfalls als die von Außenstehenden zu Beginn geunkten »keine sechs Monate«.

Nach der *letzten Tankstelle vor der polnischen Grenze* bog Konrad in einen Feldweg, auf dem die Autokolonne eine weitere Viertelstunde dahinrollte. Der Weg bestand aus den typischen Betonplattenstreifen rechts und links und Staub dazwischen. Überhaupt hatte die Landschaft zunehmend ein osteuropäisches Gepräge oder besser gesagt: Hier sah es so aus, wie man sich die Ukraine vorstellt, wenn man noch nie dort war: eine eintönige Nutzackerfläche ohne Höhen und Tiefen. Eine Gegend, der man das Prädikat »Landschaft« gar nicht so recht zuerkennen mochte. Mit der »guten Verkehrsanbindung« im Exposé musste der Makler auf den eurasischen Fernverkehr in Richtung Ural angespielt haben. Die Szenerie erinnerte mich an einen populärwissenschaftlichen Artikel, wonach das Land Brandenburg hydrogeologischen Berechnungen zufolge in ein paar Hundert Jahren weitgehend ausgetrocknet und versteppt sein soll. Das müssen die Anfänge sein, dachte ich.

Durch den von den Autos aufgewirbelten Staub zeichnete sich die Kontur eines gelben Hauses ab, vor dem eine dunkle Limousine parkte.

»Das da etwa?«, fragte Simone im Halbschlaf.

»Ich fürchte ja, das wird es wohl sein«, sagte ich mit langem Gesicht. Auch aus den anderen Autos schauten Das-da-etwa-Gesichter.

Erfreuter blickte der Makler drein, was angesichts von fünf Autos, die schließlich doch noch den Weg in diese Einöde gefunden hatten, nicht verwundern konnte. Entweder war außer uns Verspäteten niemand hier, oder die anderen hatten sich gleich wieder aus dem Staub gemacht.

Der Makler servierte uns einen der grundlegenden Kunstgriffe seiner Zunft: »Sie haben Glück, dass ich noch da bin. Der Ansturm war gewaltig, wir sind gerade eben erst fertig geworden … Nun, dann machen wir eben noch mal die Runde!«

Im zähflüssigen Besichtigungsentengang betrat die Gruppe

das eierlikörgelbe Gemäuer. Nach alter Gewohnheit schaute ich zunächst weniger auf das Objekt selbst als auf Simones Mienenspiel, die von sich sagte, sie habe ein Gespür für die positive beziehungsweise negative Energie, die sich in Gemäuern über die Zeit ansammle. Simone war gewissermaßen meine Immobilien-Energieberaterin. Diesmal machte sie schon vor dem Betreten ein angewidertes Gesicht, machte auf dem Absatz kehrt und sagte, sie müsse noch mal zurück zum Auto, Oscar habe die Hose voll, er brauche eine neue Windel.

Simone hatte ihre Intuition, was Häuser betrifft, in letzter Zeit wider Willen kultiviert, indem sie für ihren Großonkel, einen Immobilienhai aus Stuttgart, potenzielle Kaufobjekte in Berlin auskundschaften musste. Das entbehrte nicht einer gewissen Komik. Denn dieser familiäre Gefallen für den netten Onkel hatte Simone als ehemalige Hausbesetzerin in tiefere Gewissensnöte gestürzt und ihr im Freundeskreis den Beinamen »Mutter Courtage« eingehandelt. Wir betraten das Wohnzimmer, und die Lage war eindeutig: Simones Gespür würde heute nicht weiter vonnöten sein, dieses Objekt war schon auf der grobstofflichen Ebene ein Totalausfall.

»Ein einziger David-Lynch-Film«, knurrte Jörg.

Die Zimmer waren Zellen, die Fenster Schießscharten, auf die der Vorbesitzer zu allem Übel auch noch eine Folie mit einer Art Kirchenfensteroptik aufgebracht hatte, wohl damit noch weniger Licht in sein düsteres Leben dringen konnte. Eine grenzwertige Olfaktorik erzählte davon, dass hier die Bewohner mit ihrem Mobiliar um die Wette gesiecht haben mussten, nach dem Motto: »Wer zuerst hinüber ist.« Nur noch Konrad verfügte über die nötige mathematische Begabung, um hochzurechnen, dass aus dieser Geisterbahn von einer Immobilie mal unser Landhaustraum auferstehen könnte.

»Gar nicht so schlecht, müsste man doch nur komplett entkernen«, sagte er.

»Und der See?«, fragte ich.

»Natürlich, der See, selbstverständlich – kommen Sie mit.«

Am hinteren Ende des Gartens standen zwei Trauerweiden. Elke und Andine, die sich die Kinder geschnappt hatten und aus Neugier schon mal vorgelaufen waren, kamen uns bereits wieder entgegen. Kopfschüttelnd.

»Gleich kommt der See!«, kündigte der Makler mit Gameshow-Moderatorenstimme an. Hinter den Weiden zum Vorschein kam ein besserer Gartenteich, in dem man mit einem Ruderboot nicht hätte wenden können. Die Kinder jagten im Garten einem verirrten Frosch hinterher.

»Der sucht wohl auch den See«, sagte Elke bitter. »Lasst uns abhauen«.

»Ick hab so Heimweh nach meinem Berlin«, sang Andine.

»Moment mal!« Konrad breitete seine Exposé-Sammlung auf dem Volvo-Dach aus und sagte: »Erst mal fand ich das hier schon ganz ordentlich.«

Die Runde stöhnte theatralisch.

»Mir scheint, ihr seid alle ein bisschen sehr verwöhnt von Zechlin. Ihr müsst mal eure Ansprüche etwas zügeln. Sonst wird das nie was.« Konrad zog einen zusammengehefteten Stapel Blätter aus der Klarsichthülle. »Allerdings habe ich hier noch ein Angebot, das müsste sogar für euch satisfaktionsfähig sein: ›Sommerfrische im Oderbruch. Natursteingebäude mit Nebengelass und Zugang zum See‹«, las er vor. Dann zeigte er mit dem Finger von einem zum andern.

»Nächsten Samstag ist Besichtigung.«

»Uncle Sam wants you«, kommentierte Olli.

Während das Exposé die Runde machte, legte Andine den Finger in die Wunde: »Und wie stellt sich Graf Zahl vor, sollen wir uns das leisten können, wenn schon die Bruchbude hier kaum erschwinglich ist?«

»Was man halt so macht als marodierender Heimatloser«,

sprang ich ein. »Plündern. Bis nächsten Samstag muss jeder seine Knax-Klub-Konten, die von Oma eingerichteten Bausparverträge und Jeans-Sparbücher rauskramen. Lass uns das der Gruppe als Hausaufgabe mit auf den Weg geben, Konrad. Gemeinschaftsfinanzierung war doch immer schon unsere Allzweckwaffe zur Luxus-Erschleichung.«

»Am besten mailt mir mal jeder, was er ungefähr beizusteuern hätte, dann versuche ich mich mal an einem Finanzierungsplan«, sagte Fabian. Er schwang sich in den champagnercremefarbenen Ledersitz seines silbernen Audis und machte sich davon.

»Bis Samstag!«

MAXIMAL SCHLECHTE NACHRICHTEN, MAXIMAL GUTE NACHRICHTEN

Nach weniger als acht, aber sicher mehr als vier Samstagen war nicht mehr zu übersehen, dass Simone und Elke schwanger waren. Aber auch wir Nichtschwangeren hatten rote Bäckchen. Die Natur auf dem Grundstück nahe der Ortschaft Liepe stand in der vollen Blüte des Frühlings. Den Efeu an unserem toskanesken *Sommerfrische-Häuschen mit Nebengelass* konnte man förmlich beim Klettern anfeuern.

»Kollegen, wir haben hier einfach mal den Jackpot geknackt«, sagte Olli. »Das volle Programm: knorrige Obstbäume, sanft zum See abfallende Wiese, eigener Steg – was will man noch?«

Und so wie vor vielleicht hundert Jahren die Apfel- und Birnenbäume, begannen nun wir, Wurzeln an diesem Ort zu schlagen. Es war nicht unsere erste Begehung dieses Grundstücks, die lag vier Wochen zurück. Aber es handelte sich um die erste Begehung dieses Grundstücks als »unseres« Grundstücks. Das Wortpaar »unser« und »Grundstück« konnten wir an diesem Vormittag gar nicht oft genug aussprechen. Unser Grundstück erstreckte sich über zwei Ebenen, ein Teil oberhalb der zwanzig Meter steilen Kante des Oderbruchs, ein Teil darunter. Der obere Teil unseres Grundstücks bot Aussicht über das Oderland, der untere ermöglichte auf ganzer Breite Zugang zum See und war infolgedessen immer etwas feucht, aber auch angenehm kühl.

»Ein feuchter Landhaustraum«, sagte ich. Wie hätte man sich dieses Wortspiel in der Euphorie auch verdrücken sollen. Das war ja schließlich der Sinn dieser Grundstücksbegehung. Es ging um den zweckfreien Genuss des Endlich-Unser-Gefühls, sich daran zu laben, dass es nur so kribbelte.

Alles war druckbetankt mit Vorfreude.

In Kleingruppen streiften wir über das Gelände, wobei einige die am Morgen unterschriebenen Kreditverträge der Commerzbank Eberswalde-Finow noch in Klarsichthüllen mit sich herumtrugen. Vielleicht, um sich bei Bedarf vergewissern zu können, dass nicht alles nur Einbildung war. In Ermangelung eines treffenderen Begriffs wurde ein ums andere Mal wieder und der Reihe nach von allen Beteiligten das Wort »Wahnsinn!« geschrien.

Vollkommen enthusiasmiert legten wir uns auf den hauseigenen Steg in die Sonne, standen rastlos wieder auf, sahen durch den zum Fernrohr gerollten Kreditvertrag zum anderen Ufer hinüber, liefen im Überschwang die Treppe zum oberen Bereich unseres Grundstücks rauf und zum unteren Teil unseres Grundstücks wieder hinunter. Simone blieb an einem der Fenster des Hauses stehen und blickte nach innen. Dort gab es einen gekachelten Rundofen mit ringsherum gemauerten Sitzgelegenheiten, Holzfußböden und Fachwerkbalken. Die Sommerfrische würde sicher auch ein anheimelndes Winterquartier abgeben, das konnte man jetzt schon sehen.

»Und, Mutter Courtage, stimmt die Energie?«, fragte ich.

»Denke mal schon«, sagte sie und ließ den Blick noch eine ganze Weile in der guten Stube ruhen.

Nach der offiziellen Schlüsselübergabe Anfang Juni, so der Plan, sollten wir auch das Innere des Hauses über die große Veranda erstmalig als Eigentümer betreten können. Mit der Unrast von Kindern beim Auspacken von Weihnachtsgeschenken stromerten wir über die Liegenschaft. Malten uns aus, in welcher Ecke ein fester Grill gemauert werden sollte. Träumten davon, zwischen welchen Bäumen sich eine Hängematte besonders gut machen würde. Fabulierten, wo im Nebengelass die Kinder mal ihr eigenes kleines Reich haben könnten. Elke streichelte über das von der Sonne aufgewärmte Gemäuer, als tätschelte sie einen Säugling, und bekundete zum soundsovielten Mal, dass sie es ja alles noch gar nicht glauben könne. Alle sagten das dauernd.

Alles, was wir so rasend entbehrt hatten, war nun wieder da. Nur noch viel besser. Mehr Zukunft passte nicht in einen Vormittag.

Im aussichtslosen Versuch, die Euphorie in Worte zu kleiden, stimmten wir ein rhetorisches Wettrüsten an.

»Kollege, das ist jetzt mal echt der Oberhammer.«

»Ganz ehrlich, dieses Ding hier ist nicht zu toppen. Kannst du mich bitte mal kneifen?«

»Wie viel Glück kann man eigentlich haben? Wir sind Glücksschweine.«

»Irgendwann bauen wir auf die Anhöhe oben noch eine Sauna und ein Jacuzzi mit Aussicht.«

»Wenn das nicht geil ist, weiß ich nicht, was das Wort geil bedeuten soll.«

»Ich habe keine Fragen mehr! Yeeeaah!«

Da war es wieder, das Fieber der frühen Jahre. Doch welcher Superlativ auch bemüht wurde, alles hatte den Geschmack von Vergeblichkeit, wenn es darum ging, an diesem sonnendurchfluteten Vormittag unsere fette Immobilien-Beute zu würdigen. Olli hievte die Stimmung lieber gleich eine Ironieebene höher: »Ja, ja, Wahnsinn, Wahnsinn, Wahnsinn.«

Eine Reprise unseres ähnlich euphorischen Starts vor sieben Jahren in Zechlin, die jeder sofort verstand.

Als sich alle ein wenig gesammelt hatten, trafen wir uns zum zweiten Frühstück an einem langen, fest installierten Tisch aus massiven Holzplanken, der den insgesamt zwölf Miteigentümern und Mitmietern gerade eben ausreichend Platz bot. Denn in unserer Runde anwesend waren nun auch wieder Ylva und Mette, zwei schwedische Freundinnen und Zechliner Mitstreiterinnen, die als Übersetzerinnen oft zu Arbeitseinsätzen in Skandinavien weilten, sowie Niels, ein Web-2.0-Nerd, der immer schon als Freund frei assoziiert war mit dem Zechliner Kreis. Kurz nach der Entdeckung des Lieper Anwesens war Niels von Konrad in einem russischen Restaurant in Berlin unter Einsatz von Wodka und Kaviar gefügig gemacht worden, schwankte noch für eine halbe Stunde, taumelte dann aber bereits als fest eingeplanter Miteigentümer aus der Lokalität hinaus ins Freie.

Selig, wie die Gruppe war, erinnerte unser zweites Frühstück am Lieper Gartentisch entfernt an Da Vincis Gemälde *Das Abendmahl*, hier in einer brandenburgischen Neuauflage mit Papptellern und Saft aus dem Tetrapack.

Konrad breitete die Arme aus und sagte: »Das gehört nun alles uns. Und bis Ende des Monats wird es so Gott will auch im Grundbuch stehen.«

»Amen, Konrad«, sagte ich, »das Grundbuch ist für dich auch so eine Art Bibelersatz.«

Die Bemerkung ging schon halb unter im großen Rascheln und Kauen, das stets vom Ankommen der Gruppe im Reich der Sorglosigkeit kündete. Inneren Frieden hatten wir an diesem Tag allerdings auch ohne den Konsum von Discounter-Lebensmitteln schon erlangt. Ähnlich wie mich in Kindheitstagen das Hintergrundrauschen der Spülmaschine nach dem Mittagessen auf dem elterlichen Sofa in einen Alphazustand versetzte, so wirkte es nun außerordentlich beruhigend, dass im Hintergrund die Feinmechanik der Bürokratie für uns zu schnurren begonnen hatte.

Während wir hier saßen und aßen, würde nach einer bestimmten Frist der Kaufvertrag in Kraft treten. Daraufhin würde das Darlehen der Commerzbank Eberswalde-Finow abgerufen, die Zahlung der Kaufsumme auf ein Anderkonto veranlasst und der Übergang des Eigentums stattfinden. Die Bedingungen des Kaufvertrags verkäuferseitig würden mit der Löschung der Grundbuchlasten sowie der Eintragung und Vormerkung des Kaufs ins Grundbuch erfüllt. Dann würde die sogenannte »Auskehrung« des Anderkontos folgen, also das Geld auf das Konto der ehemaligen Eigentümerin fließen. Schließlich würden wir von der ehemaligen Eigentümerin die Schlüssel ausgehändigt bekommen. Bis dahin wäre natürlich auch der Untermieter aus dem ersten Stock der Sommerfrische ausgezogen. Den gab es nämlich auch noch. Aber der packte bereits seine Kisten. Alles lief bestens.

»Halt stopp, das ist mir zu ungenau!«, warf Fabian ein und riss Teile der Gruppe jäh aus dem Fressnirvana. Er rückte eine imaginäre Krawatte zurecht. »Als geistiger Vater unseres Finanzierungsplans muss ich natürlich darauf bestehen, dass das Haus den *Mietern nicht* gehören wird. Das nur fürs Protokoll.«

Der Finanzierungsplan unserer für den Hauskauf gegründeten Immobilien-GbR, den Fabian in einigen Spätschichten ausgeschwitzt hatte, galt als Coup und wurde im Detail auch nur von ihm wirklich verstanden. Deshalb hatte Fabian versucht, ihn noch mal so zu erklären, dass ihn auch die Künstler und Geisteswissenschaftler unter uns kapierten. Demzufolge benachteiligte der Finanzierungsplan jene Mitglieder, die nur mieten wollten – faktisch drei –, um den wahren Käufern und Eigentümern – faktisch neun – durch Umverteilung eine fiktive Traumrendite von 8,3 Prozent zu ermöglichen – und dadurch möglichst viele Kandidaten doch noch zum Kauf zu animieren beziehungsweise die Käufer für ihre Kühnheit zu belohnen. Um eine fiktive Traumrendite handelte es sich deshalb, weil man sie nicht direkt ausgezahlt bekam, sondern nur indirekt davon profitierte: dergestalt, dass man langfristig die monatlichen Mietzahlungen wieder zurückbekam, zu denen uns der Plan allesamt verdonnerte, ob Miteigentümer oder nicht. Diese Mietzahlungen von rund hundertzwanzig Euro pro Monat hatten den Zweck, zum einen das Commerzbankdarlehen abzubezahlen und zum anderen die Nebenkosten des Hauses abzudecken – sowie einem nicht ganz ernst gemeinten Verdacht von Olli zufolge die silbernen Audis von Fabian und seinem Kompagnon zu finanzieren. Aber wie auch immer: Die drei »reinen Mieter« unter uns mussten diese monatlichen Kosten tragen, ohne den Trost, dass ihnen damit auch ein Scheibchen dieses Hauses gehörte – einer Immobilie, die ihren Wert langfristig sicher steigern würde.

Der steinige Weg *bis* zu diesen Glückshormonausschüttungen am Odersee war derweil schon fast wieder vergessen. Es war gut sechs Wochen her, dass Andine die *Sommerfrische am Oderbruch* das erste Mal in Augenschein genommen hatte. Sie war, weil sie den Zettel mit der Adresse zu Hause vergessen hatte, als Vorauskommando unserer Besichtigungsautokolonne auf das Lieper Grundstück gelaufen und zunächst mit der Fehleinschätzung zum Auto zurückgekehrt, dass es *das* nicht sein könne, weil *das* für den Preis zu schön sei. Die Motoren heulten schon wieder auf, da kam die Eigentümerin ans Gartentor und pfiff uns zurück.

»Halt! Sie sind hier genau richtig! Hier ist die Besichtigung!«

Und obgleich sofort klar war, dass wir dieses Haus unbedingt bekommen *mussten*, gab es noch so einige Kinnhaken einzustecken.

Die Suche nach einem erschwinglichen Landhaus, das unserem Beuteschema entsprach, behielt Drehmoment. Sie dürfe, so die gemeinschaftliche Überzeugung, erst zum Erliegen kommen, wenn das Wassergrundstück Liepe in restlos trockenen Tüchern lag. Dass die ganze Gruppe auf diese Sichtweise einschwenkte, war auch auf meine Meinungsmache zurückzuführen. Mit Verve hatte ich alle immer wieder in mein weltanschauliches Boot geholt, das durch einen kruden Mix aus naivem Wunderglauben und protestantischem Arbeitsethos angetrieben wurde.

»Kinder, *gerade jetzt,* wo wir dieses Kleinod in Griffweite haben, müssen wir umso mehr Gas geben bei der Suche. Das Universum stellt uns auf die Probe. Wenn wir *jetzt* abschlaffen, wird uns das alles im letzten Moment vielleicht doch noch entrissen.«

Überlegungen wie diese entsprachen einem schon zu Schulzeiten eingeübten Schema. Wenn meine Versetzung in Gefahr war, schuf ich mir magische Rituale und sagte mir, anstatt ein Stündchen länger für Klausuren zu üben, es werde schon alles irgendwie gut gehen, wenn ich es nur schaffte, zweihundertmal mit dem Tennisschläger einen Tennisball hintereinander weg an die Hauswand zu spielen, ohne dass er zu Boden fiel. Weil ich diese Art von Schicksalsspiel immer irgendwann gewann und ich daraufhin nie sitzen blieb, war ich von der Wirksamkeit meiner Rituale im Laufe der Jahre zunehmend überzeugt. – Nun plagte die Angst, unsere Versetzung aufs Land könnte gefährdet sein, auch die Mehrzahl der Mitbewohner in spe.

Also setzten wir unsere Besichtigungstouren über Land Wochenende für Wochenende fort. Unter zusätzlich erschwerten Voraussetzungen: Da uns das Juwel von Liepe mit seiner Strahlkraft ziemlich betört hatte, kamen diese Ausflüge von Besichtigungstermin zu Besichtigungstermin streckenweise einer Reise durch Dante'sche Höllenkreise gleich. Da war etwa die Villa im Dunstkreis von Eisenhüttenstadt, deren große Zeit genauso lange vergangen war wie jene ihres Erbauers, eines zur Nazizeit berühmten Operntenors. Das Gemäuer, hinter dem sich schon die rauchenden Schlote der Stahlverhüttungsindustrie abzeichneten, war zu DDR-Zeiten eine Irrenanstalt und wurde seit der Wende von Punks bewohnt. Für die aber hatte die Erhaltung des inwendig mit PVC-Belag und außen mit zonengrauem Putz verschandelten Gebäudes offensichtlich nicht ganz oben auf der To-do-Liste gestanden.

Von dort aus ging die Suche weiter zu einem Objekt von niederschmetternder Hässlichkeit. Es handelte sich um einen flachen Waschbetonklotz, ein Verwaltungsgebäude, das auf dem Gelände einer ehemaligen Landwirtschaftlichen Produktionsgenossenschaft stand, welche sich im an und für sich lauschigen Boizenburger Land befand. Hier hatte es sich ein Aussteigertyp aus Schwaben unwohnlich eingerichtet. Ein Messiwessi, der gleich nach der Wende vor dem Ordnungswahn im Land der Kehrwoche in die ehemalige DDR geflüchtet war, wie er uns freimütig berichtete. Gerüchteweise hieß es auch, am Ende der Betontrasse hinter den Güllegruben und den Flutlichtmasten gebe es einen See – gerüchteweise, denn auf die Besichtigung des Sees verzichteten wir nach der des Hauses dankend.

Wieder auf der anderen Seite der Hauptstadt im Spreewald, geriet die Besichtigung eines inmitten des Kanalgewirrs dieser Gegend gelegenen Häuschens zu einer Lektion zum Thema Sanierung: Der Hausbesitzer hatte einen Dachschaden ignoriert und zunächst mal den schimmeligen Holzboden durch neue Dielen ersetzt, die allerdings, da es lustig weiter reinregnete, auch schon wieder morsch geworden waren. Anschauungsunterricht dafür, dass man Häuser von oben nach unten renovieren musste, was ja eigentlich keine ganz neue Erkenntnis war. Andere Objekte wiederum, wie ein Fachwerkhäuschen mit abgezirkeltem Garten und Wimbledonrasen im Havelland missfielen, weil sie zu perfekt waren. Nur noch Staubsaugen und Einziehen, das konnte es nach dem Willen der Mehrheit denn auch nicht sein. Nach einigen Diskussionen zu diesem Thema war die Gruppe darauf eingeschwenkt, dass wir dann doch lieber einen Kiesel wollten, um ihn eigenhändig zum Diamanten zu schleifen. Ein Haus, dem wir einen persönlichen Anstrich geben konnten. Was uns auch aus finanziellen Gründen besser zu Gesicht stand. Zudem waren die meisten von uns der Ansicht, dass wir Kopfarbeiter auch unsere lange vernachlässigte praktische und handwerkliche Intelligenz mal ein wenig herauskitzeln sollten. Schon zu Zechliner Zeiten war es ein beliebtes Gedankenspiel, uns vorzustellen, wie eine Zivilisation aussähe, die auf dem Wissen und den Fähigkeiten unserer einzelnen Mitbewohner aufgebaut wäre. Das Ergebnis war meist verheerend: Viele Bücher würde es geben, aber keine funktionierende Infrastruktur. Von daher konnte es nur von Nutzen sein, wenn wir diesen vernachlässigten Teil unserer Persönlichkeit ein wenig fördern würden.

Mehr Interesse als das jämmerliche Haus mit dem Dachschaden weckte ein Wassergrundstück am Rande des historischen Kopfsteinpflasterdörfchens Kleinzerlang an der Rheinsberger Seenplatte. Doch das große »Aber« ließ auch dort nicht lange auf sich warten. Ausgerechnet in diesem musealen Dorfidyll mit historischen Gaslaternen stellte sich das Objekt selbst als die Gebäude gewordene Auslöschung von Sinn heraus – postmoderne Architektur in Reinform sozusagen. Ein ums andere Mal hatten die früheren Bewohner das Ursprungsgebäude an- und ausgebaut, wobei, wie es schien, die Verfügbarkeit von Baumaterialien wie Ziegel, Wellblech und Eternit handlungsleitend war. Das Grundstück selbst wies einen ebensolchen Patchworkcharakter auf. Es war in seiner Struktur nicht zu verstehen, wenngleich sich der Makler alle erdenkliche Mühe gab, uns diese bizarre Sonderwelt von einem Grundstück zu erklären.

Nach etwa einer Stunde versuchte Konrad, aus den aberwitzigen Erklärungen eine Quintessenz herauszukeltern: »Verstehe ich Sie also richtig, dass sich unser Grund und Boden demnach von dem Komposthaufen da drüben bis zu dem Kaninchenstall und von dem Wellblechverschlag bis zu der Hecke erstrecken würde, wobei es dazwischen einen fünf Meter breiten Korridor gibt, der Gemeindeland ist und der da unten kurz vor dem Seeufer eine leichte Rechtsbiegung macht?«

Zu solchen Irrgärten war es in der DDR durch einen lokalen Nepotismus gekommen, wie der Makler uns erklärte. Parteibonzen, Dorfgrößen und LPG-Leiter hatten sich die schönsten Seegrundstücke zugeschachert, sie nach Gutdünken zerschnippelt und neu wieder zusammengesetzt.

»Nein, ganz so einfach ist es nicht«, erwiderte der Makler, »der Korridor verengt sich auf halbem Wege zum See dort zwischen den beiden Linden noch einmal auf einen Meter. Ab da gibt es noch einen Abzweig mit einem alten Wegerecht für Bauer Malchow, der da seine Schafe zum Waschen führen durfte.«

»Eine Art Transitstrecke zum See?«, fragte ich. »Heißt das, man darf auf dem Weg zum Baden auch keine Pinkelpause einlegen?« Der Makler überhörte meinen Versuch, die Sache mit Humor zu nehmen.

»Puuh«, stöhnte Konrad, »ich glaube das ist dann wohl doch nicht so ganz das Richtige für uns.«

Ähnlich merkwürdig war die Tatsache, dass der zukünftige Eigentümer zwei Saufbrüdern, die einen der nachträglich angeflanschten Seitenflügel bewohnten, lebenslangen Nießbrauch gewähren musste. Die beiden Besoffskis gehörten in Kleinzerlang genau wie die Gaslaternen gewissermaßen zum historischen Inventar, mit dem einzigen Unterschied, dass die beiden Untermieter sich schon vormittags die Lampe anzündeten. Das steigerte nicht eben die Attraktivität des Objekts.

Damit Lord Cord bei Besichtigungen kapitulierte, musste schon einiges zusammenkommen. Konrads wachsende Befürchtung, die Erwartungen der Gruppe an einen Landsitz könnten ins Kraut schießen, ließ ihn noch in der letzten holzwurmzerfressenen Behausung beschwören, die Hütte müsse man doch eigentlich nur entkernen.

»Entfernen, Konrad. Entfernen müsste man die Hütte«, entgegnete Simone in Kleinzerlang unwirsch. Besonders für sie, unsere Mutter Courtage mit ihrem Gespür für alte Gemäuer, war manch eine Besichtigung Kärrnerarbeit. »Ich will jetzt sofort irgendwo an einen See zum Baden fahren, sonst krieg ich Depressionen«, sagte sie und päppelte, während der Schotter der Zufahrt unter unseren Reifen knirschte, ihren Gefühlshaushalt mit Tom Waits wieder auf. »In the Neighbourhood.«

Fast eine Spur zu geschmeidig war demgegenüber das erste Kennenlernen zwischen uns und der Eigentümerin der Lieper Sommerfrische verlaufen. Über die Augen der alten Frau von Plottnitz huschte ein leuchtender Schimmer, als sie mit uns lauter junge Erwachsene, schwangere Frauen und Kinder über den zugewucherten Weg in Richtung des Hauses führte. Des Hauses, das Andine Minuten zuvor als »zu schön« eingestuft hatte und daraufhin schon zur Umkehr in Richtung Autobahn blasen wollte.

»Ach, Sie würde ich hier schon sehr gerne sehen«, sagte die Eigentümerin bereits kurz nachdem sie uns abgefangen hatte und blickte abwechselnd auf Elkes und Simones Bauch. »Wann ist es denn so weit? Sechs Wochen? Wunderbar, in dieses Haus gehören Kinder.« Die Stimmung erhielt gleich zum Auftakt einen Drall ins Großmütterlich-Apfelkuchige, fein abgestimmt mit der bildungsbürgerlichen Grandezza, die Frau von Plottnitz ebenso ausstrahlte.

Quasitherapeutischer Small Talk im Alltag lag mir, und so spornte ich Oma mit Olivenöl in der Stimme weiter an: »Sie müssen hier schöne Zeiten erlebt haben.« So erfuhren wir, dass die Plottnitzens, alteingesessene Lieper, ihren Lebensmittelpunkt in den Fünfzigerjahren nach Berlin verlagert hatten, sich aber aus Verbundenheit mit dem alten Sprengel weiterhin diese Sommerfrische leisteten. Kindergeburtstage, Verlobungen, Hochzeiten – in der Großfamilie von Plottnitz gab es dauernd etwas zu feiern, und alles wurde stets auf diesem Flecken begangen.

»Aber heute« – Frau von Plottnitz hielt inne, und es kam Sorge auf, dass jetzt gleich Tränen fließen könnten –, »heute haben die Kinder kein Interesse mehr. Mein Mann ja sowieso nicht«, sagte sie barsch. Von dem war sie geschieden, erfuhren wir. Auch dass der Ex mittlerweile als verkrachte Existenz wieder in Liepe lebe. »Alkoholiker«, sagte sie nur.

Diese Details kamen sämtlich schon auf den Gartentisch, bevor überhaupt Näheres bezüglich Haus und Hof in Erfahrung zu bringen war. Mit Balken, Mauern und tragenden Wänden kannte sich Frau von Plottnitz auch weniger gut aus. Sie könne das alles nicht mehr bewältigen, sagte sie, würde sich aber wünschen, dass hier wieder eine große Familie einzöge. Auch beim Kaufpreis, laut Annonce hunderttausend Euro, signalisierte sie Verhandlungsbereitschaft. Der alten Dame ging es eindeutig mehr um den Erhalt des emotionalen Fundaments. Damit konnten wir dienen.

»Omabezirzer«, stichelte Jörg in meine Richtung, »du solltest auf Kaffeefahrten Schnellkochtöpfe verkaufen.«

»Warum nicht, wenn uns das Haus erst gehört, holen wir die Seniorinnen per Schiff direkt aus Berlin und bringen sie mit gedecktem Apfelkuchen in Konsumlaune.«

Fabian, der für kreative Finanzierungsvorschläge unserer Immobilienwünsche eigentlich immer ein offenes Ohr hatte, pfiff uns zurück: »Jetzt nicht den zehnten Schritt vor dem ersten, die Herren, immer schön der Reihe nach.«

Erst mal gab es nun wichtigere Dinge zu erledigen. Wir mussten eine Immobilien-GbR gründen, die Finanzierung festschrauben und dann den Vertrag machen. »Alles ganz zackig«, sagte Fabian. Es war gut, einen Vollblutunternehmer in unseren Reihen zu wissen.

Dass es dieses Haus und kein anderes sein sollte, darüber hatte sich die Gruppe schon während dieser ersten Besichtigung auf osmotische Art verständigt. Was es lediglich noch brauchte, war ein guter Plan, wie der Untermieter aus dem ersten Stock zum Auszug bewegt werden konnte. In der Einliegerwohnung lebte ein Künstler, der mit einer Psychotherapeutin liiert war und der sich, wie wir bei der Begehung der oberen Etage feststellten, auf Gemälde von Industrieanlagen und Ölraffinerien kapriziert hatte. Während die meisten nur die Köpfe schüttelten, konnte sich Jörg gut in den Künstlerkollegen und seine Emotionen hineinversetzen.

»Die Makellosigkeit eines solchen Orts musst du auf Dauer irgendwie kompensieren«, sagte er und grinste.

»Dann hast du ja sicher auch schon ein paar Ideen im Torpedorohr, Jörg, mit welchen Schrottskulpturen wir am besten die Schönheit des Anwesens entschärfen«, erwiderte ich.

So schwelgten wir bereits ein bisschen in der Zukunft. Es sollte Frau von Plottnitz' und nicht unser Problem sein, den Künstler mit seinen deprimierenden Ölbildern dazu zu bewegen, einen Aufhebungsvertrag zu unterzeichnen.

Unser Problem war es vielmehr, aus zwölf Freunden schnellstmöglich *eine* juristische Person zu formen, die hier zuschlagen konnte, bevor andere ihr doch noch zuvorkamen. Sicher, als gefühlte Großfamilie hatten wir die besten Karten bei Frau von Plottnitz, gleichwohl war die alte Dame in Sachen Hausverkauf eine unsichere Kantonistin. »Sehr emotional, sehr erratisch«, hatte Konrad in einer E-Mail seinen Eindruck zusammengefasst, woraufhin nicht wenige von uns erst mal googeln mussten. »Sprunghaft, unberechenbar, wild, konfus«, lauteten die Suchergebnisse, und da war Konrad nur zuzustimmen. Zum Beispiel erwähnte Oma erst einige Telefonate später, dass der Exgemahl noch ein Vorkaufsrecht ausüben dürfe, sobald ein Kaufvertrag unterschrieben worden sei, beeilte sich aber, uns zu beruhigen: »Der hängt an der Flasche. Ein tragischer Fall. Ich kann Ihnen versichern, finanziell wie auch körperlich ist mein Exmann außerstande, irgendwelche Ansprüche geltend zu machen.«

Blieb die Frage, wo wir mit Frau von Plottnitz bleiben sollten. Denn ebenfalls relativ spät ließ die alte Dame die Katze aus dem Sack, dass sie eine Klausel ins Vertragswerk aufnehmen lassen wolle, wonach wir ihr für den oberen Teil des Anwesens ein lebenslanges Zugangsrecht sowie das Recht zusichern sollten, dort oben eine kleine Hütte zu errichten. Oma konnte sich nicht trennen. Geschenkt – wir waren zu allem bereit.

Um keine Zeit zu verlieren, ließ Konrad seine Beziehungen spielen. Eine Etage über dem Büro seiner Beratungsfirma vis-à-vis von der Gedächtniskirche residierte ein Notar, den er seit Jahren immer so freundlich im Fahrstuhl gegrüßt hatte, dass man den jetzt ruhig mal um Nachbarschaftshilfe bitten konnte, wie Konrad sagte.

Etwas anderes als Nachbarschaftshilfe konnte der Notar, der jüngst die Fusion zweier Pharma-Riesen jongliert hatte, in unserem Anliegen auch nicht sehen. »Dann kommt's halt am Samstagvormittag vorbei«, sagte der gebürtige Münchner. »Wochentags find ich sowieso keine Zeit für so was.«

Konrad hatte ihn innerhalb von drei Etagen im Fahrstuhl überredet. Ein Elevator Pitch, wie man in der Beraterbranche so sagt.

Bis zu diesem Notartermin ein paar Wochen nach der ersten Besichtigung hatten wir auch Frau von Plottnitz auf Spur halten können, indem wir immer Bereitschaft zeigten, ihre Klauselkröten zu schlucken. So war es uns gelungen, rechtzeitig einen

Kaufvertrag aufsetzen zu lassen, der beim Notar in einem Aufwasch mit der GbR-Gründung unterzeichnet werden konnte. Niels brach, weil plötzlich alles ganz schnell gehen musste, eigens ein Web-2.0-BarCamp in der Schweiz ab und musste noch am Samstagmorgen vor dem Termin vom Flughafen Tegel abgeholt werden. Um Punkt 10 Uhr fanden sich alle im Büro des Münchners wieder, im Halbrund um dessen Schreibtisch aufgebaut. Simone und Elke wippten auf den Freischwingern, um die Kinder auf ihrem Schoß zu beruhigen. Die Nerven dieses in seiner Freizeit mit einer Immobilien-Petitesse behelligten Großnotars galten als schonungsbedürftig.

Weil das bei der Gründung einer GbR so erforderlich war, verlas der Notar das gesamte GbR-Vertragswerk: *Die Erschienenen baten um die Beurkundung eines nachstehenden Vertrages über eine stille Innengesellschaft bürgerlichen Rechts Liepe Immobiliengesellschaft des bürgerlichen Rechts. Mit folgendem Inhalt…* Und so weiter und so fort.

Die Prozedur war quälend langwierig. Die Beiläufigkeit, mit der unser sichtlich gleichgültiger Notar las, ebenso wie das mit Teakholz versehene Ambiente gemahnten in aller Schärfe, dass der Mann es üblicherweise mit anderen Kalibern zu tun hatte. Auch war der Notar die Sorte Mensch, die so luzide dreinblicken, dass sie die Schwächen ihres Gegenübers auf Anhieb zu durchschauen scheinen.

Der Notar sah von dem Vertragswerk auf und fixierte uns der Reihe nach.

»Ich darf also noch mal resümieren: Ihr seid's zwölf Personen, ihr seid's alle um die Mitte, Ende dreißig, und ihr wollt's zusammen ein Haus für achtzigtausend Euro kaufen? Wobei noch mal vier von euch einen Kredit mit einer zwölfjährigen Laufzeit aufnehmen wollen. – Hab ich das so korrekt wiedergegeben?«

»Ja.« Konrad lachte.

»Gut, wenn ihr das so wollt.«

Im Subtext hatte der Notar damit schon mehr als deutlich gemacht, dass er das bisschen Kohle, um das es hier ging, an einem Vormittag im Designermöbelladen seiner Wahl durchbrachte. Das Vertragswerk der Immobilien-GbR kursierte kreuz und quer über den Tisch und wurde mit Werbekulis unterzeichnet. Dann ging die Tür auf, und Frau von Plottnitz kam herein. Mit einer Miene, als ginge es zum Schafott, wurde die alte Dame von der Sekretärin des Notars an den Tisch geleitet. Dort hatte der Mann nun das andere Vertragswerk, den Kaufvertrag für das Haus am Oderbruch, ausgebreitet.

Durch Frau von Plottnitz' sichtbare seelische Schmerzen beim Verkauf ihres Hauses in Kombination mit der offenkundigen Genervtheit des Münchners nahm die Anspannung im Raum noch zu. Nun wurde nicht mal mehr gewippt. Wohl um die Sache hinter sich zu bringen, griff Frau von Plottnitz als Erste zu dem Edelfüllfederhalter des Notars, unterschrieb und verließ den Raum unmittelbar darauf wieder, so geisterhaft, wie sie gekommen war. Nun waren wir an der Reihe. Besser gesagt, die zwei Geschäftsführer unserer Immobilien-GbR waren dran: Fabian und Simone unterzeichneten für uns.

Die Tinte war noch nicht trocken, da standen wir schon wieder im Fahrstuhl. In Konrads Büro sollte auf das denkwürdige Ereignis angestoßen werden. Weniger nach guten Wünschen, mehr nach Schadenfreude klang, was uns der Münchner durch die sich schließende Lifttür noch mit auf den Weg gab.

»Ihr wisst ja sicher, was die beiden schönsten Tage im Leben eines Hausbesitzers sind. Der Tag des Kaufs und der Tag des Verkaufs. Servus.«

Lord Cord hatte schon frühmorgens vor dem Termin den Sekt kalt gestellt und kam mit einer plastikbrillantenbesetzten Tragevorrichtung von Moët & Chandon um die Ecke. Bestückt mit spülmaschinenbeschlagenen, randvoll gefüllten Gläsern. Von

Konrads Büro aus hatte man einen postkartentauglichen Ausblick auf den Breitscheidplatz und die Gedächtniskirche. Olli moderierte die Runde, passend zum Ambiente, auf übertriebenem Taxifahrerberlinerisch an: »Moätt Schändäng, darunta machen watt jetz ooch nich mea!«

Wie die Moët-Gläser war die ganze Situation leicht eingetrübt: Ich kramte in meinen Erinnerungen an bestandene Prüfungen von Führerschein bis Abitur, auf deren Gelingen auch oft ein eigentümliches Gefühlsvakuum folgte. Fabian trat zusätzlich auf die Emotionsbremse.

»Lasst mal noch ein bisschen die Füße stillhalten, bis wir auch den Banktermin nächsten Dienstag über die Bühne gebracht haben und das Geld fließt.«

Für mich war das neu: Erst nach der Vertragsunterzeichnung ging man als Käufer zur Bank und leierte die bis dahin nur mündlich vereinbarte Finanzierung auch faktisch an. In der Zeit dazwischen musste man sich als Hauskäufer auf die Zusage der Banker verlassen. Es entsprach der Geschäftstradition, dass man in dieser Phase aufeinander vertraute.

Als wir mit unserem Moët anstießen, blickte ich auf die ausgebombte Gedächtniskirche, die laut Reiseführern von den Berlinern angeblich »hohler Zahn« genannt wird, was ich aber nie jemanden sagen gehört hatte. Durch meinen Kopf spukten Worte wie »stilvoll verarmen« oder »trübe Aussichten«. Ich schluckte sie lieber runter und spülte »Moätt Schändäng« hinterher. Das war nicht der Moment für blöde Witze. Enthusiasmus war etwas anderes.

Verflogen war die Nachkauf-Apathie, als wir drei Tage später in den Räumen der Commerzbank Eberswalde-Finow zusammenkamen. Schon deutlich selbstgewisser als noch beim Notar versammelte sich die frischgebackene Immobilien-GbR am Gummibaum im Foyer und wurde vom Filialleiter willkommen geheißen. Die Verlegenheit war nun eher aufseiten der Commerzbankangestellten, deren Räumlichkeiten auf so einen Massenansturm nicht ausgerichtet waren. In der Commerzbankroutine von Eberswalde-Finow kamen höchstens mal ein oder zwei traurige Kreditnehmer pro Tag zusammen, nun waren es gleich zwölf auf einen Schlag, die obendrein ihre hyperaktiven Kinder mitgebracht hatten. Zwei Banklehrlinge schleppten alle Stühle heran, die sie auftreiben konnten, und quetschten sie vor den Beratungstisch. Dann gab es sogar Kaffee.

»Filterkaffee lauwarm, hier stimmt aber auch jedes Detail«, flüsterte Olli nach dem ersten Schluck.

Wippen mussten wir an diesem Morgen auch, aber nur vor unterdrücktem Lachen. Die Anwesenheit einer Autorität, und sei es nur des Commerzbank-Filialleiters, in Verbindung mit einem gefühlten Lachverbot, ließ Olli und mich leicht mal in eine teenagerhafte Kicherstimmung verfallen. Oscar und Noah ging es unter dem Resopaltisch nicht viel anders. Mit bunten Spardosenelefanten traktierten sie die Füße des Filialleiters, was der Banker mit kleinsparerhafter Geduld ertrug. Eine Auszubildende reichte den Kindern Malbücher unter den Tisch und forderte die beiden auf, doch mal »so ein richtiges Traumhaus« zu malen. Es folgten zähe Ausführungen des Filialleiters: So eine große Gruppe von Kreditnehmern für ein Objekt dieser Art sei ja, wie wir uns sicher vorstellen könnten, nicht der Normalfall. Da müsse »er als Bank« natürlich die Sorge haben, ob eine solche Kreditgemeinschaft langfristig Bestand haben werde. Aber nach Prüfung aller Unterlagen, führte er aus, mache er sich um die Werthaltigkeit des Kredits keine Sorgen mehr, wobei seine Augen sicher nicht rein zufällig auf unsere Gutverdiener Olli und Konrad fokussierten. Es war erstaunlich, in wie vielen Variationen man diesen immer gleichen Inhalt sagen konnte. Der weitere Vortrag hatte eine hypnotische Wirkung auf mich. Bald war ich darin vertieft, mit der feuchten Unterseite meiner Kaffeetasse braune olympische Ringe auf den Commerzbank-Notizblock zu drucken. Im Hintergrund rotierte der Kopierer im Dauerbetrieb. Alle Unterlagen mussten neunfach ausgefertigt werden. Als die Belehrungen des Filialleiters endlich zu einem Ende kamen, war es dann nur noch reine Formsache, die Papiere zu unterzeichnen.

»Kinder und schwangere Frauen zuerst«, sagte Olli. Der Dokumentenstapel wanderte kreuz und quer über den Tisch, und wir unterschrieben alles, was uns in die Quere kam.

Die automatische Glastür der Commerzbank hatte sich soeben hinter uns geschlossen, da wechselte Konrad auch schon in den Duktus des Grundbesitzers: »Noch mal eben rüber zum Haus fahren, würde ich sagen.«

Selbst Fabian gab grünes Licht für Emotionen. »Ja los, diesmal einfach so zum Genießen.«

Und so starteten wir, nach einem Zwischenstopp im Supermarkt, wo alles Nötige für ein zweites Frühstück besorgt wurde, in jenen zukunftsschwangeren Vormittag, der seinen Höhepunkt in der Abendmahlszene an Oma Plottnitzens Gartentisch unterm Oderbruch fand.

Von dort aus zur endgültigen Inbesitznahme der bereits innig geliebten Sommerfrische, das war unvermeidlich, mussten wir noch einen kleinen Umweg über den Alltag in Kauf nehmen. Wie eine Karotte an der Angel trieb uns der Gedanke an den Tag der Schlüsselübergabe bei Arbeit und Schwangerschaftsgymnastik voran. Noch ungefähr vier Wochen hieß es durchhalten. In den Tagen vor Pfingsten, so die Vereinbarung mit Frau von Plottnitz, sollten wir die heiligen Hallen betreten können.

Als mein Vater mal Ende der Fünfzigerjahre während seiner Lehrlingszeit an einer Bushaltestelle wartete, näherte sich ein ungefähr gleichaltriger, ihm unbekannter Mann auf dem Fahrrad, hielt an, haute meinem Vater mit der Faust ins Gesicht und fuhr wortlos weiter. Mein Vater blieb fassungslos und mit blutiger Nase zurück. Die Frage, was das sollte, trieb ihn noch lange um. Elektrisch, aber in puncto Unvermitteltheit und Wucht gleichrangig, war der Schlag, der zwei Wochen vor Pfingsten mit einem »Pling« ins E-Mail-Postfach kam.

Absender: Konrad Volkmann.
Uhrzeit: 6:43.
Betreff: *MAXIMAL SCHLECHTE NACHRICHTEN*

Es darf nicht wahr sein!!! Einer der Plottnitz-Söhne hat mich angerufen und mitgeteilt, dass sein Vater das Vorkaufsrecht jetzt doch ausüben will. Das heißt, er kauft Liepe!
Fassungslos und traurig,
Konrad

Als Konrad diese Zeilen schrieb, hatte er schon ein telefonisches Stahlbad und eine schlaflose Nacht hinter sich. Er hielt sich gerade für einen Termin seiner Beratungsfirma in England auf, als der Anruf mit der Hiobsbotschaft in ein wichtiges Geschäftsessen platzte. Die englischen Businesspartner mussten daraufhin mit ansehen, wie Konrad fortwährend den Tisch verließ, um draußen vor dem Restaurant im Liverpooler Nieselregen seine Bestürzung in aufgeregten Telefonaten abzureagieren. Nicht uns, die Hausgenossen, rief er an, sondern gleich dort, wo hoffentlich noch Boden gutzumachen war. War es aber nicht.

Der angeblich dem Alkohol verfallene Plottnitz senior lallte so gar nicht am Telefon, sondern stellte ganz trocken fest: »Schauen Sie sich das Grundstück doch an. Seezugang und komplette Südlage, ich bitte Sie, da muss ich doch zuschlagen.« Die Plottnitz-Kinder, die Konrad der Reihe nach anrief, bestätigten, dass der Vater das Geld jetzt doch zusammenbekommen hatte.

Absender: Oliver Kattenstroth.
Uhrzeit: 7:50.
Betreff: Re: *MAXIMAL SCHLECHTE NACHRICHTEN*

Das darf doch nicht war sein!!!!! Es ist so bitter. Lasst uns bitte weitermachen, auch wenn es im Moment schwerfällt.
Olli K.

Absender: Elke Schönberger.
Uhrzeit: 9:15.
Betreff: Re: Re: *MAXIMAL SCHLECHTE NACHRICHTEN*

O Gott ist das frustrierend!

Absender: Oliver Geyer.
Uhrzeit: 9:20.
Betreff: Re: Re: Re: *MAXIMAL SCHLECHTE NACHRICHTEN*

J. R. von Plottnitz ist Alkoholiker. Wenn wir Glück haben, will der sich nur mal kurz aufspielen.
Holger, der Kampf geht weiter.

Absender: Konrad Volkmann.
Uhrzeit: 9:47.
Betreff: Re: Re: Re: Re: *MAXIMAL SCHLECHTE NACHRICHTEN*

Der ist übrigens, wie sich jetzt rausgestellt hat, der Pfarrer der Lieper Kirchengemeinde und Mitglied in diversen Vereinen dort. Und wirkt insgesamt ziemlich beieinander. Hat sich was mit Alkoholiker! Man hört das am Telefon, das ist ein sehr ernst zu nehmender Mann. Was der sagt, gilt. War ein sehr offenes, freundliches Gespräch.
Umso trauriger, Konrad

Absender: Jörg Schönberger.
Uhrzeit: 10:06
Betreff: Re: Re: Re: Re: Re: *MAXIMAL SCHLECHTE NACHRICHTEN*

Habe gerade tatsächlich geweint! Kann mir jemand erklären, warum das alles so gelaufen ist? Ich raff nix. Und bin stumpf wütend.
Shit!

Absender: Fabian Stöwe.
Uhrzeit: 10:20
Betreff: Re: Re: Re: Re: Re: Re: *MAXIMAL SCHLECHTE NACHRICHTEN*

Das ist einfach nur hart, hart, hart. Alles voll fürn Eimer! Jetzt müssen wir schnell von dem Widerrufsrecht bei der Bank Gebrauch machen. Sonst hagelt es 5000 Euro Vorfälligkeitsentschädigung.
Nach dem jetzigen Stand gelten wir als Käufer und müssen unser Geld bis zum 10.5. auf dem Anderkonto bereitstellen.
Mann, Mann, Mann …

Absender: Andine Volkmann.
Uhrzeit: 11:11.
Betreff: Re: Re: Re: Re: Re: Re: Re: *MAXIMAL SCHLECHTE NACHRICHTEN*

Ich will den Namen Plottnitz nie wieder hören!!!!!!

Absender: Niels Krakauer.
Uhrzeit: 11:11.
Betreff: Re: Re: Re: Re: Re: Re: Re: Re: *MAXIMAL SCHLECHTE NACHRICHTEN*

War nicht vor Kurzem mal die Rede davon, dass es noch einen Plottnitz-Sohn gibt, der als schwarzes Schaf der Familie bei dem Hauskauf außen vor bleibt? Lasst uns doch mal rausfinden, wo der ist, und mit dem reden. Vielleicht bringt's ja was.
Total verwirrt,
Niels

Per Internetrecherche war der verlorene Sohn des Lieper Clans geschwind ausfindig gemacht. Simone traf Stefan von Plottnitz noch am selben Tag in einem Café in Berlin Charlottenburg. Er redete gerne und viel über die Vergangenheit, wie jemand, der darin gut geübt war. Hier hatte einer offensichtlich schon einige Therapiesitzungen auf dem Buckel.

»Wenn es um meine sogenannte Familie geht, muss ich ein bisschen ausholen. Um genau zu sein, muss man im Jahr 1987 beginnen, dem Jahr, in dem meine Mutter in den Westen ist. Als sie rübergemacht hat, wie man so schön sagt. Meine Mutter durfte damals das erste Mal mit staatlicher Genehmigung Verwandte besuchen und hat die Gelegenheit gleich ergriffen.«

»Das heißt, Sie wussten von nichts?«

»Genau das heißt es. Ich war vierzehn Jahre alt und erfuhr Knall auf Fall, dass ich meine Mutter vielleicht nie wieder sehen würde. Das war der 11. September unserer Familie. Danach war nichts mehr so, wie es mal war. Man hatte ja keine Ahnung, was drei Jahre später passieren würde.«

»Wieso, was ist denn passiert?«

»Sie haben sicher davon gehört, dass 1989 die Mauer gefallen ist«.

»Ja, doch, ist mir bekannt. Und dann?«

»Dann stand meine Mutter ein paar Tage später wieder auf der Matte. Sie stand da, als wäre nichts gewesen.«

»Was haben Sie gesagt? Sicher nicht: ›Hallo, wie geht's?‹«

»Sie können sich vorstellen, dass der Haussegen ziemlich schief hing. Besser gesagt: Zu dem Zeitpunkt existierte so etwas wie ein Haussegen schon nicht mehr.«

Plottnitz senior, so erfuhr Simone weiter, hatte seiner Frau ohnehin gleich nach deren Republikflucht abgeschworen und die Scheidung eingereicht. Die Geschwister schlugen sich ganz auf die Seite ihres Vaters. Nur Stefan von Plottnitz war immer schon ein Mamakind. Für ihn war nicht nur die halbe, sondern die ganze Welt zusammengebrochen. Er beschloss, der ganzen Familie den Rücken zu kehren.

»Und das Haus?«

»Das Haus war alles, was meiner Mutter geblieben war von früher, als wir noch so eine Art Familie waren. Deshalb hat sie sich da eingeigelt nach der Wende. Und eigentlich bis heute.«

Die E-Mail, die Simone nach dem Treffen noch spät nachts über den Verteiler jagte, brachte uns die jähe Einsicht: Hinter der Natursteinfassade der Sommerfrische unterm Oderbruch verbarg sich das morsche Gebälk einer gelinde gesagt dysfunktionalen Familie. Damit war nun auch allen bewusst, was unser Part in der Liepe-Saga war: Wir hatten Heinrich von Plottnitz den Dienst erwiesen, mit unserem Erscheinen als gefühlte Großfamilie die Exgemahlin emotional weichgeklopft und auf diese Weise einen Traumpreis ausgehandelt zu haben. Diese achtzigtausend Euro bekam auch der Senior nun wieder zusammen. Schließlich lag auch dem gealterten Plottnitz das Haus noch sehr am Bypass. Konrad schlug von England aus und in einer Anwandlung von Manchesterkapitalismus die nächsten Maßnahmen vor.

Absender: Konrad Volkmann.
Uhrzeit: 02:07.
Betreff: Re: Re: Re: Re: Re: Re: Re: Re: Re: *MAXIMAL SCHLECHTE NACHRICHTEN*

Die Gefühle von dieser Mischpoke sind mir egal, auf unsere Gefühle nimmt ja auch keiner Rücksicht. Ich rufe morgen früh den Vorkaufsrecht-Plottnitz an und sage: ›Wir werden unser Angebot deutlich erhöhen, so weit, bis ihr nicht mehr könnt – und dann hast Du auch nix davon. Dann schreibe ich einen Brief an Frau von Plottnitz und biete 100 000. Wenn sie drauf einsteigt, gehen wir zum Notar und machen einen neuen Vertrag! Wir behaupten einfach, er habe sein Vorkaufsrecht noch gar nicht geltend gemacht. Er hat dem Notar gegenüber ja auch noch nichts dergleichen bekundet. Das muss jetzt ganz schnell gehen.
Zu allem entschlossen,
Konrad

Alle waren emotional geladen genug, um ihren Segen zu diesem Winkelzug zu geben, dessen Schmierigkeit uns allen erst viel später so richtig bewusst werden sollte. Zunächst mal wurde es unübersichtlich. Die dreihundertzwanzig E-Mails, die zum Thema Liepe noch über den Verteiler gingen, waren ein Lehrstück darüber, zu welchen Verdrängungsleistungen Menschen fähig sind, die aus einem schönen Traum nicht aufwachen wollen. Indem wir uns gegenseitig die Hoffnung suggerierten, wir könnten irgendwann doch noch unsere Hängematte zwischen den Obstbäumen am Odersee aufhängen, munitionierten wir uns mit juristischem Wissen, strickten neue Angebote, erzeugten mit handschriftlichen Briefen Druck, spürten gesetzliche Unschärfen auf, beraumten Notartermine an, ließen Gutachten anfertigen – verstiegen uns in juristische Schattenfechtereien. Vergebens.

»Nun seht es einfach ein! Der Gesetzgeber will, dass das Vorkaufsrecht nicht so leicht unterlaufen werden kann«, trichterte uns der Notar in einem abschließenden Blut-Schweiß-und-Tränen-Termin am Kudamm ein. »Wenn, dann hättet ihr euch gleich zu Beginn mit dem Vorkaufsrechtinhaber an einen Tisch setzen müssen. Ihm ein gutes Angebot machen und vertraglich festhalten, dass er von seinem Recht zurücktritt. Wie's halt mal üblich ist.«

Bis zu diesem Aufprall auf den Boden der Tatsachen hatten wir uns schon ordentlich verzettelt, juristisch wie menschlich. Man musste die E-Mail-Betreffzeilen dieser Wochen nur einmal hintereinander lesen, dann ergaben sie ein kleines Betreffzeilendrama: *Maximal schlechte Nachrichten; Genossen, ab in die Aufstockung!; Dallas im Oderbruch; Telefonnummer Heinrich von Plottnitz; Liepe ist gestorben; Liepe doch nicht tot; Treffen noch heute Abend; Vorgehensweise; offene Fragen; alles Scheiße; Ruhe bewahren und mehr erfahren; Action und zwar schnell; Gebot abgeben; habe mit Frau Plottnitz gesprochen; Gerichtsurteile zum Vorkaufsrecht, Vertragsänderung klappt; Bestätigung Beurkundung; trotzdem weitersuchen; Frau von Plottnitz kommt zum Notar; Beurkundung Liepe; so weit alles gut; Schreiben vom Anwalt von Heinrich von Plottnitz; Taktik der Gegenseite; Vertragsänderung doch komplizierter; Gesetzgeber schützt Vorkaufsrecht; Liepe endgültig gestorben.*

Das schwarze Loch, das sich nach dem finalen »Pling« der letzten eintreffenden E-Mail zum Thema Liepe auftat, wussten die Schönbergers und wir gut zu füllen: Elke und Simone brachten ihre Babys zur Welt. Kinderkriegen war das gerüttelte Maß an Ablenkung, das man in dieser Situation brauchen konnte. Der Rest der Truppe spaltete sich hinsichtlich des individuellen Umgangs mit dem Horror Vacui in zwei Lager. Während der größere Teil in einem Zustand der Paralyse versackte, betäubten die anderen ihren Schmerz mit der Hyperventilation neuer Immobilienangebote. Schon um an jedem Wochenende einen zwingenden Grund zu haben, die Stadt zu verlassen, strickten sich vor allem Andine, Konrad und Mette einen straffen Besichtigungsplan. Am Wochenende nach dem endgültigen Liepe-Aus hatten sie noch einmal versucht, so wie früher den ganzen Samstag in der Sonne zu sitzen, im Akkord Latte zu trinken und Bekannte zu treffen. Allein, ohne die optionale Zuflucht auf dem Lande machte auch die Stadt keine Freude mehr. Konrad, Andine und Mette ließen die große Milchschaumparty von Berlin hinter sich, stiegen in den Wellsow und suchten ihr Glück auf dem Land.

Und sie fanden es.

Die drei fanden unser Haus auf eine Art, die wir vom Platzen der Immobilienblase Erniedrigten und vom Drama der Familie von Plottnitz Beleidigten als fast schon ein wenig banal empfanden. Das war nun wirklich Schema F.

Makler schickte Andine Exposé, Exposé klang gut, erste Besichtigung bestätigte das Bild, Haus war wirklich zu haben, ein Vorkaufsrecht gab es nicht. Und so verfasste Andine noch während der Besichtigung eine SMS an alle: *Haben UNSER HAUS gefunden. In Maltrin, in der tiefsten Uckermark. Bitte noch Sonntagabend alle zu uns kommen. Wir meinen's ernst!*

Konrad hockte vornübergebeugt in seinem altenglischen Lederohrensessel und schob dreieckige Stücke einer Pizza Quattro Stagioni kreuz und quer über den Lieferkarton des Bringservice. Wir verfolgten das Geschehen so gebannt wie Fußballspieler die Halbzeitanweisungen ihres Trainers bei Rückstand. Wenn es in dieser demoralisierten Truppe noch einen Funken Kampfbereitschaft gab, dann verstanden Konrad und Andine, ihn anzufachen: mit dem bewährten Mix aus Fett, Salz und Kopfkino.

»Es ist grooooßartig! Hier, wo das Stück mit den Pilzen liegt, ist das Wohnhaus mit hundertachtzig Quadratmetern Holzboden. Übrigens gibt es noch in jedem Raum einen Kachelofen. Ihr müsst euch das vorstellen wie Ostberlin vor der Totalsanierung. Alles hat noch Charme. Und gegenüber von dem Wohnhaus, also hier, wo das Pizzastück mit der Paprika liegt, steht eine Feldsteinscheune mit vierhundertfünfzig Quadratmetern Grundfläche.« Nun drapierte Konrad zwischen dem Haus und der Scheune eine kleine Wiese aus Rucola-Blättern: »Das hier ist der Garten dazwischen, rund dreieinhalbtausend Quadratmeter Rasen, bestanden mit vier riesengroßen Trauerweiden. Und *hinter* der Scheune ist das Land, in dem Milch und Honig fließen. Da haben wir unser eigenes kleines Wäldchen. Durchs Geäst sieht man immer den See glitzern. Die Sonne geht direkt überm anderen Ufer unter. Besser geht's nicht. Hier oben vor der Scheune bauen wir uns natürlich eine Terrasse. Und später wird dann selbstverständlich auch noch der Südflügel der Scheune ausgebaut, zu einem großen Wohnraum mit Kamin und Seeblick. Das Geld werden wir nämlich haben. Aber dazu gleich mehr. Versteht sich, dass wir unseren eigenen Steg haben. Gut, der könnte sicher auch eine kleine Sanierung vertragen. Aber ich sage euch, alles in allem war Zechlin ein schlechter Scherz dagegen!«

Kunstpause.

»Und jetzt kommt's: Das ganze Ding ist noch mal fünfzehntausend Euro billiger als Liepe. Wir zahlen also läppische fünfundsechzigtausend Euro für sechstausend Quadratmeter und zwei große Gebäude! Noch Fragen?«

Konrad grinste, griff zur Feldsteinscheune und verleibte sie sich mit drei Bissen ein. Dank seiner Maulsperre und einem gruppenuntypisch langen Schweigen hatte Andine die Gelegenheit, das Wort zu ergreifen.

»Nun ist aber wieder einmal Gefahr in Verzug, ihr Lieben! Der Makler sagt, eine andere Gruppe aus Berlin hat auch schon ein Auge auf das Haus geworfen. Wir haben mit ihm gedealt, dass ihr direkt morgen Abend noch mal hinfahren und gucken könnt.«

Inzwischen hatte Konrad seine Sprachfähigkeit wiedererlangt: »Unser Trumpf lautet jetzt Schnelligkeit. Wir sind schon eine Immobilien-GbR. Wir haben auch schon eine Finanzierung in der Schublade, die wir mit einem einzigen Anruf in Eberswalde aus dem Dornröschenschlaf erwecken können. Richtig Fabian?«

»Ja, das ist so.«

»Sprich: Keiner muss mehr eine Selbstauskunft oder einen Einkommensnachweis anschleppen. Und wir haben durch die Aufstockung für Liepe sogar einen guten Puffer für den Scheunenumbau. Um deutlicher zu werden: Ich will, dass wir den Makler übermorgen anrufen und sagen, dass wir kaufen. Jetzt machen wir die anderen mit Tempo platt.«

Wieder sagte niemand etwas, und für eine Weile war unklar, ob alle einfach nur zu viel Pizza im Mund oder die Schnauze voll hatten von einem neuerlichen Immobilienkamikaze.

Olli brach schließlich das Schweigen: »Täusche ich mich, oder sehe ich da den nächsten operativen Sturm bei kognitiver Windstille aufziehen?«

»Keine kognitive Windstille«, sagte Konrad ernst. »Kognitiver Sturm! Ich habe mir jeden Winkel des Grundstücks angesehen und die ganze Rückfahrt alles genau durchdacht. Seht es euch morgen selber an. Und nicht zu vergessen: In Maltrin gibt es eine Menge zu tun und umzubauen. Da habt ihr euren Kiesel. Wenn ihr wollt, könnt ihr in knapp drei Wochen mit dem Schleifen anfangen.«

»Aber was ist mit Fabian und Ylva?«, fragte Elke. »Wenn ich das richtig mitbekommen habe, sind beide für die nächsten Tage geschäftlich unterwegs.«

»Hab schon mit beiden telefoniert und ihnen die Fotos gemailt«, sagte Konrad. »Die kaufen auch so.« Dann setzte Konrad mit Theaterdonner in der Stimme nach: »Kinder, das hier ist unsere ganz große Chance!«

Andine hatte inzwischen ihren Laptop auf dem Schoß. Weichgezeichnete Bilder zogen mit leichten Fahrbewegungen über den Monitor und wurden sanft überblendet: Birkenhain vor spiegelglatter Wasseroberfläche mit Lichtreflexen, rotes Scheunentor eingerahmt vom warmen Gestein des Mauerwerks, Fernblick über den See hinweg auf eine sanfte hügelige Landschaft. Man wusste für einen Moment nicht mehr, ob das noch die Diaschau aus der Uckermark oder schon der Bildschirmschoner war. Konrad und Andine gaben uns Futter für Kopf und Bauch.

Weniger als zwei Wochen später waren wir Hauseigentümer.

MEIN HAUS, MEIN BOOT, MEIN WATERLOO

Ihr müsst euch nur mal vorstellen, wie es hier in ein, zwei Jahren aussehen kann, wenn wir das ganze Areal bepflanzt haben. Mit Bäumchen, Sträuchern, Efeu, irgendwelchen Rankpflanzen, Wein und was weiß ich noch alles.«

»Bist du dir sicher, Olli? Wein in der Uckermark?«, fragte ich.

Olli ließ den ersten Satz marinierter Nackensteaks direkt aus dem Plastikbeutel auf den Rost flutschen, wo sie mit einem Zischen zum Liegen kamen und sofort an den Metallstangen festklebten. Die Plastiktüte segelte zu Boden. Der Grill war so ziemlich das erste Stück Möbel, das aus dem Umzugslaster geholt worden war, und Olli hatte ihn, weil Nieselregen aufgekommen war, unterm Vordach unseres Hauses aufgebaut. Fabian, Jörg und ich hatten uns wie Zuschauer einer Kunstperformance um ihn herumgestellt und tranken Bier. Der Grill gehörte zu jener Sorte, die gewöhnlich während der Sportwerbewoche von Fußballklubs zum Einsatz kam, und er war auch an seiner neuen Wirkungsstätte schon wieder auf Hochtouren. Die Fleischlappen schwitzten das Fett nur so aus, und es tröpfelte in die Glut. Unaufhörlich bildeten sich dadurch kleine Flammenherde, die Olli mit einem Spritzer aus der Bierflasche löschen musste. Diese Einspritztechnik hatte er perfekt drauf, was schlicht daran lag, dass die Geduld der Esser in unserer Gruppe noch nie ausgereicht hatte, um zu warten, bis die Glut ihre ganz heiße Phase hinter sich hatte. Auch wurde der Grill immer schon mit viel zu vielen Grillanzündern und Spiritus angefeuert, damit es bald mal was zu kauen gab. Deshalb kam es neben einer guten Einspritztechnik ganz darauf an, das Fleisch sehr oft zu wenden und es diesem Fegefeuer rechtzeitig und also in einem noch genießbaren Zustand wieder zu entreißen. Als Triumph des Grillens galt es, wenn das Grillgut durch die hochschießenden Flammen vereinzelte Verbrennungen aufwies, denn das machte die Sache erst so richtig knusprig. Außen kross, innen saftig. Olli war das alles so in Fleisch und Blut übergegangen, dass er nebenher noch Überzeugungsarbeit leisten konnte.

»Ich meine, schaut euch doch um. Überall wird es kleine Ecken und Winkel geben, wo man sich zurückziehen kann. Ich stelle mir das vor wie einen verwunschenen Garten mit Hängematten, Sitzecken und anderen kleinen Oasen. Wenn du nach einer Woche in der Büro-Legebatterie freitagabends in so ein Paradies kommst, ich meine, was gibt es Entspannenderes?«, fragte er und schwang dabei mit der Grillzange in ausladenden Rotationsbewegungen zwischen Haus, Garten und Scheune umher.

Ich spornte ihn noch an: »Mehr davon, Olli, was schwebt dir noch vor? Pinkelnde Elefanten, griechische Skulpturen aus Rigips, zu Pudelköpfen geschnittene Hecken?«

An Möglichkeiten herrschte auf unserer neuen Scholle im uckermärkischen Maltrin beileibe kein Mangel. Nicht nur, dass auf dem Weidenhof, wie das Anwesen im Dorf genannt wurde, tatsächlich endlich ausreichend Schlafzimmer nach mitteleuropäischem Standard zur Verfügung standen und damit die Isomatten-Ära in unserem Leben hoffentlich ein für alle Mal passé war. Gerade auch draußen war das Potenzial groß. Groß war es allein schon deshalb, weil das Gelände der ehemaligen Schafzucht von enormen Ausmaßen war. Konrad und Andine hatten uns in der Hinsicht keineswegs zu viel versprochen. Der Garten zwischen dem Wohnhaus und der Feldsteinscheune war amtlich. Und wer sich jenseits der Scheune durchs Unterholz schlug, gelangte dahin, wo nichts mehr den Blick verstellte: zum See. Schaute man von unserem Steg zur Linken, sah man die Dorfkirche von Maltrin mit goldenem Hahn auf dem Dach und eine kleine Datsche, die hier direkt am Wasser gebaut war. Blickte man ans gegenüberliegende Ufer, waren da nichts als die sanften Hügel der nördlichen Uckermark mit ihren Wiesen, Feldern und Hecken. Es war das Urbild mitteleuropäischer Agrarlandschaft und erinnerte an den Monitorhintergrund von Windowscomputern, wie Internetexperte Niels treffend bemerkte.

»Ein Bauernhof mit hundert Metern Seefront… Wisst ihr eigentlich, wie selten so was ist? Zechlin war vielleicht unser Kleinod. Aber glaubt mir, Maltrin hat das Zeug dazu, unser Großod zu werden!« So drehte der rhetorisch gewandte Grillmeister seine Argumente noch einmal auf die andere Seite.

»Das Zeug dazu ist gut«, sagte ich. »Kann es eventuell sein, Olli, dass du die reale Abweichung des Ist- vom Sollzustand ein bisschen sehr kurz abhandelst?«

»Ich sach mal so«, meinte Fabian und lachte sich eins, »die Zeit zwischen Ist und Soll stelle *ich* mir manchmal ein bisschen vor wie im Arbeitslager. Da wirst du andere Geschütze als deine Grillzange auffahren müssen, Herr Kattenstroth.«

Ob man die Sache nun wie Fabian pseudoapokalyptisch einstufte oder wie Olli ein bisschen sehr schönfärbte – es gab ein paar unbestreitbare Fakten: Der Garten war wirklich so groß, wie woanders Bauland, aber er bestand zum Großteil aus einem spärlich mit Gras bewachsenen Gemisch aus knallhartem Lehmboden und Bauschutt – mehr Gazastreifen als Grünzone. Auch gab es noch eine Betonplattentrasse, die quer durch den Garten zur Scheune führte. Und gewiss, das Wohnhaus mit seinen Holzdielen, Kachelöfen und alten Türen war von innen betrachtet wirklich Zucker. Aber mit der grauen DDR-Fassade führte es zwischen den zumeist quietschgelben Häusern der Nachbarn an der Dorfstraße ein Schattendasein. Unter uns umstritten war auch, wie und ob überhaupt die vielen Zimmer mit den angeschleppten Kunstledersofas, Fransenstehlampen und Kitschgemälden von Elfen beim Ringelpiez in absehbarer Zeit einen wohnlicheren Charakter erhalten würden. Mit dem Betreff *Generalgemütlichmachung* hatte Andine per E-Mail die Gruppe dazu aufgerufen, die Flohmärkte der Hauptstadt zu plündern. Dass eigentlich zunächst ein paar grundlegende Streich- und Renovierungsarbeiten angezeigt gewesen wären, wurde aus pragmatischen Gründen zurückgestellt.

»Feucht durchwischen und dann erst mal alles rin«, gab Olli die Losung aus. Wir mussten ja zunächst irgendwo unterkommen und wollten schließlich nie mehr auf Isomatten geschweige denn in Zelten in unserem eigenen Garten schlafen.

Und ja, die freie Aussicht über den See und die Felder war ohne Frage Seelenbalsam. Doch im derzeitigen Zustand des Geländes musste man für einen Abstecher zu unserem baufälligen Bootssteg noch etwas mehr Zeit einplanen, und es konnte auch nicht schaden, eine Machete sowie eine Salbe gegen Brennnessel-Reizungen dabeizuhaben. Nicht zu vergessen die große Scheune: Die war mit ihren typischen Feldsteinfassaden zweifelsohne auch großartig anzusehen. Von außen jedenfalls. Von innen war sie, obgleich sie sich im Zuge der etwas phantasmagorischen Verkaufspräsentation bei Konrad und Andine in unseren Köpfen schon einmal zur Lounge mit Seeblick aufgeschwungen hatte, eben immer noch eine Scheune. Eine, in der seit Jahr und Tag niemand mehr aufgeräumt hatte. Und nun wurde sie durch uns von Stunde zu Stunde zusätzlich vollgerümpelt mit allem, was wir vormittags mit dem größten ausleihbaren Umzugslaster herangekarrt hatten. Wobei nicht immer sofort ersichtlich war, bei welchem Objekt es sich um einen ernst gemeinten Einrichtungsvorschlag oder um eine ausrangierte Schrottskulptur von Jörg handelte, beziehungsweise auch nur um bequem entsorgten Sperrmüll aus heimischen Berliner Kellern. Zudem war manch einem Möbelstück anzusehen, dass man die letzten vier Kilometer bis Maltrin über den einzigen in Deutschland noch existierenden Autobahnbelag aus der Nazizeit holpern musste. Olli regte angesichts der Trümmer auf der Ladefläche an, man solle dieses Teilstück Autobahn doch am besten in den nächsten Manufactum-Katalog mit aufnehmen. »Es gibt sie noch, die guten Dinge«, fügte er etwas verbittert an.

Kurzum, wir hatten im Handstreich ein ansehnliches Stück Uckermark in unseren Besitz gebracht, Land, das eine schöne Aussicht bot, aber eben auch viel Luft nach oben. Oder anders gesagt wirkte so ein Kieselstein, den man sich in der Fantasie schon einmal zum Diamanten gebimst hatte, im Staube der Realität betrachtet eben noch mal eine ganze Nummer kieseliger. Infolgedessen drohte die Arbeit des Schleifens nun, ohne rosarote Schutzbrille betrachtet, plötzlich doch ziemlich steinig zu werden. Bei einem Teil der Leute, die diese Arbeit am Vormittag angetreten hatten, gab es gewisse Ermüdungserscheinungen zu verzeichnen.

Olli hatte für solche Missklänge ein feines Gespür, und so servierte er uns vor dem Fleisch, das er nebenbei immer wieder mal aus den Flammen rettete, Visionen von blühenden Landschaften, die hier in einer nicht näher bestimmten, aber angeblich nicht allzu fernen Zukunft entstehen sollten.

»Wein und kleine Oasen der Entspannung? Worauf willst du hinaus, Olli, willst du jetzt direkt die Bundesgartenschau nach Maltrin holen?«, fragte ich.

»Ich will nur sagen, dass ihr mal das Wesentliche im Blick behalten solltet. Ist doch klar, dass da noch ein bisschen Arbeit reingesteckt werden muss. Wer kauft schon innerhalb von acht Tagen so ein Haus auf dem Land und rückt gleich nach einem Ortstermin mit dem Umzugswagen an? So schnell kann man ja gar nicht peilen, welches Potenzial in so einem Anwesen steckt.«

»Konnten wir in Liepe doch auch,« sagte ich.

»Don't mention the L-Word«, brüllte Konrad in geschliffenem Oxfordenglisch auf der Ladefläche des Umzugswagens.

»Ich fremdel halt noch ein bisschen, wird man ja wohl noch dürfen, Olli«, sagte ich.

»Fuck!«, schrie Olli.

Ein Steak war durch die Feuersbrunst so geschrumpft, dass es durch den Rost fiel. Olli riss die Grillgabel herum und rettete es aus der Glut. Und schon setzte er wieder zu einem rhetorischen Kunstgriff an: »Die besten Platten, die man jahrelang gerne hört, sind doch auch immer die, die am Anfang noch etwas schwerer eingängig sind«, sagte er.

»Dann reden wir jetzt sicher von deinen alten Speedmetal-Scheiben, Olli? Sag du mal was, Fabian: Wird der Weidenhof immer Schrabbelfaktor behalten, oder wird daraus mal eine große Kuschelballade, so wie du sie gerne im Auto hörst?«

»Schönhören reicht nicht, würde ich sagen«, meinte Fabian. »Hier ist schön *machen* gefragt. Ich hab ja gleich gesagt, für mich ist Bedingung, dass wir so schnell wie möglich *das Filetstück* realisieren, nämlich den Wohnraum in der Scheune mit Aussicht auf den See und Terrasse davor.«

»Gut, bis es so weit ist, *trinken* wir es uns hier eben ein bisschen schöner«, sagte ich und prostete in die Runde.

»Undankbares Pack!«, hallte es aus dem Inneren des Umzugswagens.

Hinter Ollis Rücken öffnete sich das Küchenfenster. Simone mit dem kreischenden Baby Gustav.

»Ich kann nicht mehr. Ich hab ihn gewickelt, gestillt und alles. Jetzt bist du dran.«

Der einzig gangbare Weg, den kleinen Gustav nach all diesen Maßnahmen noch zu beruhigen, war es, ihn auf dem Arm durch die Gegend zu tragen. Bald kannte ich jeden Winkel des Weidenhofs. Von Schlafzimmern nach mitteleuropäischem Standard war bislang noch nicht viel zu erkennen. Der Inhalt des 7,5-Tonners, der inzwischen leer geräumt auf der Betontrasse im Hof stand, war wahllos auf die Scheune und die zehn Zimmer des Hauses verteilt worden. Nach Art des Nestbaus von Vögeln hatten sich die Mitbewohner in all dem Krempel bewohnbare Einheiten für die Nachtruhe hergerichtet: eine Matratze, eine Tasche mit Anziehsachen, eine Flasche Wasser und hier und da Kopfschmerztabletten. In zwei der Zimmer kamen noch Windeln, Schnuller und Fläschchen hinzu.

Zurück zum einfachen Landleben, dachte ich und zweifelte im selben Moment wieder einmal, ob das hier der richtige Ort für einen Säugling war. Simone hatte vor der Abfahrt in Berlin beteuert, dass Babys das Umfeld sowieso völlig schnurz sei, solange nur Mama und Papa immer schön in der Nähe wären. Bei Oscar und Noah machte ich mir weniger Sorgen. Es war nicht zu übersehen und auch nicht zu überhören, dass Kleinkinder in so einem Urchaos erst so richtig gut draufkamen. Seit Stunden stieben die beiden wie Tom und Jerry übers Areal. Es bürgerte sich ein, dass die Mitbewohner sich als ihre »Onkels« und »Tanten« bezeichneten, wobei sie jeweils den Namen ihrer Straße oder des Bezirks in Berlin hinten anhängten.

»Na, will der kleine Oscar mal mit Onkel Moabit zum See?«

»Onkel Moabit, Onkel Moabit, rette mich!«, schrie der heißgelaufene Oscar am Abend, als ich ihn gegen seinen Willen in den Schlafanzug zwängte. Draußen war es schon dunkel, als das Kindergeschrei im Weidenhof endlich abebbte.

Ich betrat den Raum, der bis zum Scheunenumbau unser Wohnzimmer sein sollte und wo nun wegen des aufgezogenen Landregens der Esstisch aufgebaut war, voll mit verschmierten Tellern, geplünderten Kartoffelsalateimern und vertrockneten Resten von Gegrilltem. Die Tanten und Onkels hingen schon tief in den Flohmarktstühlen und verschwendeten im Gegensatz zu mir sicher keine Gedanken mehr an die veritable Baustelle, die uns hier umgab. Der Abend hatte durch den Wein, den Niels immer von seinen Eltern mitbrachte, in der Zwischenzeit eine rheinhessische Färbung angenommen. Während ich mich an den Steakresten abarbeitete, ergaben sich die anderen reihum ihrer Hochstimmung: Wie unglaublich es war, dass wir nach all dem nun wirklich in unserem endgültig eigenen Haus am See saßen. Was für aberwitzige Wochen hinter uns lagen. Dass wir, bei aller Arbeit, die bevorstand, jetzt erst mal entspannen sollten. Genießen, was wir hatten. Runterkommen. In den See springen. Immer nur an den nächsten Schritt denken. Und so weiter und so fort. Und nächstes Wochenende auf jeden Fall eine richtige Einweihungsparty machen, rechtzeitig, bevor die Herbstkälte käme.

Ylva und Mette verstanden die ganze Aufregung um ein paar Bauschutthaufen in unserem zukünftigen Garten ohnehin nicht. Bullerbü hatten die beiden Schwedinnen in ihrer Kindheit genug, um die etwas rauere Anmutung des Weidenhofs nun als eine ostdeutsche Exotik wertschätzen zu können. Auch Konrad war offenkundig lecker zufrieden mit dem Chaos, das scheinbar Erinnerungen an eine Kindheit in Afrika wachrief.

»Ich hab mir überlegt, dass ich bis zum nächsten Wochenende einfach auf dem Weidenhof bleibe«, sagte er. »Wenn hier morgen alles ein bisschen hergerichtet ist und ihr allesamt wieder nach Berlin abgehauen seid, gibt es doch keinen besseren Ort, um endlich meine Doktorarbeit zu Ende zu schreiben.«

Am Montagmorgen um acht Uhr hatte sich Konrad schon eine Schneise durch den Urwald geschlagen, war in den kühlen Maltriner See gesprungen und saß um neun Uhr erquickt und hellwach am Schreibtisch. Er hatte sich einen alten Gartentisch aus Zechlin ins Zimmer mit der schönsten Aussicht auf Garten und Scheune im ersten Stock geschleppt. Konrad war an diesem Morgen umgeben von der typischen Brandenburger Stille, die es einem leicht machte, konzentriert an die Arbeit zu gehen. Denn zur typischen Audiosignatur der Dörfer in diesem Teil des Landes gehörte es, dass die Ruhe regelmäßig durchbrochen wurde vom fernen Schrei einer Kreissäge. Aus welchem Grund auch immer hier so viel gesägt wurde – in dieser Atmosphäre meditativer Geschäftigkeit war es Konrad ein Hochgenuss, endlich wieder zu Zettel und Stift zu greifen, um nachzurechnen, welche Effekte der Subventionstransfer nach Ostdeutschland auf den wirtschaftlichen Aufbau der fünf neuen Bundesländer hatte. Am späten Vormittag hatte Graf Zahl zwei Seiten mit Formeln vollgekritzelt und ging, um sich mit einem Kaffee zu belohnen, hinunter in die Küche. Treffender formuliert betrat Konrad den Raum im Erdgeschoss, wo auf dem Fußboden neben viel anderem Ramsch auch eine Kochplatte, ein Wasserkocher, eine Drückekanne und eine Menge gestapeltes Geschirr herumstanden. Während er neben dem Wasserkocher wartete, klopfte er gedankenverloren mit dem Kaffeelöffel an die Zwischenwand, die die ehemalige Bauernküche in zwei Bereiche trennte. Das Klopfgeräusch war seltsam hohl. Konrad goss sich seinen Kaffee auf, kehrte zurück an den Schreibtisch und kritzelte weiter seine Formeln aufs Papier. Zwischendurch schaute er aus dem Fenster und musste an das hohle Geräusch der Küchenwand denken. Dann schrieb er noch ein paar Formeln, schaute hoch und musste wieder an das Geräusch denken. Konrad stand auf und suchte nach einem Schraubenzieher oder nach einem anderen spitzen Gegenstand, mit dem man eine Probebohrung in der Küchenzwischenwand vornehmen konnte. Wie an Marionettenfäden gezogen lief Konrad in die Scheune, irrte dort umher, bis er den geeigneten Gegenstand gefunden hatte, und lief dann, weil sein Marionettenspieler es so wollte, wieder in die sogenannte Küche. Er begann, mit dem Schraubenzieher in der Wand zu pulen. Die Frage, ob der deutsche Ost-West-Subventionstransfer nach der Wiedervereinigung nicht in Wirklichkeit ein Verelendungstransfer war, der einen selbsttragenden Aufschwung in Ostdeutschland verhindert hat, verblasste allmählich aus seinem Bewusstsein, und Kontur gewann eine andere Forschungsfrage, die ihm keine Ruhe ließ.

Konrad musste unbedingt herausfinden, ob es sich um eine Kalksandsteinwand handelte, die man folglich einfach so durchbohren und noch am selben Tage mit einigen Vorschlaghammerschlägen abreißen könnte, und ob es eine nicht tragende Wand war, die man abreißen konnte, ohne die Statik des Hauses aufs Spiel zu setzen. Konrads Hypothese wurde es, dass die Küche ohne diese unnötige, wahrscheinlich zu DDR-Zeiten eingebaute Trennwand ihren ursprünglichen Charakter als Bauernküche wiedererlangen würde, und ebenso überzeugt war er davon, dass sich die Arbeit an seiner Dissertation umso konzentrierter fortsetzen ließe, wenn erst dieses Relikt aus den ästhetischen Verirrungen der Ostzone beseitigt war. Er pulte in der Wand herum, bis er Licht am Ende des Tunnels sah und Kacheln darunter zum Vorschein kamen – der Beweis, dass sie keine tragende Funktion für das Haus hatte. Konrad räumte noch notdürftig die Küchenutensilien beiseite, legte nicht einmal mehr das Tweedsakko ab und schwang den Vorschlaghammer.

Ylva und Mette konnten es sich als freischaffende Übersetzerinnen erlauben, früh ins Wochenende zu starten, und trafen deshalb zur Mittagszeit des darauffolgenden Freitags in Maltrin ein. Sie fanden Konrad auf der Bank sitzend draußen vor dem Hauseingang. Haare und Sakko waren mit einer Staubschicht überzogen. Konrad drehte sich eine und lächelte selig.

»Willkommen die Damen! Kommt mal direkt mit, ich muss euch was zeigen. Bin echt stolz«, sagte er.

Es gibt Menschen, die nicht mit der Schreibtischarbeit anfangen können, bevor die Küche aufgeräumt ist. Konrad hatte im Laufe dieser Woche in Maltrin feststellen müssen, dass er zu den Menschen gehörte, die nicht mit der Schreibtischarbeit anfangen können, bevor die Küchenwand abgerissen ist. Das hatte sich, weil Konrad wenig Erfahrung mit Abrissarbeiten hatte, schließlich doch anderthalb Tage hingezogen. Als diese Arbeit Mittwochnachmittag erledigt war, hatte er dann feststellen müssen, dass er zu den Menschen gehört, die auch noch nicht mit der Schreibtischarbeit anfangen können, bis die abgehängte Decke im Flur beseitigt war. Wenn Konrad eine Baustelle ausmachte, und das blieb auf dem Weidenhof nicht aus, dann ließ er die ewige Baustelle seiner Dissertation gerne noch für eine Weile ruhen.

»Es ist großartig! Dieses Gefühl zu sehen, wie es vorangeht!«, jubilierte er noch einige Male im Laufe des Nachmittags, nämlich jedes Mal, wenn er den nach und nach eintreffenden Mitbewohnern die Küche und den Flur vorführte. »Man sieht mal so richtig, was man getan hat. Das ist unmittelbare Gratifikation,« schwärmte er.

Jörg freute sich durchaus mit, stellte aber auch in aller Deutlichkeit klar, dass er den Ball vorläufig noch etwas flacher halten wollte: »Erst die Arbeit, dann die Arbeit – oder was? Also ich steche jetzt lieber erst mal in See.«

Es etwas gemächlicher angehen zu lassen, mit dem Anwesen und der Umgebung »emotional anzubändeln«, dazu sollte jeder die Zeit und den Raum bekommen, den er oder sie brauchte. Es war als kollektive Notwendigkeit erkannt worden, in einem mehr als nur physischen Sinne hier in Maltrin anzukommen. Die Frage, wie jeder dieses »Ankommen« und »Einfühlen« für sich individuell am besten gestaltete, war inzwischen so oft angesprochen, in E-Mails erwähnt und diskutiert worden, dass sie inzwischen der Hauch des Geheimnisvollen umwehte.

Konrad hatte diesen Prozess ja nun schon hinter sich. Wir anderen sollten am Freitag und Samstag reichlich Gelegenheit dazu bekommen, *mit unserem Anwesen sukzessive zu verwachsen*, wie Olli es per E-Mail angeregt hatte. *Es ging ja alles so schnell, dass ich das aus gruppenpsychologischer Sicht für ganz wichtig halte.*

Also erst mal: Auf dem Gelände rumlaufen, entdecken, rumschnuppern, riechen, eigene Pläne und Ideen entwickeln – ich denke, so sollten wir den Start in unserem neuen Zuhause angehen. Fabian fügte in einer ironischen Replik hinzu, *dass wir unser Ich-entwickle-eine-Beziehung-zu-unserem-neuen-Haus-Wochenende aber bitte auch schon mal dazu nutzen, zwischendurch ein bisschen weiter aufzuräumen.* Und Samstagabend würde dann mit wenigen ausgewählten Gästen Einweihung gefeiert – so in etwa der grobe Fahrplan für dieses zweite Wochenende nach Maltriner Zeitrechnung.

Jörg hatte sich für eine dialektische Art des Ankommens entschieden, die vorsah, dass er sich auf dem Seeweg erst mal direkt wieder davonmachte. Er hatte den Außenbordmotor, der zum Gesamtpaket unseres Hauskaufs dazugehörte, am Einzugswochenende mit nach Berlin genommen, ihn in seinem Atelier wieder fit gemacht und wollte ihn nun gleich mal anschmeißen. Nach Jahren mühsamen Ruderns in Zechlin konnte Jörg, der es gerne geruhsam anging, diese erste Außenboard-Erfahrung kaum noch erwarten. Auch Andine, Fabian, Niels und mir gefiel der Gedanke, uns für eine Weile aus dem Staube unseres Gartens zu machen und auf dem Maltriner See in die Abendsonne zu tuckern. Wir schleppten den Motor über den »Ho-Chi-Minh-Pfad«, eine Schneise, die Konrad im Laufe der Woche durch unseren Dschungel hinter der Scheune geschlagen hatte, und schraubten ihn am Boot fest.

Niels riss am Startseil: Nichts. Er riss noch einmal: Nichts. Fabian und ich gaben von der Mittelbank des Boots aus Tipps.

»Vielleicht mal kräftiger?«

»Vielleicht mal nicht ganz so doll?«

Niels riss – nichts.

»Vielleicht mal lieber eine Pause machen, damit er nicht absäuft.«

Während Jörg am Motor herumtüftelte, trieb das Boot unmotorisiert durchs Schilf, woran wir Passagiere bald Gefallen fanden. Andine ließ am Bug die Beine ins Wasser baumeln und nippte an einem Glas Rotwein. Die Sonne stand tief über den Hügeln am anderen Ufer und überzog die ganze Szenerie mit einem angenehm gelblichen Farbschleier, wie er alten amerikanischen Spielfilmen zu eigen ist. Fabian schlug Jörg vor, statt weiter am Motor herumzubasteln, besser mal einen zu bauen, da er das offensichtlich besser draufhabe. Jörg schlug Fabian vor, statt Kommentare abzugeben lieber die schöne Atmosphäre zu genießen, von der man genauso high werden könne. Ich empfahl der Runde, sich mal klarzumachen, dass wir gerade auf unserem eigenen Boot an unserem eigenen Haus am See saßen – ob mit oder ohne Antrieb. Und dass wir doch alle Zeit der Welt hatten, diesen Motor wieder auf Trab zu bringen.

»Ob er dieses Jahr anspringt oder nächstes Jahr«, sagte ich, »was bedeutet das auf lange Sicht schon? Irgendwann werden wir hier noch mit unseren Rollatoren auflaufen, Leute, und selbst dann können wir noch Bötchen fahren.«

»Die Geduld hab ich glaub ich nicht«, maulte Jörg.

Niels riss abermals vergeblich am Startseil.

»Wir haben übrigens Publikum«, sagte Andine.

Ein älteres Ehepaar, das die nahe gelegene Datsche bewohnte, stand in Raschel-Jogginganzügen und mit Zigarette auf der Veranda und sah uns paffend zu. Halb belustigt, halb missmutig, so ganz nach Rentnerart.

»Nicht irritieren lassen, Niels, zieh, zieh, zieh«, schrie Andine. »Komm, sei unser Held!«

Niels stemmte einen Fuß gegen die Bootswand, krümmte seinen Oberkörper tief zusammen, verharrte für einige Sekunden in dieser Igelhaltung – und ließ seinen Körper dann explosionsartig wieder auseinanderschnellen – wobei er wie ein Besessener am Startseil riss. Dann machte es *uunnnzt!* Und bei mir ging das Licht aus.

Vielleicht war es eine synästhetische Täuschung, und mein Gehirn hatte, um die kinetische Wirkung dieses Schlags in mein Gesicht noch besser zur Geltung zu bringen, ihn zusätzlich in ein Geräusch umgemünzt. Für mich jedenfalls klang es wie ein Punchsound aus einem Bud-Spencer-Film, als Niels' Handrücken in mein Gesicht krachte. Und genauso schmerzte es auch. Als ich wieder zu mir kam, hatten die anderen noch gar keine Notiz von meinem Knock-out genommen. Wie durch Watte drang nur der Jubel über den angesprungenen Motor zu mir durch. Es fühlte sich an, als würde Niels weiterhin seine Hand in mein Gesicht drücken. Aber das konnte nicht sein: Er hatte nun den Steuerknüppel des Außenborders fest im Griff und drehte den Motor bis zum Anschlag auf. Die Raschelrentner zündeten sich die nächste Zigarette an und folgten uns mit Blicken. Mit Vollgas tuckerten wir ins Abendrot.

»Wenigstens einmal durch den Kanal in den kleinen Nachbarsee«, gab Jörg die Route bekannt. Andine stieß einen theatralischen Schrei aus, als sie entdeckte, dass aus meiner Nase ein rotes Rinnsal tröpfelte und das Blut am Boden des Boots eine rosafarbene Pfütze bildete. Niels dämmerte, was er getan hatte, und bat verzagt um Verzeihung. Fabian reichte mir eine Flasche Bier, mit der ich meinen Nacken kühlen sollte, um das Nasenbluten zu stillen. Wie am Schnürchen gezogen hielten wir Kurs auf die Einfahrt zum Kanal am anderen Ende des Sees.

»Für einen Webexperten steuerst du so ein Boot aber ziemlich gekonnt«, lobte ich Niels.

»Jetzt schleimst du dich bei deinem Peiniger auch noch ein, oder was?«, sagte Jörg. »Nennt man das nicht Stockholmsyndrom oder so ähnlich?«

»Wichtiger finde ich im Moment die Frage, wie eigentlich so die wichtigsten Verkehrsregeln für Binnenschiffe lauten«, sagte Niels. »Schließlich müssen wir gleich durch diesen verdammt engen Kanal da hinten. Weiß jemand etwas Näheres?« Andine eröffnete das Brainstorming: »Wahrscheinlich gilt in der Schifffahrt auch irgendwie so rechts vor links, denk ich mal.«

»Es gibt kaum Regeln, glaub ich«, mutmaßte Fabian.

»Ab 1,7 Promille ist alles erlaubt«, schlug ich vor.

»Wenn mich mal einer ablösen würde, könnte ich nachsehen, ob ich eine App finde«, bot Niels an.

»Du lässt mal schön die Hände am Steuer«, befahl Kapitän Jörg. »Entscheidend ist nur, dass du gegensteuerst, wenn was Größeres entgegenkommt. Wegen der Bugwellen, du weißt schon.«

»Ich weiß schon? Was Größeres?« Niels lachte hysterisch.

Am anderen Ende des kleinen Kanals tauchte ein Hausboot auf. Und mit schrumpfendem Abstand zu diesem Boot schwand die Gelassenheit bei uns an Bord merklich. Ich las in der vor Konzentration angespannten Miene von Steuermann Niels wie in dem Lächeln einer Stewardess. Das Hausboot war soeben an uns vorbeigeschippert, und die erste Bugwelle schwappte an die Pressspanwand backbord, da riss Niels, um gegenzusteuern, den Knüppel rum.

Es war ein Lehrstück dafür, warum Glück und Verderben für Anfänger so dicht beieinanderliegen: Die Überaufmerksamkeit, in der Anfänger das frisch erworbene Wissen anwenden, führt sie mal zu besonders klaren und angemessenen Bewegungen, dann aber wieder zu völlig übertriebenen und hektischen Aktionen. Wäre unser Boot ein Auto gewesen, es hätten Reifen gequietscht. Statt Spur zu halten, legten wir einen U-Turn hin, von dem niemand geahnt hätte, dass er mit einem Wasserfahrzeug in so engem Radius möglich war. Unser Boot fuhr nun in dieselbe Richtung wie das Hausboot. Diese groteske Wendung aber stiftete Verwirrung in einem Ausmaß, dass Niels wie auch alle anderen bei uns an Bord wie gelähmt waren. Statt den Motor einfach auszuschalten und langsam kehrtzumachen, wurden wir Zuschauer einer unfreiwilligen Verfolgungsjagd.

Mir waren aus dem Alltag bestimmte irrwitzige Momente bekannt, in denen der Körper für Sekundenbruchteile nicht mehr dem Willen gehorchte: Etwa wenn man der eigenen Hand dabei zusah, wie sie die Tür der Wohnung ins Schloss drückte, obwohl einem gerade zuvor klar geworden war, dass der Wohnungsschlüssel noch im Inneren der Wohnung lag. Trotzdem war man in solchen Augenblicken außerstande, in der Kürze der Zeit noch etwas gegen das eigene verhängnisvolle Tun zu unternehmen. Nun erlebte ich, dass sich ein solcher Moment der Paralyse auch über viele Sekunden hinziehen konnte. In unserer Schockstarre war das Boot zu einem Lebewesen geworden, das seinen ganz eigenen Willen hatte und auf das wir nicht mehr einwirken konnten. Allerdings schien unser Boot nicht das intelligenteste zu sein: Es wollte unbedingt hinter dem Wohnboot her, wollte in das Wohnboot reinpreschen. Unser Boot wollte den totalen Crash.

Als es passiert war, schaukelte die ganze Welt: Szenen wie von einem Videoclip-Regisseur aufgenommen. Die Frau des Kapitäns hielt sich mit einer Hand an der rückwärtigen Deutschlandflagge des Boots fest und machte mit dem anderen Arm Fuchtelbewegungen, als wollte sie ein wildes Tier verscheuchen. Sie trug einen zum Sonnenhut umfunktionierten Regenschirm, und ihre Stimme überschlug sich in derselben Frequenz wie die Stimme ihres geifernden Hundes. Nach dem Zusammenstoß drifteten die beiden Boote auseinander, und Andine fischte den Regenschirmsonnenhut der Unfallgegnerin aus dem Wasser. Unterdessen schien der Wille unseres Boots, uns auf dieser Ausflugsfahrt von Kalamität zu Kalamität zu führen, ungebrochen. Es drehte sich mit dem Bug zum Ufer des Kanals und versuchte, über die Steine und Büsche aus dem Wasser zu schrappen.

»Mootooor aaaaus!«, schrie Jörg.

Niels drückte auf irgendwelche Knöpfe, zog irgendwelche Hebel. Als die Bestie Ruhe gab, fesselte Fabian sie mit einem

Fantasie-Seemannsknoten an einen Baum. Während das andere Boot immer weiter davontrieb, bildeten sich in der Nachunfall-Verwirrung bei uns an Bord zwei Fraktionen.

»Wir müssen da noch mal hinterher, das klären«, sagte Fabian.

Jörg widersprach ihm: »Damit wir direkt noch mal in die reinbumpen, oder was?«

»Also ich übernehme jedenfalls nicht mehr das Steuer«, stellte Niels klar.

Ich versuchte, zwischen den Fronten zu vermitteln, und schlug vor, dass wir uns wenigstens bei dem Paar entschuldigen sollten.

»Also ich krieche vor der Zicke und ihrem Spreekapitän bestimmt nicht zu Kreuze«, sagte Jörg.

Das andere Boot schrumpfte zu einem weißen Punkt. Bis Niels ihm schlussendlich doch noch eine halbherzige Abbitte nachrief: »Sorry, tut uns leid«.

Es kam keine Reaktion. Das Hausboot und seine Besitzer hatten offensichtlich nur noch eins im Sinn: sehr schnell einen möglichst großen Sicherheitsabstand zu uns aufzubauen. Ich öffnete eine Flasche Radeberger und schaute ins Ungefähre. Die Sonne war inzwischen zu jenem in verschiedenen Rottönen geschichteten Ball aufgebläht, den Reiseunternehmer gerne auf ihre Busse lackierten. Jörg legte sich der Länge nach ins Boot und steckte sich die Selbstgedrehte seebärenmäßig schräg in den Mund.

»So, ein Bier und ein Kippchen, und wenn sich gleich alles beruhigt hat, bring ich euch sicher in unseren Heimathafen zurück«, sagte er.

Andine hatte sich den nassen Regenschirmhut der Unfallgegnerin aufgesetzt, legte wie im Ausguck die Hand an die Stirn und fragte sich im Selbstgespräch, ob sie mit nichtsnutzigen Seeleuten wie uns je erfahren werde, wie der Nachbarsee wohl aussieht. Sonst sagte keiner mehr was. Dann kreischte Andine plötzlich wieder auf: »Mon Dieu, bitte nicht auch das noch!«

Ein Boot der Wasserschutzpolizei kam angerast und legte Zentimeter neben uns eine Vollbremsung hin.

»Darf man hier nicht parken?«, fragte ich die beiden Polizisten in der Hoffnung, dass sie unseren Crash nicht mit angesehen hatten.

»Dit heißt nich paakn, dit heißt ankan. Und nee, dit is hier untasaagt. Außerdem, wie wär's denn ma mit Licht, liebe Leute? Gleich wird es dunkel.«

»Ach so, braucht man bei einem Boot auch eine Lampe?«

»Dit heißt Positionsleuchten. Und jaa, die broochense ooch. Ebenso ein Nummanschild.«

»Wir sind gerade erst eingezogen, besorgen wir uns sofort, wenn wir zurück sind, okay?«

»Sindse mit eena mündlichen Vawahnung und sechzig Euro Strafe für dit Nichvoahandensein eena Lichtanlaje und einet Bootskännzeichns einvastanden?«

Wie Kriegsversehrte liefen wir wenig später über den heimatlichen Steg an Land, wo die Raschelrentner schon danach gierten, ihre Kommentare loszuwerden.

»Na da habta ja die volle Punktzahl jeholt, wa? Jenießt eua Bötchenfaahn ma noch schön, dit könnte sich bald erledicht haben, wenn dit hier allet ma dem Gutsherrn jehört.«

»Hä?«

Wir waren allesamt zu gar gekocht, um einem Berliner Rentner und seinen Sticheleien zu folgen. Alle wollten nur noch nach Hause auf den Weidenhof. Man konnte mit Fug und Recht sagen, dass wir angekommen waren.

In unserer Abwesenheit war qua Schwarmintelligenz aus Chaos der Anfang einer Ordnung entstanden, die sich im Laufe des Samstagvormittags weiter herauskristallisierte. Auf Ameisenstraßen wurden geeignete Möbelstücke aus der Scheune ins Haus und ungeeignete aus dem Haus wieder in die Scheune abtransportiert. Matratzen schwebten wie Larveneier zwischen den beiden Gebäuden hin und her. Aus guten Gründen waren fest zugeteilte Zimmer nicht vorgesehen. So unterschiedlich in ihrer Größe und Güte, wie sie waren, hätte das langfristig nur zu Animositäten geführt. Stattdessen wollten wir die Gemächer wochenendweise jeweils neu beziehen, frei nach der Devise: *first come, first serve.* Der alte Schlafzimmerschrank von Fabians Großtante stand im ersten Stock und wurde mit ausrangierter Bettwäsche aus Privatbeständen und einigen neu erworbenen Sets befüllt, währenddessen Konrads alter Toplader im Badezimmer in Stellung gebracht wurde, damit wir immer wieder alles frisch machen konnten. Das waren so die Grundlagen, damit unser Haus bewohnbar und irgendwann später auch mal wohnlich werden konnte.

Im Garten waren vereinzelt sogar schon ein paar Farbtupfer zu verzeichnen: die Zelte der ersten Partygäste. Weil wir uns und das Haus so kurz nach dem Einzug nicht überfordern wollten, hatten wir eine überschaubare Anzahl von Leuten eingeladen. Ein paar Kästen Bier, Musik aus dem Autoradio und Lagerfeuer – die Kombination musste es auch mal tun.

Lasst uns die Styroporchip-Gäste, mit denen wir sonst unsere Partys immer auffüllen, diesmal einfach weglassen, hatte ich per E-Mail angeregt.

Doch auch ohne menschliches Paketfüllmaterial wurde es voll. Voll genug, um unsere sanitären Anlagen nach Mitternacht an den Rand ihrer Kapazitäten zu bringen. Und darüber hinaus.

»Keiner benutzt mehr die Toilette«, brüllte Konrad. »Da stimmt irgendwas nicht.«

GRABENKÄMPFE

Simone konnte was ab. Als Sechzehnjährige hatte sie den Punks aus der Ulmer Fußgängerzone von Zeit zu Zeit heimlich Unterschlupf auf dem Dachboden ihrer Eltern gewährt. Die brauchten ja auch mal ein Dach überm Kopf. Als Siebzehnjährige war sie mit wehenden roten Fahnen von zu Hause aus- und in ein besetztes Haus in Hamburg eingezogen, wo sich fünfundzwanzig Leute eine Badewanne und dasselbe Badewasser teilen mussten, weil es Heißwasser nur aus einem kohlebeheizten Badeofen gab. Sie hatte sich bei Freunden auf Bauwagenplätzen einquartiert, wo man sich, wenn der Ofen aus war und es im Schlafsack kalt wurde, nur noch an einem der großen schwarzen Hunde wärmen konnte, die im linksanarchistischen Milieu immer und überall herumliefen. Es verstand sich von selbst, dass Simone auch schon zahlreiche Interrailurlaube hinter sich hatte. Nach ihrer Schauspielausbildung schloss sie sich einer fahrenden Theatergruppe an und setzte den improvisierten Lebenswandel fort. Für Monate blieb sie keine zwei Tage am selben Ort. Kurz und gut, dieses Leben hatte Simone zu einem sehr flexiblen Menschen gemacht.

Am Morgen nach unserer Einzugsparty in Maltrin stellten sich ihr allerdings ein paar Herausforderungen neuen Kalibers. Was tun, wenn ein Säugling und ein Kleinkind beide wie am Spieß brüllten, weswegen sich rechts und links von einem Leute, die man nie zuvor gesehen hatte, auf dem Fußboden genervt hin und her wälzten? Was tun, wenn alle Windeln voll waren, man obendrein selbst mal zur Toilette musste, man bemerkte, dass »dringend« schon gar kein Ausdruck mehr war, die Toilette aber mit einem Paketband notdürftig abgesperrt war? Wie machte man ein Baby sauber, wenn die Feuchttücher aufgebraucht und der Haupthahn fürs Wasser abgedreht waren? Simone schlug sich mit den Kindern über Konrads Trampelpfad zum See durch, benutzte den Steg als Wickeltisch und erledigte bei strömendem Sommerregen die Morgentoilette mit Seewasser. Und wohin dann? Auf dem Küchenfußboden hatten sich die Partygäste quer gelegt, ebenso im Flur und im gesamten Wohnzimmer. Überall, wo es trocken war, schliefen sie. Zwei lagen sogar der Länge nach mit ihren Isomatten in den alten Futtertrögen in der Scheune. Die Kinder weinten bittere Tränen. Maltrin war ein verruchter Ort an diesem Sonntagmorgen.

Kurzes Protokoll der nächtlichen Ereignisse:

Um 22 Uhr hatte die Party an Fahrt aufgenommen, und einige gute Freunde von uns müssen per SMS weniger gute Freunde von uns verständigt haben, dass es sich hier bei Lagerfeuer und einem besonders roten Sonnenuntergang gut anließ. Jedenfalls rückte auch ohne Einladung eine größere Menge Styroporchip-Gäste an. Gegen 0 Uhr 30 hatte Konrad die überlaufende Toilette entdeckt und sofort die sanitären Anlagen des Hauses für die weitere Nutzung mit dem Paketband gesperrt und den Haupthahn abgedreht. Gegen 2 Uhr 30 war ein Wolkenbruch über der Party niedergegangen, woraufhin sich die Feierlichkeiten in die Scheune verlagerten. Der Sommerregen ließ viele Zelte einknicken und so volllaufen, dass sich die Gäste im Laufe der Nacht anderweitig nach Schlafplätzen umtun mussten. Die meisten hatten sich selbst mindestens genauso volllaufen lassen und irrten nun auf der Suche nach einem Obdach für die Nacht durch Hof und Haus. Ich selbst hatte dort zunächst versucht, etwas Schlaf zu finden, war dann aber wegen des großen Andrangs und der entsprechend schlechten Luft gegen 5 Uhr auf den Beifahrersitz des Autos ausgewichen. Die Digitalanzeige zeigte 8:05 Uhr, als Simone und Oscar an die Scheibe klopften.

Wir schnallten die Kinder in ihren Sitzen fest und fuhren auf der Suche nach einer geöffneten Bäckerei über die Dörfer. Kurz danach muss Konrad aufgewacht sein. Seine eigene Not hatte ihn unsanft an die schwelende Toilettenproblematik erinnert. In der Hoffnung auf eine schnelle Lösung vor dem großen Ansturm auf die sanitären Anlagen am Vormittag stapfte er in den Keller, um der Sache auf den Grund zu gehen.

Als wir von der Bäckerei zurückkehrten, waren die Wolken der Nacht verzogen, und das Leben spielte sich wieder im Freien ab. Die Partygesellschaft hatte sich in zwei Fraktionen gespalten, wobei die Grenze ziemlich genau zwischen Gästen und Gastgebern verlief. Die meisten Gäste hatten Kaffeetassen in der Hand, die Gastgeber hingegen trugen Schaufeln und Spaten durch die Gegend. Die Gäste hatten sich an mehreren über den Garten verteilten Tischen niedergelassen und tranken ihren Kaffee, der aus Seewasser gebrüht worden war, kauten die trockenen Baguettes vom Vorabend und versteckten ihren Katerkopf jeweils hinter einer Sonnenbrille. Die Gastgeber demgegenüber hatten begonnen, in der Nähe der Hauswand mehrere Löcher auszuheben, wobei ihnen wiederum die Gäste zuschauten. Im Garten des Weidenhofs spielte sich ein kleines Open-Air-Theater ab.

»Einige von uns können das mit dem Kieselsteinschleifen scheinbar gar nicht mehr abwarten«, kommentierte ich in meiner restalkoholischen Albernheit.

Olli machte ein todernstes Gesicht und wies mit der Schaufel aufs Kellerfenster: »Da unten ist alles komplett unter Wasser.«

Was die dürre Erklärung genau bedeutete, wusste mittlerweile Konrad: »Die senkrechten Abwasserrohre sind ausgelaufen. Die sind ja nur dafür gemacht, fließendes Wasser abzuleiten und nicht stehendes Wasser zu halten. Jetzt haben wir den ganzen Mist da unten drinstehen.«

Ich nickte verständnisvoll – ein Nicken, das mir immer schon über die Runden geholfen hatte, wenn ich nicht mehr so ganz mitkam. Wie eine Polizeieinheit, die das Gelände nach einer Leiche durchkämmt, buddelten Niels, Jörg, Konrad, Mette, Fabian, Ylva und Olli nebeneinander von der Hauswand aus mehrere Gräben und arbeiteten sich fächerförmig in Richtung der beiden Trauerweiden vor. Zwischen den Frühstückstischen und dem Wäldchen auf der Scheunenrückseite herrschte ein reger Verkehr von Menschen mit Klopapierrollen in den Händen. Die Augustsonne gewann an Kraft, erhitzte die Luft zwischen Garten, Scheune und Nachbargebäude wie in einem Umluftofen und ließ die Feuchtigkeit der Nacht verdunsten. Schwül war auch der Gemütszustand der malochenden Kommunarden, die von Fliegen umschwirrt wurden. Elke hatte sich als lebendes Baustellenband vor den Gräben aufgebaut, weil Noah immerfort beim Buddeln störte. Ich stellte mich dazu.

»Ich habe, glaube ich, immer noch nicht so ganz verstanden, was hier genau das Problem ist. Du kannst mir das sicher mal kindgerecht erklären, Elke, oder?«

Irgendwo zwischen Haus und Sickergrube war das Abwasserrohr geplatzt, und dadurch staute sich der Abfluss. Merkwürdigerweise war das Abwasserrohr aber nicht so leicht zu finden unter der Erde. Die Gäste verzogen sich nach und nach in Richtung See zum Baden oder packten ihre Sachen, um abzureisen. Gastgebern, die offensichtlich andere Probleme hatten, fiel man nicht gerne zur Last. Konnten viele Besucher am Vorabend angesichts unseres stattlichen Hofes im Schein des Lagerfeuers und eines spiegelglatten Sees bei Vollmond ihre Neidgefühle nicht ganz verhehlen, so überwog an diesem Morgen spürbar die Genugtuung, sich hier ohne Weiteres vom Acker machen zu können.

Jedoch nicht ohne vorher noch etwas Zuspruch zu spenden: »Dann hoffen wir mal, dass ihr das Problem schnell in den Griff kriegt, eigentlich habt ihr es ja wirklich toll hier draußen.« Gelegentlich wurde auch Mitleid bekundet: »Ist ja echt zum Heulen, gleich nach dem Einzug so ein Desaster! Na ja, Zähne zusammenbeißen, Leute!« Manchmal wurde gar gespottet: »Ein bisschen Stress muss schon sein, ihr Lieben, wenn man meint, sich ein Landhaus anschaffen zu müssen.«

Die Kommentare der Besucher hatte schon am Vorabend eine spezielle Mischung aus Bewunderung und Skepsis gekennzeichnet. Nicht wenige bekundeten, von einem Projekt dieser Art seit Langem zu träumen, nur um im selben Atemzug klarzustellen, dass sie sich das mit so vielen Leuten denn doch nicht vorstellen könnten. Ob der Riesenzoff da nicht vorprogrammiert sei, war eine Frage, die auch immer mal wieder aufkam.

Mit jedem Getränk wurde ich besser darin, bei der Beantwortung dieser Frage, konventionelle Lebensentwürfe mit Reihenhaus beredt zu geißeln und mich wie auch meine Mitbewohner vom Weidenhof demgegenüber als Lebenskünstler hochzujubeln: »Ja, dann gibt es eben mal Ärger. Es geht ja genau darum, sich diesen Faktor von Unberechenbarkeit zu erhalten – Sicherheit ist der Tod. Leben ist, wenn es ab und zu auch mal wehtut.«

Am Morgen danach schmerzte das Leben sehr viel ärger, als ich mir im Überschwang der Party zurechtmystifiziert hatte. Ich griff zum Spaten und buddelte den Kommunarden von der Sickergrube aus entgegen. Ungefähr im Takt des Pochens meiner Kopfschmerzen rammte ich das Eisen in den festen Lehmboden. Bis es *Pock* machte. Wir gruben tiefer und legten der Länge nach ein Abwasserrohr frei, das zwischen Sickergrube und Haus nicht etwa auf dem direkten Wege verlief, sondern, wie sich nach längeren Grabungsarbeiten herausstellte, einen großen

Bogen schlug. Der Graben füllte sich mit brauner Brühe, auf der sich Schaumkrönchen im Kreis drehten.

»Wahrscheinlich, damit die menschlichen Hinterlassenschaften besser die Kurve kratzen«, kalauerte Olli, und Jörg fand den Gedanken gar nicht so abwegig.

»Könnt ich mir durchaus vorstellen, dass die auf diese Weise wirklich mehr Schwung kriegen – wie auf diesen Schwimmbadrutschen.«

Konrad machte den Kurvendiskussionen ein Ende, indem er zur Tat schritt. Das Leck konnte nicht mehr weit sein. Er legte sein altes weißes Bürohemd ab, versenkte die Arme bis zur Achselhöhle in der Brühe und tastete das Rohr, es gleichsam von oben umarmend, Zentimeter für Zentimeter ab. Auf Spaten und Schaufeln gestützt schauten wir Mitbewohner und ein paar letzte Gäste ihm zu. Das lebendige Baustellenband Elke hatte aufgegeben, und die Kinder rührten mit ihren Plastikschaufeln in der braunen Soße herum. Um ihre Köpfchen schwirrten Fliegen. Ein Bild, wie aus der Werbekampagne einer humanitären Hilfsorganisation, dachte ich.

Nach einem Tag des Ankommens und einer Party mit Monologen über die erquickende Wirkung des Faktors Chaos im Leben hatten unsere Visionen unsanften Erstkontakt mit der Realität. Die Morgen nach Partys waren nicht dazu da, um schön zu sein, aber mit pochendem Kopfschmerz im Klärschlamm zu baden, das war schon wieder deutlich zu viel des Guten. Restalkohol und Schlafmangel versetzten die Einsatzkräfte zurück in einen sanften Rausch.

»Ich sehe das Fotoalbum schon vor mir«, sagte Olli, »kaum eingezogen, machten wir uns an den Bau unserer Milchkaffeepipeline.«

»Lass uns doch Managerseminare mit Schwerpunkt Abwasserrohrumarmung anbieten«, schlug Niels vor. »Ist auch mal eine Grenzerfahrung.«

Rechtzeitig bevor das Niveau noch tiefer sank, meldete sich Konrad aus dem Graben:

»Das Loch! Ich glaube, ich hab es!«

Andine, die seit einer halben Stunde mit einer Zeitung über dem Kopf auf dem Liegestuhl lag, quetschte genervt hervor: »Praise the lord!«

Konrad zog die Arme aus dem Amazonaswasser und wischte sich einen braunen Spritzer von der Brille. Er stieg aus dem Graben und verschwand hinter der Scheune. »Gehe mich mal waschen.« Da knallte das Gartentor ins Schloss.

»Tachchen!«

Ein untersetzter grauhaariger Mann mit einer etwas zu großen Piloten-Sonnenbrille betrat das Grundstück. Er trug eine tarnfarbene Kombathose, ein kurzärmeliges Hemd mit einem Weltraummotiv und an den Füßen knallgelbe Crox-Plastikschlappen. In der Hand hielt er eine Hundeleine, an der eine schwarze Promenadenmischung zerrte. Der Mann zog den Hund ein paar Mal ruckartig zurück, wodurch das Tier heftig würgen und husten musste: »Is jut, Paula!« Schließlich reichte er uns einem nach dem anderen die freie Hand.

»Tachchen, Wolfgang Schröder, eua Nachbah! Wie ick sehe, habta ooch schon erste Bekanntschaft mit dem Ostzonenpfusch hier jemacht.«

Der Hund zeigte einen unbändigen Willen, in den Milchkaffeekanal zu springen, sodass Herrchen ihn am Geländer des Treppenaufgangs zum Weidenhof festbinden musste. Der faulige Geruch der Brühe war für das Tier augenscheinlich so attraktiv, dass es sich am Halsband beinahe strangulierte.

Auf eine Zigarette mit Wolfgang Schröder.

Wir setzten uns an einen der mit Krümeln übersäten Frühstückstische und mussten erst mal einen Rüffel dafür einstecken, dass wir zu unserer Einweihungsfeier keinen unserer neuen Nachbarn aus dem Dorf eingeladen hatten – daran hatte keiner von uns gedacht. Nachdem wir für die nächste Party Besserung gelobt hatten, sofern es jemals ein nächstes Mal geben würde, beeilte sich der Mann im Planetenhemd klarzustellen, dass er eigentlich aus Westberlin kam und dort auch nach wie vor seine Wohnung hatte. Das schien ihm etwas zu bedeuten. Wolfgang Schröder erzählte uns, dass er früher mal Lastwagenfahrer war und sich sein halbes Leben lang auf der Transitstrecke über die Ossis aufregen musste. Nach einer halben Zigarettenlänge bot er uns das »Wolle« an und fuhr fort, dass er als Rentner und nachdem seine Frau gestorben war, eben irgendwas zu tun brauchte. Dass es ihn dann hierhin verschlagen habe, wo er für Bauer Plietsch und sein Riesengelände nebenan den Aufpasser macht. Im Gegenzug könne er dort Tabbert aufstellen.

»Tabbert?«, fragte ich.

»Tabbert, so heißt mein Wohnwagen«, erklärte Schröder. Wichtig war Wolle auch noch anzumerken, dass Bauer Plietsch selbst aus dem Westen kam und seit nunmehr fünfzehn Jahren einen Teil des alten Familiengutes wieder aufbaute, das die Kommunisten seinem Großvater gestohlen und runtergewirtschaftet hatten. Und dass er, Wolle, die Schnauze inzwischen »mehr wie jestrichen voll« habe. Wovon, das ließ Wolle im Unklaren. Lieber kam er wieder auf unser Rohr zu sprechen.

»Soll ick euch varaten, warum ihr dit blöde Rohr ers nich jefunden habt? Na ja, weilse im Osten Rohrmodule nur in eena Länge hatten. Wennet bis zum nächsten Anschluss nich jenau hinkam, wurde ehm umme Kurve jelecht.«

Wenig später kam Konrad blitzsauber vom See zurück, schmiss sich das weiße Hemd wieder über, schlüpfte in seine ausrangierten Büroschuhe und drehte sich eine.

Wolle entsprach dem Typus des altgedienten Berliner Bären, die mit ihrer Machen-wa-uns-doch-nischt-vor-Wesensart die einfachen Wahrheiten im Leben unumwunden ansprachen und so ein Wohlbehagen und eine Eckkneipengemütlichkeit erzeugten, die zum Verweilen einlud. Während Hund Paula unausgesetzt würgen musste, servierte uns Wolle ein Best-of seiner Erfahrungen mit den Altlasten der DDR und seiner Auseinandersetzungen mit Behörden, Handwerkern, Baumarktmitarbeitern und anderen wichtigen Akteuren der Region.

»Ick jeh zu dem Fraggle ins Büro, ick sage juter Mann sagick, dit kann jetz nich eua Ernst sein. – Doch sachta, isset aber.«

Dadurch, dass Schröder wie alle Berliner seines Schlages gerne in der szenischen Urfassung berichtete, hatte man bei seinen Erzählungen das Gefühl, einem guten Stück Boulevardtheater beizuwohnen. Hier sprach jemand, das wurde spätestens während der zweiten Zigarette deutlich, für den es noch Wessis und Ossis, Hüben und Drüben sowie Gut und Böse gab. Wolles Stärke bestand darin, mit radikaler Komplexitätsreduktion für Übersichtlichkeit und weltanschauliche Geschlossenheit zu sorgen: »Röhren umme Kurve lejen! Hia uffn Lande is ma ersma klajeworden, watt die DDR eijentlich fürn beklopptet Land jewesen war.«

Im Stillen dämmerte mir der eigentliche Grund, warum wir Universaldilettanten uns bei diesen Anpackertypen so geborgen fühlten: Mochte die Zivilisation ruhig kollabieren, mit einem waschechten Wolle hatte man einen Wahrer des Grundlagenwissens an seiner Seite. Einen, der die Basics noch beherrschte. Jemanden, mit dem man wieder bei null anfangen konnte, falls mal alles zusammenbrach. So wie heute unser Abwassersystem. Und die Wolles liebten es, wenn Leute wie wir plötzlich auf sie angewiesen waren. Der Mann im Planetenhemd hatte sich erhoben und stand, die Hände in die Hüfte gestemmt, breitbeinig vor dem Graben. Eilfertig schnappte ich mir einen Spaten und wartete auf Anweisungen. Mit leeren, verkaterten Augen stierte ich ins Trübe. Wegen meiner Unbeholfenheit in handwerklichen Belangen neigte ich dazu, Herausforderungen dieser Art analog zum Aussitzen »ausglotzen« zu wollen. In der Hoffnung auf eine Vaterfigur, die das Problem schon irgendwie für mich lösen würde, glotzte ich in die Gräben. Aber Schröder schüttelte nur den Kopf.

»Dit riecht nach Ärja. Dit könnta vajessen. Dit krichta nich mea jeflickt. Müssta neu valejen. Ick weeß, woa billich an Materjal kommt.«

Inzwischen wurden die unappetitlichen Laute des Hundes von Babygeschrei überlagert. Elke und Simone hatten sich am anderen Ende des Gartens, in sicherer Entfernung zum Gestank der Gräben auf einer Bank niedergelassen und die Säuglinge zum Stillen angedockt. Sie hatten es zumindest versucht.

»Ich glaube, wir müssen jetzt echt nach Hause, Jörg«, rief Elke.

»Wir auch, Olli, ich krieg den hier beim besten Willen nicht mehr zum Trinken. Und zum Schlafen schon gar nicht«, sagte Simone.

Die Sonne beschien die Windräder am Straßenrand in einem Winkel, dass deren Schatten wie Donnerkeile auf die Fahrbahn eindroschen. Während wir über die Betonplatten der Naziautobahn in Richtung Hauptstadt rappelten, war die Stimmung im Auto geprägt von der klammheimlichen Freude, einer unliebsamen Aufgabe erst einmal elegant ausgewichen zu sein. Dem Abwasserdebakel ein Schnippchen geschlagen zu haben.

»Zu den Ersten zu gehören, die im Freundeskreis Kinder bekommen, bringt eben doch nicht nur Einschränkungen mit sich«, monologisierte ich. »Man gewinnt auch ein paar neue Freiheiten«.

Einer der Windrad-Schatten drosch genau vor uns auf die Fahrbahn.

»Wenn es eng wird, kann man immer noch sagen, sorry, aber wir müssen jetzt leider los. Ihr wisst schon, der Kleine.«

Selten erhaschen die Kinderlosen mehr als flüchtige Einblicke in die Welt des Stillens, Wickelns und Schlafenlegens, dachte ich. Jede Elterngeneration strickt an der Legende mit, dass dieses Leben als junge Familie seine ganz eigenen komplizierten Gesetze hat, von denen man als treu sorgende Eltern keine Handbreit abweichen darf.

Simones Lässigkeit war verflogen.

»Ist ja gar nicht vorgeschoben. Mir soll mal bitte einer erzählen, wie man mit zwei kleinen Kindern nebenbei noch das Abwassersystem von irgend so einer maroden DDR-Bude erneuern soll. Hilfe, worauf haben wir uns da nur eingelassen, Olli?«

Berlin war an diesem Nachmittag eine besonders schöne Stadt. Schon allein deshalb, weil es eine Stadt und nicht das Land war.

Fabian muss sich noch spät am Sonntagabend an die Tastatur gesetzt und unter dem Leitspruch: *Ein bisschen in die Röhre gucken* einen Maßnahmenplan durchgegeben haben, der sich las wie das Drehbuch zu einer Folge von *Baustellengiganten* im Nachtprogramm eines privaten Nachrichtenkanals. Schon beim ersten Überfliegen konnte einem ganz anders werden: *Massives Feldsteinfundament des Hauses, aufstemmen, Bolzen legen, Gräben leer pumpen, Kernbohrgerät und wassergekühlten benzinbetriebenen Diamantschleifer leihen, Mauerkettensäge, Zehnkilo-Vorschlaghammer* – das waren so die Vokabeln, die grell ins Auge fielen. Fabian führte aus: *Wie sich im Zuge der weiteren Grabungsarbeiten – übrigens noch bis Einbruch der Dunkelheit – herausgestellt hat, gibt es im Boden zwischen Haus und Sickergrube noch einen alten Pool. Nicht zu früh freuen ;), es handelt sich um ein ehemaliges Güllebecken, dessen Wände beim Verlegen der neuen Rohre im Wege sein werden, weil die einen größeren Durchmesser haben. Sprich: Wir müssen einen ganz neuen Kanal anlegen, der exakt dort hindurchführt, wo jetzt noch die Wände stehen. Die kriegt man aber laut Wolle Schröder mit einem Diamanttrenn-*

schleifer locker weggeknackt. Wer übernimmt den ersten Einsatz? Freiwillige vor.

Wer aufschaut, ist dran. Die alte Schulregel fand in den folgenden Tagen ihre Entsprechung in der E-Mail-Kommunikation zwischen den Hausgenossen. Die Phase des virtuellen Wegduckens zog sich quälend hin. Dann kam die erste stichhaltige Absage: Konrad schrieb, er habe nun schon ein Vollbad im Güllegraben hinter sich, außerdem schrillten bei seiner Doktorarbeit inzwischen die Sirenen. Jetzt seien mal andere dran. Die anderen machten jedoch, so wie ich selbst, noch für eine Weile auf toter Mann.

Die ersten Kandidaten, die einknickten, waren Niels und – ausgerechnet Jörg. Dass gerade der andere Familienvater sich anbot mitzuhelfen, fügte meiner halb bewussten Strategie, mich mit meinen zeitraubenden Vaterpflichten aus der Affäre zu ziehen, einen hässlichen Kratzer zu. Das sagte ich Jörg auch ins Gesicht, als wir uns am Morgen beim Kinderabliefern vor der Kita begegneten.

Jörg sah die Sache etwas differenzierter: »Mit Fäkalien haben wir daheim doch jetzt sowieso mehr als genug zu tun. Da können wir unsere Lieben samt ihren Windeln doch auch mal für zwei Tage zurücklassen und uns in Maltrin um die Beseitigung der ganz großen Scheiße kümmern.«

»Mmmh, weiß nicht«, sagte ich.

Jörg zwinkerte mir zu. »Denk mal drüber nach. Schön das ganz schwere Gerät auffahren. Zwischendurch in den See springen, ein Bierchen trinken und dann wieder ein paar Rohre verlegen. Wäre das nicht auch mal was für dich?«

»Du sprichst ja schon wie ein Rekrutenwerber der Bundeswehr, Jörg. Ich dachte immer, du bist Künstler und Feingeist. Ich habe gerade parallel zwei Agenturjobs, muss eine Reportage schreiben und soll ständig zu Hause helfen.«

»Verstehe ich«, sagte er. »Aber ehrlich gesagt, ich muss einfach mal hier raus.«

Absender: Konrad Volkmann.
Uhrzeit: 16:12
Betreff: Ode an die Helden der Improvisation Jörg und Niels

Wertes Kollektiv,
da Jörg und Niels zu bescheiden sind, Folgendes hat sich gestern und heute in Maltrin zugetragen: Leider ist der Versuch, dem Güllebecken mit dem Diamanttrennschleifer zu Leibe zu rücken, fehlgeschlagen. Die Mauern waren zu dick, nix ging vorwärts. Dann hat Jörg sich auch noch fast in den Arm gesägt. Die beiden waren total am Ende und haben schon fast aufgegeben. Das wäre fatal gewesen. Wir hätten Handwerker gebraucht, die für Hunderte Euro mit einem Kernbohrgerät genau passende Löcher in die Wände fräsen müssten.
Dann kam ein Riesenbagger des Weges, und die beiden Helden waren geistesgegenwärtig genug, den Baggerfahrer zu überreden, die Mauern durchzubrechen. Jetzt sind die scheinbar nicht nur durchgebrochen, sondern völlig eingerissen. Nachdem der Monsterbagger das mit zwei, drei Schlägen erledigt hatte, gab es Freudentänze.
Perfekt! Morgen können die Handwerker kommen – Wolle Schröder hat uns seinen Haus-und-Hof-Installateur vermittelt – und die Leitungen legen.
Ich sag ja: Geschichte wird gemacht, es geht voran – und das sehr schnell!
Gruß, Konrad

Absender: Niels Krakauer.
Uhrzeit: 10:13
Betreff: Re: Ode an die Helden der Improvisation Jörg und Niels

... der eigentliche Held des Tages war der Baggerfahrer! Der hat sich hinterher sogar noch dafür entschuldigt, dass er die Brocken nicht aus dem Graben holen kann – dafür war die Schaufel des Monsterbaggers zu groß. Er wohnt ein Dorf weiter, ein kleiner älterer Mann mit kugelrundem, knallrotem Kopf. Wenn Ihr ihn seht: Verbeugt Euch, geht auf die Knie, gebt ihm ein Bier, gebt ihm alles, was er will.

Ich war nicht in der Position, Zweifel an der *Ode an die Helden der Improvisation* anzumelden. Wie die anderen Ferngebliebenen stimmte ich in die Lobeshymne ein: *Weltniveau Ihr Lieben!* Nicht dass ich die herausragenden Leistungen von Jörg und Niels grundsätzlich bezweifeln wollte. Leicht war diese Mission gewiss nicht. Schröder hatte die beiden freitagabends nur noch flüchtig in die Funktionsweise des Werkzeugs eingeführt und war dann mit seinem Opel erst mal fürs Wochenende ins heimische Westberlin gefahren. Niels, Jörg und der Diamanttrennschleifer waren fortan auf sich alleine gestellt. Aber ob es wirklich eine solch herkulische Aufgabe war, nach der es in den E-Mails klang, war eine andere Frage. Ob sie wirklich geschuftet haben, bis die Haut in Fetzen hing, wie man sich so erzählte, ja, ob sie nach einem Tag vergeblichen Sägens auf die Straße rannten und wie Gestrandete auf einer einsamen Insel einem Schiff dem zufällig vorbeifahrenden Bagger hinterherbrüllten ...? Legendenbildung hin oder her. Für Konrad war es sicher eine willkommene Abwechslung, nach Jörgs telefonischem Frontbericht am Sonntagnachmittag mit einer blut- und schweißtrunkenen E-Mail den Schäfchen vom Weidenhof Lust auf eigene Großtaten zu machen. Heldenmythen waren auch bei uns der Kitt, der

Gruppen in schwierigen Zeiten zusammenhielt und auf Spur brachte. Hauptsache, das Rohr war verlegt.

Dann kam Sichtfensterpost.

Als verlängerter Arm ihres Großonkels und Stuttgarter Immobilienhais war Simone erfahren im Umgang mit Papierkram, und so war ihr einer der zwei Geschäftsführerposten unserer Immobilien-GbR angetragen worden, was zur Folge hatte, dass sämtliche das Grundstück betreffende Korrespondenz in unserem Briefkasten in Berlin landete. Darin lag ein gewisses Risiko. Ich hatte eine tiefe Abneigung gegen Sichtfensterpost aller Art und pflegte beim Leeren des Briefkastens die typisch grauen Behördenumschläge nicht so genau anzusehen und sie lieber im Gerümpel unseres Küchenbüfetts zu versenken. Graublaue Briefumschläge mit Sichtfenster, so meine Erfahrung, informierten in der Regel über Steuernachzahlungen, Strafgelder und Fahrverbote, weshalb ich sie wie die Überbringer schlechter Nachrichten im Mittelalter bestrafte: mit Nichtachtung. Simone hatte es sich zur Gewohnheit gemacht, meinen bürokratischen Schlackehaufen von Zeit zu Zeit abzutragen. An einem Morgen Anfang Oktober stieß sie auf den Brief der Stadtwerke Prenzlau.

Dieses Schreiben setzte Maßstäbe im Verkünden unangenehmer Neuigkeiten in nüchternem Behördendeutsch: *Betreff: Zwangsanschluss an die Druckleitung. Ab Dezember ist die neu gebaute Schmutzwasser-Druckleitung in Ihrer Straße nutzungsfähig. Es besteht somit für Sie ab sofort die Pflicht, Ihr Grundstück entsprechend dem erteilten Anschlussrecht an die öffentliche Abwasserbeseitigungsanlage anzuschließen. Die geltende Satzung über die leitungsgebundene Abwasserbeseitigung des Nord-Uckermärkischen Wasser- und Abwasserverbandes vom 9.12.2004 sieht vor, dass der Anschluss innerhalb von vier Wochen nach Erhalt dieser Mitteilung erfolgt.*

Diesen administrativen Paukenschlag rapportierte Simone im Originalwortlaut weiter ans Kollektiv und nannte auch gleich die Konsequenzen beim Namen: *Ihr müsst jetzt stark sein, Jörg und Niels: Die Aktion von neulich hätten wir uns komplett sparen können. Abwasserentsorgung in Sickergruben wird nicht mehr geduldet. Zurück über Los, jetzt muss noch mal ganz neu verlegt werden, und zwar diesmal ums Haus herum bis an die Straße. Und einen hab ich noch: Der Verkäufer muss genau gewusst haben, dass das kommt. Steht nämlich alles schon seit Frühjahr fest. Wir sind mal wieder verarscht worden, damit wir den Preis nicht weiter drücken.*

So viel erst mal von mir, Simone

Es gab unterschiedliche Kriterien, an denen man die Stärke einer Schockwelle und ihrer Ausbreitung in unserer sozialen Versuchsaufstellung bemessen konnte. Die Länge, auf die eine E-Mail durch ihre Antworten und die Antworten auf die Antworten mitsamt allen Adresssignaturen in einer bestimmten Zeit anwuchs, war so ein Gradmesser. Simones Nachricht war innerhalb von Stunden zu einem ansehnlichen Riemen mit Vorschlägen und Masterplanentwürfen angewachsen. Ein anderes zuverlässiges Merkmal war, dass eine Vollversammlung aller Beteiligten in einer unserer Berliner Wohnungen anberaumt wurde, weil E-Mail als Kommunikationsmedium an seine Grenzen stieß.

»Wann, wenn nicht jetzt«, rief Fabian, als die Gruppe versammelt war, und plädierte mit Feuerszungen dafür, dass man bei dieser Gelegenheit auch gleich die Scheune ans Abwassersystem anschließen müsse. Und Telefonkabel legen. Und natürlich Strom – um für den Scheunenumbau, das Filetstück des Projekts, schon mal Tatsachen zu schaffen. Fabian lebte in der Angst, wir würden bei der Generalgemütlichmachung des Wohnhauses an der Dorfstraße zu viel Eifer und Sorgfalt walten lassen, sodass die Herrichtung der Scheune einer Verschieberitis zum Opfer fallen könnte.

»Absolut sinnvoll«, stimmte ich ihm zu. Alle stimmten zu.

»Ihr wisst ja hoffentlich, was das bedeutet«, gemahnte Konrad.

Das gesamte Gelände mit beiden Gebäuden ans öffentliche Abwassersystem anzuschließen bedeutete zunächst mal, dass man das zarte Pflänzchen der gutnachbarschaftlichen Beziehungen zu Wolfgang Schröder mit Turbodünger hochzüchten musste. In den Hallen von Bauer Plietsch lagerte die schwere Gerätschaft, ohne die das Vorhaben unmöglich zu bewältigen war. So wäre es ein aussichtsloses Unterfangen gewesen, mit den paar altertümlichen Gerätschaften, die der Vorbesitzer uns samt Scheune vermacht hatte, eine der massiven Betonplatten aus dem Wege zu schaffen, um die Zuleitungen zur Scheune darunter verlegen zu können. Also waren Konrad und Fabian an den Wochenenden nach der Vollversammlung nicht nur einmal auf eine Zigarette mit Wolle in dessen Vorzelt zum großen Palaver zusammengekommen, um auf die Schnelle an das nötige Equipment und Wissen heranzukommen. Schröder stand auch auf dem Duzfuß mit dem einzigen Baggerbesitzer im Dorf, der ein gefragter Mann war, aber der für Wolle und gegen ein geringes Entgelt sicher auch mal einen Termin dazwischenkriegte. Obendrein war unser Nachbar der Wächter dringend benötigten Know-hows, etwa, wie und wo man eine Pumpstation nebst Hauptdruckrohr zu setzen und an das öffentliche Abwassersystem anzuschließen hatte. Nach Jahren in Maltrin kannte Schröder immer einen, der einen kannte, und daher selbstverständlich auch jemanden, »der in Jas, Wassa, Scheiße macht«, wie er sagte, und der uns unbürokratisch helfen würde. »Meine Piepel« nannte er dieses Netzwerk von Helfern, mit denen er gut verdrahtet war. Schröder musste man die Aufwartung machen.

Doch bei noch so viel Schützenhilfe war all das nur zu wuppen, wenn sich genug Hausgenossen für Handlangertätigkeiten zur Verfügung stellten. Immerhin galt es, wie Fabian und Konrad in mehreren Ruckreden und Ruck-E-Mails aufzeigten, den Garten kreuz und quer für die Zu- und Ableitungen aufzubuddeln, die alten Rohre rauszureißen, neue Rohre und ein Reserverohr zu verlegen, Gullis auf- und zuzumauern, die passenden Ansaugstutzen und Anschlüsse von polnischen Baumärkten zu besorgen und den Fachkräften Werkzeuge und Rohrteile anzureichen. Damit nicht genug. Wie ich von Mitbewohner Olli erfuhr, der körperlich ausgezehrt von seinen ersten Fronteinsätzen zurückgekehrt war, fanden sich im Boden noch weitere böse Überraschungen: mehrere mit Stahlschienen durchzogene Feldsteingewölbe, denen ebenfalls nur mit Trennschleifern und Vorschlaghammern des höchsten Kalibers beizukommen war. Die offiziellen Aufrufe von Fabian und Konrad, die sich in der Kürze der Zeit von Bauleitern zu Baulöwen entwickelten, machten nicht eben Lust auf mehr.

Absender: Fabian Stöwe.
Uhrzeit: 09:11
Betreff: Einsatz in Maltrin

Wenn es irgendwie geht, bitte am Freitag anreisen. Keiner kann nebenbei noch irgendwas machen – einkaufen, zum Baumarkt fahren, kochen etc. –, aus Zeit- und insbesondere aus Kraftgründen.
!!!!BRINGT GUMMISTIEFEL MIT!!!!
Und bitte ab sofort etwas sorgsamer mit dem Material umgehen. Wir hatten zu viele Kollateralschäden in letzter Zeit. Es wurde ein Brecheisen abgebrochen (!), eine Spitzhacke verbogen (!) und der Bohrhammer – so eine Mischung aus Presslufthammer und Bohrmaschine – von Wolle halb zerstört. Ich

habe ihn Wolle für gerade mal dreißig Euro abgekauft – abkaufen müssen.

Also, wer übernimmt den nächsten Einsatz? Bitte antworten und nicht schweigen und hoffen, dass der Kelch an einem vorübergeht. Ich weiß ja, dass die Kleinfamilien andere Probleme haben. Aber ich war jetzt vier Wochenenden hintereinander draußen, seit die Gräben ausgehoben sind. Ich habe keine Lust mehr. Wir können das nicht verschieben, es besteht auch die Gefahr, dass die Rohre nach oben schwemmen, und dann können wir noch mal von vorn anfangen.

Meldet Euch!

Den Baulöwen Fabian und Konrad folgte ein Mittelfeld, das hin und wieder zum Arbeitseinsatz im Schlamm von Maltrin antrat und einen soliden Beitrag leistete. Ich dagegen machte wochenlang keinen Finger krumm, es sei denn, es ging darum, eine linkische E-Mail mit leerem Verbalgebimmel zum Thema Vaterpflichten, extremer Joblage sowie den obligatorischen Dankesworten an die fleißigen Helfer in die Tasten zu hauen. In der Tat war der Alltag zwischen Arbeiten und Familie seit der Geburt unseres zweiten Kindes anstrengender geworden. Aber was sprach gegen Jörgs Argument, dass ein Baustellenwochenende eine schöne Ablenkung sein könnte?

Statt Betonplatten stemmte ich mit Freund Olli lieber in Kreuzberger Bars Becksflaschen und schwere Gedanken. Das Kreischen des Diamanttrennschleifers, philosophierte ich, sei sozusagen der Hohngesang der Wirklichkeit auf unsere naive Inanspruchnahme der Kieselstein-Diamant-Metapher. Olli stimmte dem vollumfänglich zu, beschwor aber weiterhin, dass sich trotz der steil ansteigenden Kalamitätskurve in unserem Hause alles zum Besten wenden würde. Von den frühen antiken Dramen bis Hollywood gehörten diese Wendepunkte zur narrativen Grundstruktur und stünden mit dem guten Ausgang gleichsam in einem wechselseitigen Bedingungsverhältnis. Ach so! Eine Flasche weiter legten wir die Rolle der frei schwebenden Intellektuellen ab und fanden es plötzlich besonders smart, die Berlinhymne »Schwarz zu Blau« von Peter Fox auf Maltrin umzutexten. *Guten Morgen, Maltrin, du kannst so hässlich sein, so dreckig und grau. Du kannst so schön schrecklich sein, deine Gräben fressen mich auf. Es wird für mich wohl das Beste sein, dass ich dich wieder verkauf. Und wenn ich in die braune Brühe schau, komm ich richtig kacke drauf.* Wir hauten uns vor Lachen Furchen in die Oberschenkel und schickten den Text in unserem Wahn per SMS gleich mal den Hausgenossen. Mochte Maltrin inzwischen auch eine spaßbefreite Zone sein, mit dem nötigen Sicherheitsabstand bot es immer noch einigen Unterhaltungswert.

Anfang August war die erste Leitung in unserem Garten geplatzt, Mitte Oktober platzte Konrad der Tweedkragen. In einer billigen Komödie hätte das *Pling* auf meinem Laptop eine halbe Note schriller geklungen.

In seiner geharnischten E-Mail schickte Lord Cord vorweg, dass der *Abwassermensch Scheiße gebaut hat* und wir alles noch mal aufbuddeln müssen, weil er die Rohre zu flach verlegt hatte. Tiefer legen könnten die nur ihre Autos. Doch das war nur der heitere Auftakt, um auf *einige Idioten* zu sprechen zu kommen, *die scheinbar die Zeit haben, in Berlin um die Häuser zu ziehen und Zoten zu reißen, aber in Maltrin noch nicht eine Schaufel in die Hand genommen haben. Und denen Wolle überhaupt zu ungebildet und plebejisch zu sein scheint. Ich jedenfalls habe wenig Lust, mich unter diesen Umständen hier weiter einzubringen.*

Ob es Konrad in seiner Hass-Mail wirklich nur um mich ging oder ob mir das aufgrund meines dämmernden Schuldbewusstseins nur so vorkam – ich dachte nicht groß nach, ich hämmerte gleich los.

Hab schon verstanden, Konrad. Aber warum gleich so aus dem vollen Rohr schießen? Ich glaube, Eure Durchlaucht verwechselt den E-Mail-Verteiler manchmal mit der Abwasserleitung.

Gleich nach dem Klick auf den Button *Senden* stieg mir die Hitze in den Kopf. Kam die Schnelligkeit und Wucht meiner Reaktion nicht einem Schuldeingeständnis gleich? Andererseits durfte man ja wohl mal auf etwas kommunikative Etikette pochen, dachte ich. Oder war ich vielleicht wirklich der Einzige, der seit Wochen den Fronteinsatz in den Gräben von Maltrin verweigerte? Wie auch immer, der Lord machte einem das Rückzugsgefecht leicht. Dadurch, dass Konrad seine Anklagemails gerne noch während des Wutanfalls verfasste und abschickte, statt mit kühlem Kopf später, lieferte er einem Angriffsfläche. Auf diese Weise ließ sich der Grabenkampf noch für eine Weile auf dem elektronischen Nebenkriegsschauplatz fortsetzen. Die E-Mails, die Konrad und ich hin- und herschickten, waren Stromschläge. Bis sich Simone einschaltete.

»Lass es gut sein, lass uns einfach mal wieder rausfahren.«

»Ich? Klein beigeben?«

Anfang November trotzten nur noch ein paar verfaulte Blätter an den Trauerweiden dem uckermärkischen Herbstwind, als ich Kameradenschwein das erste Mal seit der Einweihungsparty wieder Maltriner Boden betrat. Die Babyschale überm Arm und schwer behängt mit Reisetaschen voller Kinderkram wateten wir über die Gräben und Erdwälle des Gartens. Die Bezeichnung Garten ging weiter denn je an den Tatsachen vorbei. Das Territorium zwischen Haus und Scheune wurde beherrscht von Lehmbraun in allen Tönen. Etwas Farbe brachte nur noch ein knallroter Minibagger ins Bild. Davon abgesehen erinnerte die Szenerie entfernt an Kriegsfotografien aus Verdun im Jahre 1916 und entsprach damit auf unheimliche Weise auch dem aufgewühlten Zustand der Gruppe. Meine Motive kamen mir bei diesem Anblick so modrig und schmutzig vor wie der Schlamm, der hier mal durch die Röhren fließen sollte.

Auf der Autobahn hatte ich mir verschiedene Varianten einer Verbrüderungsszene mit Konrad ausgemalt und war nun gespannt, welche es werden würde. Die Variante für gute Kumpels mit einer Flasche Bier auf dem Steg ohne viel Aufhebens? Nach Akademikerart mit einer Hand auf dem Rücken nebeneinanderher am See entlangschreiten und sich wechselseitig mit Verständnis umgarnen? Als die Taschen verstaut und die Kinder neben dem Küchenofen mit Kakao und Babymilch unter einer Decke eingemummelt waren, machte ich mich auf die Suche nach ihm.

Vom Nachbargrundstück dröhnte ein Urschrei herüber. Dann schwang das große rostige Tor zur Straße auf, und ein Zweimetermann vom Format einer Telefonzelle erschien, der eine gelbe Maschine auf den Schultern balancierte. Hinter dem Riesen tauchten Konrad, Fabian, Mette, Ylva und Schröder auf, der seine Promenadenmischung an der Leine hinter sich herzog. Mit demselben Gebrüll wie kurz zuvor schwang der Hüne die Maschine über seinen Kopf nach vorn und klatschte sie auf den feuchten Boden. Er drehte den Zündschlüssel um, woraufhin das Gerät eine graue Wolke ausspie und mit Getöse losrüttelte. Der Riese hielt die tobende Maschine mit einem Arm fest, brüllte Fabian irgendetwas ins Ohr und übergab ihm dann das Kommando. Wie mit einem Rasenmäher rüttelte Fabian über die Erdwälle. Der Hüne startete den Bagger, der unter ihm wie ein Spielzeug aussah, und begann, die Gräben zu füllen. Die Schwedinnen verteilten mit Schaufeln den Sand und räumten die kleinen Steine aus dem Weg. Schröder, der mit seiner Kombathose inzwischen perfekt getarnt war in diesem Schlachtfeld, zerrte seinen hustenden Hund zurück in Richtung Wohnwagen.

Konrad kam auf mich zu, reichte mir seine dreckige Pranke

und brüllte gegen den Lärm der beiden Großgeräte an: »Kommste mal mit?«

Er zeigte auf ein Loch im Hausfundament, durch das ein nagelneues orangefarbenes Rohr in den Keller führte und neben dem zwei Türmchen aus Ziegelsteinen aufgestapelt waren.

»Kannst du mauern?«

»Hab ich das nicht in den letzten Wochen gezeigt?«, krakeelte ich.

Konrad lächelte beinahe unmerklich und krächzte: »Dann schmeiß ich jetzt den Betonmischer an.«

»Sollten wir nicht vielleicht erst noch mal kurz reden?«

Zu spät, er hatte den Schalter schon umgelegt. Als der zementverkrustete Mischer losmöllerte, war endgültig keine Verständigung mehr möglich. Ebenso hätte man sich auf einem Konzert der Band Rammstein zur Aussprache treffen können. Wie ein Berserker schaufelte Lord Cord Sand und Zement in den Mischer und kippte Wasser hinterher. Dann legte er noch eine Schaufelspitze mit einem weißen Pulver nach. Der Tweed und die Büroschuhe mit den flachen Ledersohlen, die Olli immer verächtlich als Konrads »Krokoletten« bezeichnete, erinnerten noch an den alten Freund. Der Sachverstand, mit dem Konrad den Mischer befüllte, war befremdlich. Er nahm seine Zigarette aus dem Mund und spuckte in den Betonschlund. »Soll die Sache besonders geschmeidig machen«, brüllte er. Dann drückte er mir eine Maurerkelle in die Hand. Nach einer Schrecksekunde kniete ich nieder. Ich wäre von den anderen jetzt wohl als Mimose abgestempelt worden, hätte ich die Lieblingsjeans noch flugs gegen eine andere Hose getauscht, und so widerstand ich diesem dringenden Bedürfnis. Ich spürte, wie die Feuchte des Lehms durch den Stoff auf meine Haut kroch.

Nun hieß es, sich von ganz unten hochzuarbeiten. Außer Legosteinen hatte ich in meinem Leben noch nicht viel aufeinandergestapelt. Konrad stellte mir einen Eimer mit flüssigem

Beton hin. Mit jeder Ziegelreihe, die ich legte, war eine leichte Steigerung meiner Kunstfertigkeit zu erahnen. Jedenfalls, wenn man die Sache mit viel Wohlwollen betrachtete. Unten war noch alles überzogen mit viel zu viel Mörtel, weiter oben waren die Steine schon behänder gesetzt, der Verbundstoff sparsamer aufgetragen. Ganz oben blieb eine Lücke, in die kein Stein mehr reinpassen wollte. Konrad nahm einen Ziegel und schlug ihn gegen die Spitze eines herumliegenden Feldsteins. Das Bruchstück, das er mir anreichte, ließ sich einfügen wie ein maßgefertigtes Puzzleteilchen. Der Mischer kam zum Stillstand, und auch das Rüttelmonster und der Bagger schwiegen inzwischen. Ich blieb auf den Knien und betrachtete die Mauer.

»Wacker, wacker, sieht doch schon ganz gut aus«, lobte Konrad.

»Wenn ihr mich nicht hättet«, erwiderte ich. »Ich sag mal so, von der unteren bis zur oberen Reihe lassen sich im Prinzip sämtliche Bauepochen nachvollziehen – von der sumerischen Lehmbauweise bis zur norddeutschen Backsteingotik.«

Der Lord kicherte. »Na ja, ganz so weit bist du meines Erachtens noch nicht.« Er strich fachmännisch über mein Mäuerchen. »Aber müsste halten.«

»Man muss sich an den kleinen Dingen aufrichten«, sagte ich.

SPUR DER STEINE

»Habt ihr das gesehen? Olli Geyer entwickelt sich noch zum Superhandwerker.« Konrad stimmte eine wahre Eloge auf mich an.

»Ball flach halten«, sagte ich und genoss das Lob vor versammelter Mannschaft.

Genau genommen hatte ich ja nur ein paar Ziegel aufeinandergestapelt und sie mit Zement zusammengeklatscht. Nüchtern betrachtet. Aber nüchtern war kaum noch jemand, als wir am Abend dieses Tages, der ganz im Zeichen des Zuschüttens der Gräben und der Festigung unseres Hausfundaments stand, schließlich am bullernden Küchenofen zusammenkamen. Was interessierten da noch die Fakten? Es überwog die allseitige Erleichterung, dass die Plackerei und damit hoffentlich auch die gruppeninternen Spannungen ein Ende hatten.

Wir stießen auf den Mauerbau an.

Speziell Konrad und ich freuten uns über die unerwartete Form der Versöhnung, einer, bei der erst mal nicht viel Worte gemacht worden waren. Es handelte sich, wenn man so wollte, um ein ganz neues Konzept von Versöhnung, nämlich Versöhnung am Bau. Und die Glorifizierung des gemeinsam Gemauerten konnte man noch getrost als Bestandteil des Rituals verbuchen. In internationalen Konflikten wird gern und oft das Bild der Mauern beschworen, die man einreißen solle, um wieder zu einem friedlichen Miteinander zu finden. Hier in Maltrin war bewiesen worden, dass man es ruhig auch mal mit dem Gegenteil versuchen konnte.

»Vielleicht sollten verfeindete Staatschefs hin und wieder gemeinsam ein Mäuerchen hochziehen, dann wäre die Welt ein friedlicherer Ort«, dachte ich laut und traf auf allseitige Zustimmung.

Auf die wortkarge Versöhnung mit Maurerkelle und Betonmischer folgte nun eine Nachlese, bei der wir dann doch noch redselig wurden.

»Ich hatte schlicht Angst vor Absetzbewegungen und dass die ersten Miteigentümer dem Projekt die Gefolgschaft aufkündigen könnten«, erklärte sich Konrad. Darum die Überreaktion. Außerdem sei er selbst schlichtweg überfordert gewesen.

Nun wechselte auch ich in einen besonnenen Ton: »Ach, überfordert waren wir doch alle. Ich hab zwar zugegebenermaßen etwas übertrieben, aber volle Windeln, platzende Rohre, mehrere Jobs mit Wochenendarbeit, das war schon wirklich ein bisschen viel auf einmal. Darum habe ich wohl so scharf zurückgeschossen, seht es mir nach.«

In diesem Moment krähte das Babyfon. Die perfekte Gelegenheit, mich noch einmal als das fleischgewordene väterliche Verantwortungsbewusstsein zu präsentieren. Ich sprang auf und rannte aus dem Raum.

Nach gut einer halben Stunde kehrte ich zurück und brachte, um mein neues Maltriner Engagement zu unterstreichen, einen Korb voll frischem Kaminholz mit, das ich im Holzschuppen eingesammelt hatte. Ich warf ein großes Scheit durch die Ofenklappe in die Glut. Es wurde mollig. An dem Küchentisch aus Altbaudielen, die Jörg in den vergangenen Wochen auf Berliner Sanierungsbaustellen eingesammelt und zusammengespaxt hatte, schwang das Pendel mit Wucht in Richtung Harmonie. Einträchtig stellten wir fest, dass wir als Gruppe dank unserer Zechliner Zeit im Prinzip ja schon ganz gut eingespielt waren.

In einer gänzlich unerprobten Gruppe wäre mit den Abwasserrohren höchstwahrscheinlich auch gleich das ganze Landhausprojekt geplatzt, wurde gemutmaßt.

Es zeichnete uns aus, dachte ich, dass wir im Handumdrehen ein Desaster in einen Erfolg ummünzen konnten. Sicher war das eine hilfreiche Eigenschaft für das, was wir noch so alles vorhatten. Einig war sich die Runde inzwischen auch, dass nicht an jeden von uns zu jeder Zeit die gleichen Maßstäbe angelegt werden könnten. Dass je nach Lebenssituation der Beitrag des Einzelnen eben ein anderer sein würde, sich Lebenssituationen bekanntlich auch wieder ändern und damit die Kapazitäten, sich einzubringen. Mit etwas größeren Kindern werde man umso mehr beitragen können, weil die Kids einem dann sicher wie Heinzelmännchen unter die Arme greifen würden. Wenn es an das eigentliche Großprojekt, den Scheunenumbau gehe, wäre man dann sicher schon sehr viel besser aufgestellt. Bestimmt. So malten wir uns das aus.

Als der Harmonie-Airbag prall aufgeplustert war, wies Mette noch einmal darauf hin, dass einige der männlichen Miteigentümer eben auch ziemliche Alphatiere seien, die das Kleinbeigeben nicht erfunden hätten. Ein Einwurf, den ich mit dem Vorschlag konterte, dass wir die Scheune dann eben für eine artgerechte Alphatierhaltung ausbauen müssten.

Wenn die Mitbewohner über meine Witze lachten, dann liebte ich sie wieder. Als Absender von E-Mails konnte jeder auf seine Art ziemlich penetrant werden. Aber man musste sich nur zusammen an irgendeinen Tisch oder Tresen setzen, dann wirkte die Selbstironie als krampflösendes Mittel, und das gruppenpsychologische Autoimmunsystem funktionierte wieder. Dann kamen die Lacher so sicher wie bei einer Sitcom. Da wir um eine schiefe historische Metaphorik selten verlegen waren, bekam das Abwasserdebakel den Namen »Gräben von Verdun«, der vergangene Tag des Friedensschlusses wurde entsprechend als »Versailles« tituliert. Mit einem anschaulichen Etikett auf dem Vergangenen wirkte auch die Zukunft gleich viel berechenbarer.

Wir stießen noch mal auf den Mauerbau an und gleich darauf auf die Scheune.

Es gab da nur vage Vermutungen, ob November der richtige Zeitpunkt sei, aber am nächsten Morgen schlüpften wir gleich nach dem Frühstück in die Gummistiefel und bewarfen den Lehmboden unseres Gartens mit Rasensamen. Eine ebene Fläche war eindeutig etwas anderes, und einige Extrarunden mit dem Planiermonster hätten nicht geschadet. Vermutlich hätten Gartenspezialisten die Erde vorher auch noch etwas aufgelockert oder sonst wie bearbeitet. Doch größer als alle botanischen Bedenken war der Wunsch, Gras über diese geknüppelte Erde wachsen zu sehen – und zu säen. Selbst Konrad, der sich in Gartendingen schon zu Zechliner Zeiten gerne zunächst durch einen Blick in die einschlägige Ratgeberliteratur kundig gemacht hatte, wäre es nicht in den Sinn gekommen, den neuen Elan im Keim zu ersticken. Von gärtnerischen Detailfragen mal abgesehen war das eindeutig die richtige Aktion zur richtigen Zeit, um vor dem Wintereinbruch Zuversicht und Vorfreude auf den Frühling zu stiften.

Ylva hatte die Berliner »Tiergartenmischung« besorgt. »Love-Parade-erprobt«, sagte sie und zeigte uns stolz die Packung. »Ich denke mal, die müsste dann auch unseren Ansprüchen genügen.«

Aufgrund einer dichten Schneedecke verwandelte sich der Weidenhof ein paar Wochen später ohnehin schlagartig von der Lehmwüste in ein Kalenderblattmotiv. Ein Anblick, der inneren Frieden stiftete. *Wenn Ihr Euch die weißen Flächen jetzt noch als Grün vorstellt, dann habt Ihr's. So in etwa kann und wird es hier im nächsten Frühjahr aussehen.* Das war Ollis Kommentar zu einem Foto, das er nach einem, Zitat: *Romantikwochenende im Winterwonderland Maltrin* herumschickte. In der Woche zuvor hatte er diskret angefragt, ob er das Haus auch mal ein Wochenende über für sich alleine haben könnte, genauer gesagt für sich und Jana, die neue Frau an seiner Seite, was man ihm umgehend zugestand. Jana hatte er auf der Einweihungsparty kennengelernt und sie bei Vollmond und Grillenzirpen am Steg mit Visionen vom Landkommunenleben weichgekocht. *Habe sie auch fast schon so weit, dass sie einsteigt,* schrieb er nun. Als Oberamtsrat, der die Höhe von Agrarsubventionen zu berechnen hatte, blieb Olli auch im realen Landleben und selbst bei hohem Hormonspiegel mit einer Gehirnhälfte stets ein praktisch denkender Mensch.

Ein oder zwei neue Mitglieder zu rekrutieren, das war ein Thema geworden, nachdem Fabian aufgrund der »Gräben von Verdun« und der darin versenkten Euros noch einmal die Gesamtrechnung aufgemacht hatte. Plötzlich packte ihn im Büro die Sorge, der Umbau der Scheune könnte auf der Strecke bleiben. Er rechnete nach, stieß auf eine reale Finanzierungslücke von rund zehntausend EUR und setzte unverzüglich eine E-Mail ab: *Maltrin sucht den Supermieter. Wir brauchen mindestens einen, am besten zwei neue Mitglieder, wenn das mit der Scheune nicht tatsächlich erst für unseren gemeinsamen Ruhestand realisiert werden soll – gleich mit Treppenlifter. Die Neuen könnten zur Probe ja erst mal für ein Jahr mieten. Gibt es Vorschläge?* Als ihm die Antworten zu lange auf sich warten ließen, verpflichtete er im Handstreich seinen Kompagnon Steve, der ihm praktischerweise am Schreibtisch gegenübersaß. Steve hatte offenbar schon länger auf Fabians Frage gewartet und sagte rundheraus zu: »Klar bin ich dabei!«

Steve gehörte bereits zur Urzelle unseres Landhauskollektivs, der Wohnzimmerbar Müßiggang e. V. Das Müßiggang war einer jener typischen Hinterhofklubs, die Mitte der Neunzigerjahre im grauen Häusermeer Ostberlins wöchentlich irgendwo semilegal eröffnet wurden und die mit ihrem Siebzigerjahre-Sperrmüllinterieur allesamt daherkamen, als wären sie nur Teil eines Franchisesystems, das Nonkonformität verordnet. In der bürgerlich-antibürgerlichen Salonatmosphäre des Müßiggangs gab es nicht nur Lesungen und Kunstdarbietungen, es wurden auch fortwährend irgendwelche Ideen geboren und kurz darauf wieder begraben. Die meisten der hier bei schummrigem Licht angedachten Projekte waren außerhalb des Non-Profit-Biotops Müßiggang schlechterdings nicht überlebensfähig. Wie ganz Berlin Mitte und Prenzlauer Berg zu jener Zeit, ereignete sich auch im Müßiggang ein einziger großer Projektgenozid. Dort, wo viele der Besucher so problemfixiert waren wie die Autorenfilme, an denen man sich im Hinterzimmer delektierte, war als eine der wenigen tatsächlich überlebensfähigen Ideen nicht nur die von der Flucht aufs Land entstanden. Auch Steve und Fabian hatten hier einen Plan gefasst, den sie ernst meinten. Zwar lag es den beiden zunächst fern, sich als Unternehmer zu bezeichnen – vielmehr betrachteten sie sich wie auch das Gros der Müßigganggänger als Künstler und hatten den Namen der Bar mehr als verinnerlicht. Aber Fabian kam auf den Trichter, dass die am wenigsten unverkäuflichen Objekte aus den Ateliers der Müßigganggänger zumindest als Leihkunst zum Spartarif ganz gut an den Mann zu bringen sein müssten. Und dass man sich dann vielleicht auch mal eine Wohnung mit Zentralheizung leisten könnte.

Die Kunstvermietung »Kunst to go« wuchs geschwind zu einem zehnköpfigen Unternehmen an, und die Gemälde, Neonlicht- und Videoinstallationen, die Steve und Fabian bald im Akkord anfertigen ließen, hingen deutschlandweit in Wartezimmern, Hotellobbys und Unternehmenszentralen – überall dort, wo man sich aufgrund des neuen Berlinhypes gerne mit einer Portion Hauptstadtkunstgedöns schmückte.

»Jetzt wird Deutschland von Fabian und Steve durchgeloungt«, versuchte sich Olli mit bewährtem Humor an der Definition des Geschäftsmodells. Der Müßiggang aber hatte für Fabian und Steve damit ein Ende. Ihr Leben hatte sich auf die Überholspur verlagert, wo ihre silbernen Firmenlimousinen auf dem Weg zu neuen Großverträgen mit Kliniken und Hotelketten Tausende Kilometer Autobahn und Landstraße fraßen. Für Steve, der sich parallel zum Aufbau des eigenen Geschäfts noch ein paar Jahre länger als wir anderen im Partybetrieb der Stadt getummelt hatte, war die Flucht aufs Land mithin überfällig. Maltrin war für Steve die Rettung, um dem Burn-out gerade noch so von der Schippe zu springen. Für ihn war nun Land in Sicht.

Als wir zum »Subbotnik« anrückten, einem von Andine anberaumten gemeinschaftlichen Frühjahrsputz für Haus und Hof, sorgten die zwei vor der Hofeinfahrt geparkten Kunst-to-go-Wagen unserer beiden Jungunternehmer für ein wohltuendes Grundgefühl von guter Finanzausstattung und sicherer Zukunft. Ein Eindruck, der sich neuerdings durchzog – von Konrads E-Mail-Signatur, in der jetzt ein »Dr.« stand, bis zum Anblick des Gartens, wo sich tatsächlich ein zarter grüner Flaum gebildet hatte. Geschäftig staksten bereits einige Kommunarden darauf herum und schmiedeten irgendwelche gartenbaulichen Pläne. Olli und Jana schauten dem Treiben vom offenen Küchenfenster aus zu, tranken Kaffee aus Werbetassen und genossen sichtlich die ersten wärmenden Strahlen der Märzsonne. Ich ließ die Reisetasche fallen und salutierte. »Melde mich zum Dienst«.

Olli konterte mit einer Schröder-Parodie: »Tachchen, da seita ja endlich.« Dann zeigte er auf seine Tasse, auf der ein Teddybär im Blaumann den Daumen hochhielt. Darunter stand: »Hellweg – Bärenstarke Industriewerkzeuge«.

»Der ist mein Maskottchen, den werden wir auch gut gebrauchen können, dieses Wochenende«, sagte er.

»Was ist los? Mach mich nicht schwach.«

Olli brachte mich auf den neuesten Stand. Ich erfuhr, dass Fabian und Konrad für die Scheune eine Baugutachterin einbestellt hatten, deren Diagnose neuerlich für Rumoren sorgte. Wenn wir das Gemäuer nicht noch in diesem Jahr und auch gleich an mehreren Stellen ausbesserten, könnten wir da, wo derzeit noch die Scheune stand, in Kürze Kartoffeln anpflanzen.

»Und wie soll das laufen? Sag jetzt nichts Falsches, Olli, sag einfach, dass Fabian schon eine Fuhre Steine bestellt hat, die morgen kommt, und ein paar Fachkräfte, die alles Nötige für uns richten. So ist es doch, oder?«

»Teil zwei stimmt. Konrad hat bei einer Audienz in Wolles Vorzelt die Nummern der besten Arbeiter im Dorf zugesteckt bekommen und telefoniert sie schon ab. Aber die Steine müssen wir selbst einsammeln. Konrad hat gesagt, das wäre eine schöne Aufgabe für die Kesslerzwillinge.«

Ich zuckte leicht zusammen. »Was heißt hier einsammeln?«

»Ist schnell erklärt«, sagte Olli und setzte eine Vortragsrednerstimme auf: »Nach der Einführung des Reichsformats für Mauerziegel und Klinker im Jahre 1872 in Deutschland wurde 1879 ein weiteres spezielles Reichsformat für Verblendziegel mit den Abmessungen 25,2 mal 12,2 mal 6,9 Zentimeter eingeführt – der sogenannte ›Reichsbrand‹. Den brauchen wir. Der ist aber nicht mehr so leicht aufzutreiben. Die wahren Kenner sammeln diese Steine auf irgendwelchen Ruinengrundstücken klammheimlich ein.«

»Ein Ruinengrundstück scheinen wir ja selbst zu haben«, sagte ich.

Olli lachte. »Das Wohnwagenorakel von nebenan hat Konrad gesteckt, wo es Reichsbrand zu holen gibt. Vor dem Ortseingangsschild Bürzow links in einen Feldweg einbiegen und dann kommt nach ein paar Hundert Metern ein verfallenes Bauernhaus.« Olli wedelte mit dem Schlüsselbund von Jörgs altem Handwerkerbulli: »In zehn Minuten ist Treffen am Bus«.

Der Feldweg vor Bürzow links war von seiner Beschaffenheit her hart an der Grenze dessen, was eigentlich nur mit einem Unimog zu befahren war. Der Schönbergersche Rumpelbus hüpfte, neigte sich in extreme Schräglagen und machte Geräusche, die verdächtig nach Kontakt von Blech und Boden klangen. Im hinteren Teil des Wagens klirrte ständig irgendetwas, worüber Olli und ich uns köstlich amüsierten, weil im Schönbergerschen Klempnerbulli immer irgendetwas klirrte, rumpelte und krachte. Nichts vermochte uns zwei mehr zu erfreuen als ein bestätigtes Klischee und ein gepflegtes Vorurteil.

»Wenn wir zurück sind, kann Jörg sein Fliewatüüt hier noch mal ganz neu zusammenschweißen«, sagte ich und lachte.

Der Bus war eine Wissenschaft für sich. Man konnte nur noch durch die Beifahrertür in ihn einsteigen, musste dann aber durch die Fahrertür wieder aussteigen – weil die Fahrertür sich ausschließlich von innen öffnen ließ, aber nicht von außen, und die Beifahrertür ausschließlich von außen, aber nicht von innen. Es brauchte schon viel Konzentration und einen wachen Verstand, um es nicht jedes Mal zunächst mit der falschen Tür zu versuchen und nach Verlassen des Busses alle Hebel wieder in die richtige Position zu bringen. Das Fenster auf der Fahrerseite wurde durch einen alten Eiskratzer und eine Parkscheibe davon abgehalten, auf Nimmerwiedersehen im Innenleben der Tür zu versinken. Die hinteren Türen waren nur mit einer ausgefeilten, synchronen Andrück- und Schlüsselumdrehtechnik zu öffnen. Aber sein Bus hatte »wenigstens Persönlichkeit«, wie Jörg nicht müde wurde zu betonen. Jörg hatte in unserem Kreis allein schon deshalb einen gewissen Ruhm als Schrottkünstler erlangt, weil er es immer wieder schaffte, seinen Bus durch den TÜV zu bringen. Nach fünf Versuchen öffnete sich endlich die rückwärtige Flügeltür.

»Shit!«, schrie Olli.

Wir standen vor einem Scherbenhaufen. Nun fiel Olli auch wieder ein, dass Jörg auf der Hinfahrt einen Zwischenstopp in Oranienburg einlegen wollte, um noch einige alte Wintergartenelemente abzuholen, die er für ein paar Euro im Internet ersteigert hatte und die einmal einen Teil der Fensterfront zum See in der Scheune bilden sollten. Von ursprünglich etwa acht Fenstern waren nur noch vier als solche zu erkennen. Und diejenigen, die die Rumpelfahrt überstanden hatten, waren so groß, dass es schien, als plante Jörg auf unserem Grundstück heimlich den Wiederaufbau des Palastes der Republik. Der Rest war in tausend Teile geborsten – was Jörg vermutlich auch am liebsten mit uns machen würde, wenn er von dieser Sache Wind bekam. Ich plädierte dafür, wenigstens die paar halbwegs unversehrten Fensterelemente zunächst vorsichtig zurück zum Weidenhof zu transportieren und erst dann die erste Fuhre Steine zu holen.

Der Vorschlag traf bei Olli auf taube Ohren: »Leerfahrten können wir uns nicht leisten«, blaffte er.

Mit den Füßen schoben wir die Scherben und kaputten Rahmen aus dem Bus auf einen Schutthaufen vor der Ruine und füllten den freigewordenen Platz mit einigen rotbraunen Prachtstücken im Reichsformat. Auf dem Rückweg manövrierte Olli den Bus so sanft an allen Schlaglöchern vorbei, als hätten wir Sprengstoff geladen, und schaukelte das Ding sicher nach Hause. Da Jörg noch dabei war, zusammen mit Elke die Kinder für den Mittagsschlaf in die Kojen zu verfrachten, konnten wir Ollis die vier heilen Fenster und die Steine in der Scheune verstauen, ohne uns schon erklären zu müssen.

Fabian schickte uns angesichts der traurigen Ausbeute gleich wieder los. »Schöne Dinger, aber ihr wisst ja, dass wir ungefähr zwanzigmal so viele brauchen.«

Als wir zurück nach Bürzow kamen, flatterte vor der Einfahrt zu dem Feldweg, der zu der Ruine führte, ein rot-weißes Baustellenband, an dem ein gelbes Schild mit der Aufschrift »Privatweg« baumelte.

»Mein Gott, hier ist aber auch immer irgendein Stasi-Offizier in der Nähe«, wetterte ich.

Olli verfiel in Panik und versuchte, so schnell wie möglich wegzukommen. Er wendete den Bus auf der Straße in vier Zügen, wobei die Lenkstange bedenklich knarzte. Mit Vollgas fuhren wir ein paar Hügel weiter und kamen im Schutz eines Birkenwäldchens zum Stehen. Olli machte den Motor aus und kramte entnervt eine Zigarette aus der Brusttasche. Wenn Olli sich als Heimwerker einbrachte, konnte er Fehlschläge dieser Art zunächst nicht gut wegstecken. Bevor er solche Erlebnisse zu Hause bei einem Bier zu einer heiteren Anekdote verarbeitete, fiel er erst mal ins Tal der Humorlosen. Ich rief bei Konrad an, der stante pede noch mit eingeschaltetem Handy zu Wolle ins Vorzelt marschierte.

»In Güstow jiptet nochne Scheune, woa euch bedien könnt, von hia aus zweehundat Meta hintada Kirche links rinn und die Stichstraße bis ans Ende fahn«, hörte ich Schröder sagen. »Abba nich Bauer Plietsch varraten, dit ick euch dit jesacht hab. Der krichtn Kind wenner dit mitkricht.«

»Super, vielen Dank!«, sagte Konrad.

»So bin icke«, sagte Wolle. Das sagte er immer, wenn er mal wieder etwas für uns getan hatte.

Konrad verließ das Vorzelt, kicherte und sagte ins Handy, dass diese Insiderinfo jetzt wahrscheinlich der Ritterschlag war. Aus dem Handschuhfach des Busses zog ich jene Loseblattsammlung, die Anfang der Neunzigerjahre einmal ein ADAC-Straßenatlas war, und suchte die passenden Seiten heraus.

»Da, Güstow, ich hab es«, sagte ich. »In einer halben Stunde müssten wir da sein.« Olli startete den Bus.

Güstow war eins der typisch märkischen Straßendörfer, in deren Mitte sich die beiden Fahrbahnen voneinander entfernen und dadurch eine Art von größerer Verkehrsinsel bildeten, auf der sich das immer gleiche Ensemble aus Feldsteinkirche, kleinem Friedhof und Dorftümpel befand, der von alten Bäumen umstanden war. Der Bus kroch übers Kopfsteinpflaster. Wie in den zahllosen anderen Dörfern, die wir auf unseren Besichtigungstouren gesehen hatten, unterbrachen auch in Güstow fegende Brandenburger eigens für uns ihre Arbeit auf den Gehwegen vor ihren Häusern und schauten uns auf ihren Besen gestützt hinterher. Der Brandenburger an sich verbrachte den Großteil seines Lebens fegend, schmorte gleichsam in einem ewigen Fegefeuer, das ihn mit der Zeit selbst zu einem kratzbürstigen Menschen machte. Fremden vorbeifahrenden Fahrzeugen schaute er immer zwanghaft misstrauisch hinterher, speziell solchen mit Berliner Kennzeichen, die laut rappelten und mit Graffiti beschmiert waren wie der Schönbergersche Rumpelbus.

»Fahr mal schneller, wir sind schon auffällig genug«, befahl ich.

Olli drückte das Gaspedal durch und bog in den einzigen Weg ein, der sich ein Stück hinter der Kirche links auftat. Vom Ende der Stichstraße leuchtete schon das Rostbraun unserer Begierde.

»Reichsbrand vom Allerfeinsten«, schwärmte ich. Der Bus kam mit rutschenden Reifen zum Stehen.

»Ran an die Dinger«, kommandierte Olli, griff sich einen Hammer, der im Fußraum des Busses herumlag, und sprang ins Freie. Im Gegensatz zu der Ruine in Bürzow schien das alte Backsteingebäude von Güstow noch etwas besser beieinander zu sein, sodass wir die Steine einzeln aus dem Mauerwerk herauslösen mussten. Ich schnappte mir die Spitzhacke aus dem Bus und klopfte gemeinsam mit Olli an dem Gemäuer herum.

»Kann ich Ihnen irgendwie helfen?«

Die Frage, die da plötzlich aus dem Off kam, klang erschreckend nah. Und berechtigt.

An unseren Gummiarmen baumelten die Werkzeuge. Ein paar Meter neben uns hatte sich in derselben Mauer, an der wir uns zu schaffen machten, ein Fenster geöffnet, aus dem ein Mann zu uns herüberschaute.

»Ach so, äh, ja sorry, äh, wir dachten«, stammelte Olli, »wir haben die Info, dass man sich an dieser Ruine hier Steine holen darf.«

»Da haben Sie die falsche Info. Und das ist auch keine Ruine, sondern der Schuppen von unserem Haus. Machen Sie mal ganz schnell, dass Sie wegkommen!«

Ich stellte mich auf Zehenspitzen und warf einen Blick in den Innenbereich des Grundstücks. Dort stand eine bunte Plastikrutsche für Kinder und eine voll behängte Wäschespinne. Wir ließen einen Schwall von Entschuldigungsformeln los und liefen rückwärts zum Bus. Dann warf Olli mir die Schlüssel zu und sagte: »Ich kann nicht mehr, fahr du.«

Olli wollte sich gerade das nächste Beruhigungskippchen anstecken, da klingelte sein Handy. Er guckte aufs Display. »Oh no, Jörg.«

Mit einem Stöhnen, das wie der Druckausgleich einer Lkw-Hydraulikbremse klang, ließ Olli noch etwas Frust ab und drückte den grünen Knopf. Jörg war ein Mensch von beneidenswert gelassener Wesensart und redete normalerweise in gedämpfter Tonlage. Nun ertönte seine Stimme trotz des Busgerappels markig aus dem Handy heraus, sodass Jörg sogar auf der Fahrerseite deutlich zu verstehen war: dass sich die Polizei bei ihm gemeldet habe, weil ein Bürzower Anwohner Anzeige wegen illegaler Schrottentsorgung erstattet hat. Was denn da los sei und wo überhaupt die ganzen Wintergartenelemente geblieben wären.

»Können wir alles erklären, Jörg«, sagte Olli.

Aber die krächzende Stimme im Hörer ließ Olli nicht so recht zu Wort kommen.

Olli versuchte es noch mal: »Ja, okay. Aber lass uns das klären, Jörg, wenn wir zurück sind. In einer halben Stunde sind wir da, okay?«

Olli drückte Jörg weg und feuerte sein Handy auf den Sitz. Ich griff es mir und wählte Konrads Nummer.

»Hi Konrad, in Güstow hinter der Kirche hatten wir vorhin ein Erlebnis der dritten Art: Wir sind gerade dabei, die ersten Steine aus dem Gemäuer zu klopfen, da geht das Fenster auf, und das Haus ist bewohnt. Das war Hänsel und Gretel pur.«

»Was? An welchem Haus wart ihr denn da?«

»Na in Güstow, hinter der Kirche links.«

»Verstehe ich nicht.«

»Ja, wir auch nicht. Auf jeden Fall sind wir in einer halben Stunde wieder da.«

»In einer halben Stunde erst? Wo seid ihr denn? Güstow ist doch nur ein paar Dörfer weiter!«

»Nee, ungefähr zwanzig Dörfer weiter. Hinter Prenzlau.«

»Moment mal ...«

Konrad sprach kurz mit Schröder, dann wieder mit mir: »Also meine Herren, ihr wart im falschen Güstow.«

Ich drückte Konrad weg und schleuderte das Handy auf den Rücksitz. Wortlos und mit wummerndem Reggae fuhren wir durch die uralte Allee, die über weite Hügel bis Maltrin führte.

SCHWARMINTELLIGENZTEST

Freudensprünge löste die Steineholaktion, die letztendlich keine war, bei den Freunden vom Weidenhof zwar nicht gerade aus, Jauche wurde aber auch nicht ausgegossen über uns. Die Ollis waren nach allgemeiner Lesart schon gestraft genug. Wir hatten beim Initiationsritus für zugezogene Landbewohner, dem Reichsbrandklau, kläglich versagt und mussten zudem noch ein saftiges Ordnungsgeld für die illegale Wintergartenschrott-Entsorgung vor der Bürzower Ruine aus der Privatschatulle bezahlen. Die »Spur der Steine« wurde zum Präzedenzfall. Niels stellte in einer E-Mail klar: *Blödheitsbedingte Schäden, die durch einfaches Anspannen der geistigen Kräfte zu vermeiden gewesen wären, sollten nicht oder höchstens zum Teil vergesellschaftet werden. Damit es vor der Arbeit einen Anreiz zum Nachdenken gibt.* Der Kommentar saß.

Von dieser ordnungspolitischen Grundsatzentscheidung mal abgesehen war eine gescheiterte Initiative nach Auffassung der Mehrheit aber immer noch besser als null Initiative. Initiative im Allgemeinen und die Lust am Gestalten unseres Maltriner Großods war nach den Erfahrungen des letzten Herbstes ein zartes Pflänzchen, das gehegt und gepflegt werden musste. Jeder sollte sich nach seiner Fasson einbringen, lautete das Credo: Mit offenen Augen übers Gelände gehen, *sehen*, was gemacht werden muss, und sich das herauspicken, woran er oder sie Freude fand. Je nach persönlichen Vorlieben wurde dieses Prinzip auch ideologisch unterfüttert: von Konrad neoliberal als freies Spiel der Kräfte, von Niels internetaktivistisch als Basisdemokratie à la Web 2.0, von Simone linksanarchistisch und von den meisten anderen »irgendwie so als Gebot der kreativen Selbstentfaltung«.

Die Renovierung des Weidenhofs durch organische Entwicklung und individuelles Engagement mit spielerischem Charakter, aber ohne Masterplan bot sich allein schon deshalb an, weil so ein blindwüchsiger Prozess mit wunderbar wenig Koordinationsaufwand einherging. Und der Tatendrang, der darüber aufkam, war auch beeindruckend. Beeindruckend unmethodisch. Er schlug sich nieder in E-Mails, die eine Flut von Listen mit Teilprojekten, To-dos und Denkanstößen ins Postfach schwemmten. Nach einer Zeit gab ich es auf, sie noch von Anfang bis Ende durchzulesen, und verlegte mich darauf, die Texte in kreisenden Augenbewegungen auf mich wirken zu lassen. Da konnte einem schwindelig werden.

ZU TUN: Haustreppe ab- und ordentlich wieder aufmauern, Bürgersteig vom Unkraut befreien – es kam ein Mahnbrief der Gemeinde, Kellerfugen verputzen, Garten bepflanzen – jedes Jahr zählt, wenn's mal groß werden soll, Regenrinnen erneuern/ausbessern, Urwald hinter der Scheune lichten, die alte Treppe zum See erneuern, neue Elektrik im Haus verlegen, kleinen Riss in der Dusche mit Silikon füllen, gebrauchte Möbel mal richtig putzen. ZU KAUFEN: Rollgerüst, Regenrinnen, Fallrohre, Kies, Sand, Gartengeräte, Motorsäge, Schnittschutzhosen und Helm für Kettensägearbeiten, neues Türschloss mit vielen Schlüsseln, Holz in allen Größen, Spülmaschine, Betten und Matratzen, Schränke und Regale. PREISINFOS EINHOLEN: Elektriker vergleichen, Gebäudeschutzversicherung, Elementarschädenversicherung, Gebäudeeigentümerhaftpflicht – wenn sich vor dem Haus einer die Haxen bricht. INFOS EINHOLEN: Mit welchen Pflanzen können wir das Haus bewachsen lassen, ohne den Putz und das Mauerwerk zu schädigen? AUSSCHAU HALTEN: Baudielen aus Sanierungshäusern liegen in Berlin an jeder Ecke rum, wir brauchen Leitern in allen Größen. NACHDENKEN/MESSEN: Was ist jetzt mit Fußböden abschleifen und Wände streichen? DISKUTIEREN: Elektrik selbst verlegen oder den Dorfelektriker beauftragen und das Prüfsiegel bekommen. Wollen wir jetzt Zentralheizung oder noch einen Winter mit Öfen? Sollen wir die Außenfassade noch mal streichen oder gleich zuranken lassen.

Konrad und Fabian taten erst einmal Reichsbrand in rauen Mengen auf. Aus welcher Quelle, darüber wurde kein Wort verloren. Ich hatte diesbezüglich auch keine Fragen mehr. Ferner kümmerten sich die beiden schwerpunktmäßig um all jene Instandsetzungsarbeiten, die laut Baugutachterin für den Erhalt des Hauses wichtig und die Zukunft der Scheune existenziell waren: den Südgiebel abstützen, wo sich die Feldsteinplatten und Ziegelsteine von den Querbalken gelöst hatten und die Mauer sich bedrohlich neigte; im Windverbau jene stabilisierenden Balken wiederherstellen, die zu DDR-Zeiten abgesägt worden waren, damit der Traktor besser durchs Scheunentor passte; Regenrinnen erneuern und Fallrohre anbringen, die das Wasser weit genug von der Außenwand fortbrachten; die Fensterrahmen des Hauses streichen – und so weiter.

Sie bereiteten diese Großaktionen so weit es zunächst ging in Eigenarbeit vor. Fabian hatte Ylva das Schatzmeisteramt übertragen, und Ylva hatte als erste Amtshandlung die ganze Mannschaft nach der Erfahrung der Gräben von Verdun noch einmal auf Kostendisziplin eingeschworen. Professionelle Hilfe von Schröders »Piepel« durfte in Anspruch genommen werden, aber erst, wenn das Do-it-yourself-Potenzial wirklich ausgeschöpft war. Daran hatten sich auch unsere obersten Bausachverständigen zu halten.

Schlichtere Heimwerkergemüter wie Olli und ich begeisterten sich eher für grobe Arbeiten. Arbeiten, mit denen sich schnell sichtbare Ergebnisse erzielen und dementsprechend vielleicht ebenfalls einige Meriten einsammeln ließen. Meine Wahl fiel darauf, den seeseitigen Urwald zu lichten. Gärtnerische Betätigung mit Seeblick kam meiner Idealvorstellung von kontemplativer Arbeit schon sehr nah. Ich schleppte alles, was die Kommunarden bislang an Macheten, Sägen, Bolzenschneidern, Sensen und Heckenscheren im grenznahen polnischen Baumarkt günstig erstanden hatten über den Ho-Chi-Minh-Pfad ins Dickicht. Und machte mich daran, die Biomasse zu dezimieren. Nach einer Weile des Schnippelns und Sägens zeichnete sich ein Stück von der Scheune entfernt in Seenähe eine Vertiefung im Gelände ab, eine Senke, die mich auf eine Idee brachte. Als Olli zum Pinkeln hinter der Scheune erschien, weihte ich ihn direkt in den Plan ein.

»Ich würde sagen, alles rausrupfen, Tiergartenmischung drauf, und im Sommer haben wir hier die perfekte Badewiese. Man fällt von hier aus ja quasi in den See hinein und liegt nach dem Baden wunderbar windgeschützt. Was meinst du, die anderen werden uns dafür lieben!«

»Machen!«, antwortete Olli nur.

Welches Teilprojekt auch immer er vor dem Wasserlassen verfolgt hatte, Olli zögerte keine Sekunde, es ruhen zu lassen. Wir griffen zu den Schneidewerkzeugen und machten uns von der oberen Ebene des Dschungels über das Dickicht in der Senke her.

Die Arbeit hier in dieser ländlichen Szenerie, so fiel mir auf, unterstrich noch Ollis Ähnlichkeit mit dem Knecht Alfred aus der Verfilmung von Astrid Lindgrens *Michel aus Lönneberga*: weißblonde Haare, ein grundpositives Wesen, aber das Gesicht immer auch leicht zerknittert vom Leben. Rein phänotypisch war Olli die Idealbesetzung für den arischen Bösewicht in

James-Bond-Filmen. Noch mehr als ich war er ein ungeduldiger Gärtner, einer, der schnelle Ergebnisse sehen wollte. Gärtnern wie heimwerkerische Tätigkeiten im Allgemeinen waren für uns beide stets auch Mittel zum Aggressionsabbau. Wir waren uns dieser stark kompensatorischen Funktion, die körperliche Arbeit für uns beide hatte, durchaus bewusst und hatten mit »Aggro-Gardening« dafür schon aus Zechliner Zeiten das passende Schlagwort bereit. Hier in Maltrin konnten er und ich diese Neigung endlich voll ausleben.

»Das ist doch mal wieder eine schöne Berserker-Aufgabe«, pflegte Olli oft zu sagen, wenn er mich für ein gemeinsames Vorhaben gewinnen wollte. Und auch aus den Reihen der Gruppe war, wenn es irgendeine grobe mit wenig kognitivem Aufwand verbundene körperliche Arbeit zu verrichten gab, wohl nicht selten die Frage zu hören, ob das nicht eine schöne Aufgabe für die Ollis wäre. Ebenso oft mag aber davor gewarnt worden sein, die Ollis *da* besser nicht ranzulassen.

Nach gut einer halben Stunde hatte sich Olli in eine Wut hineingeschnippelt, die sich zu einem desperaten Akt steigerte. Wie seine alten Speedmetal-Helden beim Stagediving stürzte sich Olli ins Unterholz und fräste als lebende Heckenschere im freien Fall eine Schneise ins Dickicht. Danach war er für eine Weile nicht mehr zu sehen, man hörte ihn nur noch im Unterholz schnaufen und Schneidegeräusche absondern. Ich bevorzugte die etwas behutsamere Methode, das Buschwerk Schicht für Schicht abzutragen, dem Urwald-Lockenkopf vor der Kahlrasur gewissermaßen einen flotten Stufenschnitt zu verpassen. Es klirrte etwas, woraufhin es im Gesträuch für einen Moment lang ganz still wurde.

Dann meldete sich Olli zurück: »Shit!«

Mit Schwimmbewegungen schob ich das Buschwerk zur Seite, bis ich durch das Gerippe der unteren blattlosen Zweige den Freund wiedersah. Er hockte am Boden und hielt sich in fußballerischer Pose das Bein.

»Olli, watt is los?«

Er lupfte die Hose und präsentierte eine stark blutende Schnittwunde. »Shit!«

»Warte, ich hol dich da raus!«

Nachdem ich Olli am Stiel einer Harke aus dem Loch herausgezogen hatte, verarztete ich seine Wunde notdürftig mit einem Tempotaschentuch, das ich mit einem biegsamen Zweig an der Wunde festknotete. Dann stand der Kamerad wortlos auf und machte sich davon.

Olli war auf die Spuren einer untergegangenen Zivilisation gestoßen.

Es nahm nicht Wunder, dass es bei dieser Expedition in die unbekannten Ecken unseres Grundstücks den ersten Verletzten gab. Das Gestrüpp, dem Olli und ich den Kampf angesagt hatten, wurzelte, wie sich nun zeigte, nicht direkt in der uckermärkischen Erde. Am Grunde der von Kamikazegärtner Olli geschlagenen Bresche lag eine Schicht brauner Bierflaschenscherben und Kronkorken. Daneben zu erkennen war allerlei anderer Zivilisationsmüll wie verrostetes landwirtschaftliches Gerät, Autoreifen und dergleichen. Gärtnerkollege Olli hatte sich, das wurde mir jetzt klar, seine Verletzung mit großer Wahrscheinlichkeit an der Scherbe einer Flasche Sternquell beigebracht. Einem passionierten Biertrinker wie Olli durchaus würdig, fand ich.

Ich stutzte den Lockenkopf des Buschwerks zum Igelschnitt und begann, den Müll zwischen den verbliebenen Stängeln nicht nur einzusammeln, sondern auch gleich zu sortieren. Während ich die einzelnen Flaschenhälse, Bierdeckel, Plaste-, Elaste- und Metallteile fein säuberlich getrennt auf einzelne Haufen warf, wurde mir augenblicklich die Überfrachtung dieser Situation mit Bedeutung bewusst. Hier stand ich inmitten eines Raumzeittunnels, der am einen Ende in die untergegangene DDR führte, am anderen Ende in die wiedervereinigte Bundesrepublik des 21. Jahrhunderts. Ich, das zugezogene Westkind, der freischaffende Medienfuzzi aus Berlin, der hier zur Erholung fortan seine Wochenenden verbringen wollte, griff mir den DDR-Müll aus vier Jahrzehnten und sortierte ihn nach neudeutscher Routine: gelber Sack, blaue Tonne, Grüner Punkt. Der Ost-Schrott der Sechziger-, Siebziger- und Achtzigerjahre und die Resteverwertung von heute, dachte ich. Ein innerdeutscher Clash of Civilisations mit leichter Zeitverschiebung.

Wenn man schon im Müll herumwühlen musste, mobilisierte so eine kleine, autosuggestive Bedeutungsinjektion ganz neuen Arbeitseifer. Ich bückte mich, sammelte auf, trennte. Bückte mich, sammelte auf, trennte. Und beobachtete das Anwachsen der Haufen. Mit etwas Fantasie zeichnete sich anhand der unterschiedlichen Größen dieser Müllhaufen die Prioritätenstaffelung im real existierenden sozialistischen Landleben mit der Zeit deutlich ab. Der Anteil von Bierflaschen im Verhältnis zu agrarischen Gebrauchsgegenständen wie verbogenen Mistgabeln legte beredt Zeugnis ab: Alkohol spielte augenscheinlich keine kleine Rolle in der landwirtschaftlichen Produktionsgenossenschaft – wow, was für eine Erkenntnis! Mit 1,8 Promille Stoff im Blut war ein Feldstein leicht mal mit dem Misthaufen zu verwechseln, und die Forken der Mistgabel bogen sich gen Himmel. Womöglich war es schlicht und ergreifend der Alkohol, so ahnte ich nun, der dem Arbeiter- und Bauernstaat den Garaus gemacht hatte, bevor Gorbi und Kohl kamen und seine tote Hülle nur noch aus der Geschichte schnipsen mussten. Was ich hier betrieb, war nichts anderes als DDR-Archäologie, so wurde mir klar, und ich sagte mir, dass die Zyklen, in denen Imperien untergehen und von Archäologen Schicht für Schicht wieder freigelegt werden, auch immer mehr zusammenschrumpfen. Meine Einsichten, dachte ich, sollten auch einem Landhauskollektiv des neuen Jahrtausends Mahnung sein. Während ich durchs Dickicht auf die glitzernde Oberfläche des Sees starrte, setzte ich mein Assoziationskettenmassaker noch ein ganzes Stück fort. Konnte man womöglich anhand dieser fünfzehn Quadratmeter auf der Rückseite einer Schäferei, die einst zu einer LPG gehört hatte, den gesamten Übergang zu einer neuen Weltordnung am Ende des 20. Jahrhunderts erklären?

Mir lief ein kalter Schauer den Rücken hinunter. Aus weiter Entfernung hörte ich, dass jemand rief: »Kaffee trinken!« Ich legte die Heckenschere beiseite und machte mich auf den Weg. Auf der anderen Seite der Scheune fanden sich bei Kaufkuchen und Bodumkannenkaffee im Schatten der großen Trauerweide dankbare Abnehmer für meinen großen theoretischen Aufschlag. Auch die anderen hatten sich mit Altlasten herumschlagen müssen. Mette klagte über die Unmengen von Bauschutt und Strohballenkordeln, auf die sie beim Ausheben von Löchern zum Anpflanzen der Blumen und Büsche überall im Erdreich gestoßen war. Niels und Jörg hatten feststellen müssen, dass zu DDR-Zeiten zwar der Dachstuhl unseres Hauses repariert, aber die Taubenscheiße auf dem Fußboden nicht weggemacht worden war. Das ätzende Zeug hatte sich über die Jahre zentimetertief in den Holzboden gefressen. Fabian beschwerte sich über DDR-Bauarbeiter, die sich beim Ausbessern der Scheunenwand augenscheinlich nicht mehr die Mühe gemacht hatten, den Putz noch einmal von oben nach unten zu verstreichen. Dadurch, dass sie ihn ausschließlich von unten nach oben verstrichen und dann vermutlich gleich das nächste Fläschchen Sternquell gekippt hatten, waren kleine Mörtelrinnen zurückgeblieben, in denen sich Wasser sammelte, das in den Jahren darauf immer tiefer in die Wand sickerte. Deshalb und wegen der Balken, die zur besseren Traktordurchfahrt einfach abgehackt worden waren, mussten wir nun großflächig sanieren.

Konrad war der große Pfusch, auf den man hier an allen Ecken stieß, willkommenes Stichwort zur Untermauerung seiner wirtschaftspolitischen Überzeugungen.

»Jeder, der der DDR nachweint, den würde ich gerne mal dazu verdonnern, auf unserem Grundstück eine Baustelle zu übernehmen«, wetterte Graf Zahl. »Ich sage ja, nur persönliches Eigentum bringt die Menschen dazu, verantwortungsvoll mit Grund und Boden umzugehen. Der Sozialismus war doch nichts als ein gigantisches Faulheitsförderungsprogramm.«

Auf so was in der Art hatte Jörg nur gewartet: »Dafür müssen sich im Kapitalismus alle so lang machen, dass sie Burn-out kriegen und dann auch nichts mehr zuwege bringen. Das ist dir wohl lieber, Konrad. Oder was?«

Olli schaute mit seiner vom Verletzungspech verdüsterten Miene nicht mal von der Zeitung auf, konnte sich aber einen kurzen Kommentar doch nicht verkneifen: »Man kann nicht *immer* alles nur durch die ökonomische Brille betrachten, Konrad. Da geht es doch um multifaktorielle Phänomene.«

Konrad genoss die Kontroverse sichtlich. Er fläzte sich noch etwas tiefer in den Sperrmüllsessel, bevor er zum Gegenschlag ausholte: »Wenn die Zonies die Scheune damals richtig entwässert hätten, wäre dieser Canyon, in dem Herr Geyer seit heute Morgen wühlt, gar nicht erst ausgespült worden. Den dazugehörigen Entwässerungskanal hab ich mit Fabian ja im Herbst schon verlängert. Meine These ist: Hätte das Grundstück damals irgendjemandem persönlich gehört, dann hätte der das schon rechtzeitig gemacht, und alles wäre gut gewesen. Aber den Genossen ist ja nichts anderes eingefallen, als ihren Müll in die Senke zu schmeißen.«

Fabian haute mit in Konrads Kerbe: »Es hätte übrigens höchstens noch ein oder zwei Jahre gebraucht, und die ganze Scheune wäre in Richtung See abgeschmiert, die vorderen Grundmauern waren schon unterspült.«

Ich resümierte, dass Kapitalismus und Sozialismus damit ja letztlich nur ein kleines Stück Entwässerungskanal weit auseinanderlagen. In dem Plan, diesem Haus und Grund in Zukunft mehr Liebe angedeihen zu lassen, egal, was in der Vergangenheit war, fanden wir alle wieder halbwegs zueinander. Von diesem Konsens war es dann nicht weit zu einem angrenzenden Thema: Wie sollten wir den Weidenhof verschönern, ohne dass er zu schön wurde? Wie renovierte man einen Bauernhof, ohne dass das Odium der Spießigkeit Einzug hielt? Besonders Elke, in deren Leben als Fotografin sich in allen Bereichen außer beim Auto ein ausgeprägter Stilwillen geltend machte, trieb die Problematik des unspießigen Verschönerns um, wie sie auch bei dieser Gelegenheit deutlich machte.

»Ich hab echt keine Lust, dass wir hier in so einer Gartencenter-Ästhetik enden«, sagte sie. »Für mich geht es schon los mit diesen alten Wagenrädern und Pflügen aus der Scheune, die Olli Kattenstroth hier dekorativ übers Gelände verteilt hat. Ehrlich gesagt, das geht überhaupt nicht, Olli.«

»Ehrlich gesagt mach ich mir da gar keine Sorgen«, sprang ich Freund Olli zur Seite, »der Laden hier hat doch einen derartigen Trashfaktor, dass man den so schnell sowieso nicht ausgemerzt kriegt. Von hier zur Gartencenter-Ästhetik ist es meiner Meinung nach ein verdammt langer Weg.«

Nun blickte Olli doch mal von der Zeitung auf. »Das mit den Wagenrädern war ja nur so ein Versuch, der eher unter Kunstvorbehalt zu sehen ist, Elke. Ich gebe dir ja recht. Diese ganze bürgerliche Wohlbehaglichkeit mit Rasenkanten und cremefarbenen Lampenschirmchen will hier glaube ich keiner von uns. Ich denke, es ist Konsens, dass wir hier alle auch ästhetische Brüche wollen.«

»Ich fass es nicht«, stänkerte Andine. »Höre ich da schon wieder diese ständigen Verspießerungsängste raus? Ich dachte, da sind wir langsam mal drüber weg. Werdet doch mal erwachsen und steht zu dem, was ihr selbst schön findet – nicht zu dem, was eure Eltern Scheiße finden.«

Nun sah sich Simone aus der Reserve gelockt, für Elke Partei zu ergreifen: »Aber das ist es ja, Andine, unspießig finden wir ja selber schön.«

Eine kleine Rückblende auf Simone und Andine:

Simone hatte noch in lebhafter Erinnerung, wie ihre beste Freundin Andine selbst einmal ganz im Anti-Spießertum-Lebensgefühl aufgegangen war. Kennengelernt hatten die beiden sich vor vielen Jahren beim Vorsprechen an verschiedenen Schauspielschulen, weil Andines Nachname in der alphabetischen Reihenfolge gleich auf Simones folgte und man einander ständig auf den Fluren beim Warten begegnete. Nachdem beide mehrmals durchgefallen waren, betrieben sie in Hamburg eine Zeit lang ein gemeinsames Off-Kindertheater, durch das so ziemlich jedes Kind aus Altona und aus dem Schanzenviertel geschleust wurde, in dessen Kita irgendeine Sozpäd-Bekannte der beiden als Erzieherin arbeitete. Mitte der Neunzigerjahre kauften sich Andine und Simone bei einem Berlinbesuch Eintrittskarten für die Volksbühne und sahen sich ein Christoph-Schlingensief-Stück an, bei dem das Publikum zum Finale hinter dem Oberhausener her durch die Straßen zog und den Wahlspruch des Abends skandieren musste: »Gebt mir den Kopf von Helmut Kohl!« Da war es passiert, da hatten sich die beiden Freundinnen Hals über Kopf in die Hauptstadt verliebt. Sie zogen um, wurden von einer privaten Schauspielschule angenommen und durchlebten einige heftige Schübe des sattsam bekannten Berlinfiebers, dessen wichtigstes Symptom das zwanghafte Durchfeiern der Nächte war. In Andines und Simones Fall verschärfte sich die Problematik zusätzlich dadurch, dass sich die beiden nun in der Rolle der »Hauptstadtschauspielerinnen« gefielen, ergo dauernd wie in einer Castorf-Inszenierung zwanghaft kreischend auf den Tischen tanzen mussten. Die Grenzen zwischen Schauspielschule und dem richtigen Leben verschwammen. Alles wurde eine Performance. Weil das sehr anstrengend war, für die Freundinnen selbst wie für ihre Mitmenschen, waren sie in der Müßiggang-Bar auf unser Vorhaben von der Flucht aufs Land angesprungen – und Konrad und ich auf die beiden. Als Homo oeconomicus africanus liebte Konrad auch im Privaten das freie Spiel der Kräfte, Launen und Naturgewalten. Andine hatte den Wirtschaftsmann in der Turtelphase immer mit der Bezeichnung »mein Exfeind« geneckt. Sie kam mit ihm zusammen, legte noch ein Architekturstudium nach und ging allmählich auf kritische Distanz zu ihrem früheren Leben.

Niels schnitt sich mit dem Brotmesser durch die Plastikfolie des Marmorkuchens hindurch das Endstück mit der Schokoglasur ab und griff Simones Faden auf.

»Unspießig findet ihr selber schön? Soso. Ist das nicht genau das Kennzeichen des Neospießertums vom Prenzlauer Berg?«

Betretenes Schweigen.

Mit Niels' hinterhältiger Frage war der intellektuelle Kaffeeklatsch unter der Trauerweide an seinem Wendehammer angelangt. Ich sagte, dass wir am besten einfach erst mal weitermachen sollten, ohne so viel nachzugrübeln, drückte die verbliebenen Krümel Comtess-Rührkuchen zu einem Knubbel zusammen, schob ihn in den Mund und kehrte zurück an meinen Arbeits- und Kampfplatz hinter der Scheune.

Mit der Losung »einfach erst mal machen« waren wir gar nicht so schlecht gefahren, sie zeitigte brauchbare Ergebnisse. Konrad und Fabian präsentierten uns im Laufe des Frühjahrs erste Stellen in den Scheunenwänden, die zwar aussahen wie zuvor, »aber jetzt topsave sind«, wie sie stolz vermeldeten. Auf die Scheunenboys und ihren Reichsbrand konnte man bauen. Ich zeigte den anderen meine Liegewiese hinter der Scheune, wo man das Tiergartengras schon bald mit der Motorsense in Schach halten musste. Ylva und Mette zeigten uns die verschiedenen Kräutergärtchen, Blumen und anderen Anpflanzungen, die in kleinen Schritten jene Vision von blühenden Landschaften einzulösen begannen, die Olli am Einzugwochenende ein Dreivierteljahr zuvor mit der Grillzange in die Luft gezeichnet hatte. Sie hatten die Blumenzwiebeln und Setzlinge wohlweislich über das ganze Gelände verteilt, kleine Blumen- und Pflanzeninseln auf der Rasenfläche angelegt statt spießiger Blumenbeete. Niels zeigte uns, dass er nicht nur mit den neuen Medien virtuos umzugehen verstand, sondern auch mit den ganz alten. Er riss die defekten Stromleitungen der Vierzigerjahre aus den Wänden des Hauses raus und verkabelte alles neu. Ferner hatte er bei jedwedem Problem eine iPhone-App parat. Ylva und Mette etwa lud Niels eine Baum- und Pflanzenerkennungsapp runter, damit sie sich bei der Gartenarbeit leichter taten. Zum Dank musste er sich von Olli den Spott gefallen lassen, Niels habe im Garten »schon wieder einen appleapptischen Anfall erlitten«. Steve gab derweil als Luxus der Woche bekannt, dass man jetzt auch die Badezimmertür abschließen könne. Auch toll.

Dagegen zeigten sich Simone und Elke zerknirscht darüber, dass sie durch die beiden Säuglinge zu eingespannt waren, um irgendetwas beizutragen – da half auch keine App. Dafür hatten Oscar und Noah dank einer größeren Fuhre Sand vor der Scheune ihren Traumspielplatz gefunden. Die Arbeit an der frischen Luft entwickelte sich zunehmend vom Mittel, den Kieselstein zu schleifen, zum Zweck, draußen zu sein, sich zu betätigen, etwas zu erreichen und sich dann gemeinsam darüber zu freuen. Gemeinsames Freuen über das Erreichte zelebrierte die Gruppe gerne auf Bootsausflügen zum Feierabend. Auch beim Schippern bekamen wir Übung und hatten unseren eigensinnigen Außenborder bald besser im Griff.

Jörg musste uns auf die Ergebnisse seiner Arbeit gar nicht groß aufmerksam machen. Die Holzterrasse, die er zusammen mit zwei Freunden innerhalb von einer Woche vor die Scheune gezaubert hatte, war kolossal. Sie stand auf Stelzen, reichte über zwei Ebenen und schwebte förmlich zwischen dem Geäst des Urwalds. Man hatte das Gefühl, aus einem Baumhaus heraus auf den See zu blicken. Rundherum rankten die Äste der Obstbäume über die Brüstung. Ein Mirabellenbaum wuchs sogar mitten durch den Fußboden, was der Konstruktion eine unverhoffte aber diesmal mit Wohlwollen goutierte Schöner-Wohnen-Anmutung gab. Jörg machte uns vor, wie man im Spätsommer vom Liegestuhl aus nur nach rechts greifen müsste, um eine reife Birne zu pflücken, während einem die reifen Kirschpflaumen von alleine in den Schoß oder auf den Kopf fallen würden. Der Künstler hatte fraglos das nötige Geschick. Dass er nun auch seine Leidenschaft für zweckbezogenes Bauen entdeckt hatte, war für unser Projekt ein Segen. Kuriert war mit diesem Koloss von einer Terrasse auch das Heimweh nach unserer alten Terrasse vor dem Jünemannschen Chefbungalow in Zechlin, das einige von uns noch wie eine unausgeschwitzte Krankheit in sich getragen hatten. Nun war alles wieder da, und das um einiges besser.

Bei Sonnenuntergang war das hier das Café del Mar Ostdeutschland.

Aus mancherlei Gründen löste sich das Problem der Dialektik des unspießigen Verschönerns auf eine nicht einkalkulierte Weise von selbst. Die Tiergartenmischung wucherte auf allen Grünflächen mit einer Berliner Kaltschnäuzigkeit, dass sie die zarten Neuanpflanzungen zu verdrängen drohte. Um ihr Einhalt zu gebieten, besorgte Niels über Beziehungen seiner Eltern zu einem Weinbauern im Rheinhessischen einen gebrauchten »Allesmäher«, ein Gerät, das normalerweise in Weinbergen zum Einsatz kam und das sich selbst auf sehr unebenem, steilem Gelände auch durch hohes Gras mähte. Da dieser Brummer mit einem starken Motor ausgerüstet war und dadurch wie ein Kampfhund den Mähenden hinter sich herzerrte, war das Rasenmähen mit dem Allesmäher ein grobschlächtiges Unterfangen. Wer es übernahm, versuchte alles, um die fragilen Jungpflänzchen, die ja bewusst überall auf der Rasenfläche verstreut standen, sachgemäß zu umfahren. Aber das wuchernde Gras machte es stellenweise unmöglich, die Setzlinge rechtzeitig zu erkennen. Das Rasenmähen glich einem Albtraum, in dem man beauftragt war, mit einem Mähdrescher einen japanischen Ziergarten zurechtzustutzen. Mit laufendem Allesmäher wurde man unweigerlich auch zum Allesmähenden. Ein Rhabarberbusch, auf den sich einige Gartenfreunde sehr gefreut hatten, fiel gleich dreimal dem Allesmäher zum Opfer. Kurz und gut, solange wir den Allesmäher im Stall hatten, mussten wir uns um eine drohende Gartencenter-Ästhetik keine Sorgen machen.

Gleiches galt für den Wein, den Olli vor seinem geistigen Auge schon an der gesamten Scheunenwand hochranken sah. Denn über der Scheunenwand gab es ein Scheunenvordach, das die Pflanzung zuverlässig vor Regen schützte. Die Gefahr, dass die Rankpflanzen hier zu schön, zu üppig sprießen würden, ohne dass wir täglich wässerten, was nicht möglich war, ohne dass wir unsere Jobs in der Stadt quittierten, bestand mithin nicht. Es handelte sich also in jeglicher Hinsicht um eine gut überdachte Anpflanzung. Auch Ylvas Kräutergärtchen wurde auf mehr oder weniger natürliche Weise davon abgehalten, sich allzu prächtig zu entwickeln. Dafür sorgten Steve und ein paar seiner Freunde: Sie trugen zwecks Fußballguckens unter freiem Himmel unser rotes Kunstledersofa aus der Scheune und stellten es mitten auf den zarten Stängeln von Kamille und Minze ab, sprangen anschließend bei jedem Tor auf Myrrhe und Salbei herum. Aufgrund des wuchernden Tiergartengrases und ihres eigenen Krautgenusses bekamen die Strategen von ihrem Zerstörungswerk nichts mit. Ylva dagegen war am Wochenende darauf den Tränen nahe.

Allzu spießige Auswüchse der Gartenverschönerung erstickten wir auf diese Weise, und oftmals, ohne es zu bemerken, im Keime.

Auch bei der Herrichtung der Innenräume war die Gruppe vor Verspießungstendenzen gefeit, solange sie nur Olli und mich, die Kesslerzwillinge ranließ. Im Zuge des Subbotniks im Frühjahr waren wir zu der Einsicht gelangt, dass das Sanierungskonzept »feucht durchwischen«, auf das wir uns nach dem Einzug aus pragmatischen Gründen beschränkt hatten, wohl doch nicht ausreichte. Wir beschlossen, nachträglich noch zu streichen und Fußböden abzuschleifen. Das Abschleifen allerdings musste in einer Hauruckaktion über die Bühne gehen, um die Ausleihkosten für die Schleifmaschine gering zu halten. Außerdem sollte das Haus am Wochenende darauf direkt wieder zur Verfügung stehen, damit alle ein Dach über dem Kopf hatten, um an ihren sonstigen Baustellen weiterarbeiten zu können. »Fußbödenabschleifen ist doch eine schöne Berserker-Aufgabe für uns«, sagte Olli. Also machten wir uns an die Arbeit.

Nach dem ersten Raum, in dem Olli beim Dielenabschleifen noch streng nach den Empfehlungen der Schleifgerät-Verleihfirma Dr. Wood gearbeitet hatte – nämlich erst mit grobem, dann mit immer feinerem Schleifpapier, erst in diagonalen dann in geraden Bahnen –, stellten wir fest, dass das alles viel zu lange dauerte und dass wir, sollte das Ding bis Sonntagabend geritzt sein, ab jetzt ausschließlich zur gröbsten Körnung greifen müssten.

»Das knacken wir alles mit dem Sechzehner weg«, sagte er, »außerdem ist das hier ein Bauernhaus in der Uckermark und keine Beletage in Charlottenburg.«

Olli schliff buchstäblich Amok und steckte mich mit seinem Furor an. Wir schliffen wie die Teufel, sahen mit unseren durch Schleifstaub braun eingefärbten Mundschutzmasken bald aus wie Statisten aus dem Film *Planet der Affen*, ölten die

Böden gut ein und hatten am Sonntagabend eine einwandfreie Arbeit abgeliefert. Wenigstens fürs Auge. Die Abstimmung mit den Füßen kam zu einem anderen Ergebnis: Der kleine Noah war der Erste, der die Böden Tage später wieder betrat. Er blieb gleich beim ersten Schritt mit den Socken an dem aufgerauten Holz hängen und hatte einen dicken Splitter im Fuß. Jörg musste zurück nach Berlin fahren, um die Schleifmaschinen abermals zu leihen und die Schnitzer der Kesslerzwillinge glatt zu schleifen.

Beim Streichen der Zimmer war es so, dass jeder nach Gutdünken in irgendeinem Raum mit der Arbeit begann, die meisten aber den Zeitaufwand unterschätzten und halb verrichteter Dinge wieder abfahren mussten. Bald waren alle Räume kleine Baustellen und dadurch kein Raum mehr bewohnbar, wenngleich man bewohnbare Räume ja nun eigentlich brauchte, damit man im Weidenhof ein Wochenende verbringen und die abgebrochene Arbeit beenden konnte. Um diesen Teufelskreis zu durchbrechen, wurden einzelne Zimmer einfach wieder bezogen, obwohl die Wände nur halb gestrichen waren, die alte Blümchentapete noch durchschimmerte oder der Putz von der Decke rieselte. Manche Räume gerieten zu einer unbeabsichtigten Mischung aus Landhaus-Style und jenem Junkie-Look mit abgerissenen Tapeten und rohem Putz, der in Berlin zehn Jahre zuvor mal angesagt war.

Selbst den größten Freunden ästhetischer Brüche wurde es ein bisschen zu wild.

Wir stellten fest, dass wir zwar einiges auf die Beine stellten, aber doch eben auch viel selbst wieder niederrissen, was bald auf die Nerven und ins Geld ging. Selbst die Hobby-Bausachverständigen Konrad und Fabian trugen ihren Teil bei: Der eine hatte einige Fenster des Hauses zur Ausbesserung ausgebaut und in der Scheune zum Bearbeiten aufgebockt, der andere brachte deren Anordnung durcheinander, weil sie bei der Anlieferung von neuem Reichsbrand im Wege standen. Dreißig der fünfundneunzig Fenster des Hauses – es handelte sich um viergliedrige Doppelfenster – mussten wir wie ein Puzzle neu sortieren und zusammensetzen. Erste Zweifel an unserer organischen Vorgehensweise bei der Herrichtung des Weidenhofs bekamen Nahrung. Die Grenzen der Schwarmintelligenz wurden sichtbar. Endgültig voll war das Maß, als Niels und ich uns unabgesprochen beide sehr eifrig an einer Internetauktion um eine Motorsäge beteiligten, wodurch wir, dumme Sache, den Preis wechselseitig in die Höhe trieben, bis Niels schließlich den Zuschlag bekam. Für siebzig Euro mehr als nötig.

Ich muss mal ein bisschen meckern. Mit dieser Betreffzeile leitete Jörg seine E-Mail behutsam ein, nur um dann derbe auf den Putz zu hauen. Es folgte eine schäumende Litanei über Werkzeuge, die über das ganze Gelände verstreut lagen, Arbeiten, die angefangen, aber nicht zu Ende geführt worden waren oder die durch Kollateralschäden der Arbeiten anderer sabotiert wurden, Utensilien, die doppelt und dreifach angeschafft und Utensilien, die immer noch nicht angeschafft worden waren. Jörgs E-Mail war der stumme Schrei nach einem Masterplan und dem Ende des Dilettantenstadls – der Ruf nach dem starken Mann. Konrad gab ihm Rückendeckung, nicht weniger direkt in der Wortwahl. Es folgte die berüchtigte E-Mail-Lawine.

Absender: Oliver Kattenstroth.
Uhrzeit: 16:34.
Betreff: Re: Re: Ich muss mal ein bisschen meckern

Also wenn dieser anklägerische Duktus und diese Tonalität – »Idiot« etc. – jetzt zum allgemein akzeptierten Maltriner Sprachgut erhoben wird, dann bin ich ziemlich erschüttert und auch traurig. Ich unterstelle mal, dass alle, die an den

letzten Wochenenden mit angepackt haben, weder aus Bösartigkeit noch aus grober Fahrlässigkeit gehandelt haben!!! Momentan ist sicher noch alles eher Baustelle als gemütliches Wohnen, aber wir sind doch auf der Zielgeraden! Warum kommt da jetzt genau das auf, was wir eigentlich immer als Kollektiv vermeiden wollten: gegenseitiges Vorwürfemachen!!!!
Mann ey …
Olli

Absender: Oliver Geyer.
Uhrzeit: 17:14.
Betreff: Re: Re: Re: Ich muss mal ein bisschen meckern

Schließe mich meinem Namensvetter an: Bitte etwas sparsameren Umgang mit Donnerwettern und Kritik! Der Grundakkord, der da angeschlagen wird, ist voll daneben. Mir würden auch viele Punkte einfallen … Das Chaos dieses Hauses erzeugt seine eigenen systemimmanenten Widersprüche, in deren Mahlstrom man mit den individuellen Arbeitsgängen gerät, ohne dass einen immer eine konkrete Schuld trifft. Vielleicht können wir die Sache noch für ein paar Wochen etwas buddhistischer nehmen und einfach mal tief durchatmen. Wir brauchen erst eine Ordnung, die man auch einhalten kann. Dann ist die Ausgangslage eine völlig andere.
Gr. Olli

Absender: Niels Krakauer.
Uhrzeit: 19:32.
Betreff: Re: Re: Re: Re: Ich muss mal ein bisschen meckern

Ein paar Gedanken meinerseits zu den Ereignissen der letzten Wochen: Ich denke, ein Grund, warum viele so aufgebracht auf Jörgs Mail reagiert haben, ist, dass wir eine ver-

dammt demokratische Truppe sind. Das ist ja schön, ABER es gibt damit auch keine Autorität oder Chefrolle, keinen, der Sanktionen aussprechen kann, wenn etwas schiefläuft, Vereinbarungen nicht eingehalten werden, etc. So kann sich natürlich jeder über dies und das aufregen, aber das führt im Zweifel nur zu mehr Verstimmung und keiner pragmatischen Lösung von Problemen.

Umso wichtiger ist, dass wir uns alle gegenseitig immer wieder an die Grundregeln erinnern. Etwa, dass Arbeiten im Haus so weit zu Ende geführt werden – inkl. Aufräumen –, dass sie den anderen nicht beim nächsten Besuch vor die Füße fallen. Denn in der Sache muss ich als Beteiligter Jörg recht geben. Wir hatten ein tolles Wochenende, seit Langem hatten mehrere dieses Gemeinschaftsgefühl von »wir bewegen was«, und es geht voran. Suboptimal ist nur, wenn man sonntagnachmittags noch anfängt, den alten Putz abzuschlagen, das ganze Zimmer einsaut und dann abhaut. Da waren mehrere beteiligt an der Aktion, mich eingeschlossen. Typischer Gruppendynamikeffekt, »das machen wir jetzt auch noch, läuft so gut gerade«. Und dann, anschließend, wollten alle schnell weg.

Ich denke mal, keiner würde das an seinem »normalen« Arbeitsplatz gutheißen, wenn andere gehen und die Hälfte liegen lassen, und das Zeug behindert einen selbst. Das muss angesprochen werden dürfen, damit es in Zukunft besser läuft. Aber es geht letztlich nur freiwillig und ohne parolenhafte Aufforderungen. Sonst macht es irgendwann die Gruppe als Ganze kaputt. Und das will sicher keiner.

Salut sagt Niels.

Absender: Ylva Nydal.
Uhrzeit: 22:31.
Betreff: Re: Re: Re: Re: Re: Ich muss mal ein bisschen meckern

Vor allen Dingen: Denkt an die Kosten!

Absender: Konrad Volkmann.
Uhrzeit: 23:40.
Betreff: Re: Re: Re: Re: Re: Re: Ich muss mal ein bisschen meckern

Danke Niels, danke Ylva. Aber nachdem ich jetzt von mehreren Seiten angeschissen worden bin, noch eine kleine Erwiderung von mir.
Sorry für den Tonfall. Dieses »seid Ihr alle blöd« von mir war nicht angemessen, nicht nur in den letzten Mails, sondern durchaus in der letzten Zeit. Es darf nicht sein, dass jemand angepampt wird, wenn er etwas macht und Dinge bewegt. Trotzdem haben wir ein Problem. Wir vernachlässigen die wirklich wichtigen Sachen – wie weiland schon unser Vorbesitzer. Alle, alle, alle haben uns gesagt: Dachrinnen anbringen und Fenster streichen hat Top-Priorität am Haus. Und Scheune sichern.
Wir haben gesagt: Drinnen wohnlich machen ist aber auch wichtig, damit überhaupt jemand rauskommen mag, um weiterzuarbeiten. Auch richtig. Aber irgendwann muss damit auch mal Schluss sein. Zum Beispiel die alten, überstrichenen und längst abgeklemmten Kabel in den drei guten Zimmern im Obergeschoss zu entfernen, das hätte auch Zeit bis übernächstes Jahr gehabt.
Das Problem sind die Opportunitätskosten. Verputzen und Streichen von drei Zimmern kostet etwa vier volle Arbeitstage – die fehlen uns am Ende in der Scheune und bei den

Fenstern. Beim ersten Frost im Herbst frieren die kaputt. Und jedes kaputte Fenster kostet nicht nur vierzig Euro, sondern auch Zeit: aushängen, nach Berlin bringen, machen lassen, wieder abholen und einsetzen – was deutlich mehr Geld kostet, als sie kurz anzuschleifen und anzustreichen.
Kurz: Sorry für den Tonfall, aber wir müssen trotzdem darauf achten, dass die wenige Manpower, die wir haben, richtig eingesetzt wird. Wir brauchen mehr Hilfe bei den Fenstern und in der Scheune.
Alles wieder gut?
Gruß, Konrad

Kam die Wahlfamilie das nächste Mal in mildem Abendlicht zu einem ihrer sinnenfrohen Grillabende zusammen, war sowieso alles wieder gut. Die bunt zusammengewürfelte Sofalandschaft auf dem warmen Holz, der Blick durchs Geäst auf den glitzernden See kurz vor Sonnenuntergang – hach! Hier schnurrte jedes im E-Mail-Verkehr virtuell erzeugte Feindbild zusammen auf den guten Freund, von dem man sich beim letzten Mal an derselben Stelle verabschiedet hatte. Man prostete ihm zu, und spätestens beim anschließenden Lagerfeuer war der Ärger runtergespült. Die Frühsommerabende waren noch frisch, und je kühler die Luft im Laufe einer Nacht wurde, desto höher ließen wir in der dafür ausgehobenen Kuhle zwischen Haus und Scheune die Flammen schlagen. Mit einer Flasche Bier in der Hand in die Glut zu starren, das hatte sich in den Wochen des Frühlings sozusagen zur Meditationstechnik unserer Landhausgemeinde entwickelt. Gestört wurde die innere Balance nur ab und zu, wenn Olli sich nicht davon abbringen ließ, Linoleumplatten oder alte lackierte Regale, die er »Honeckers Rache« nannte, aus dem Schuppen zu holen und dem Feuer zu übergeben, wo sie in bunten Farben verglühten. Elke und Simone mochten das gar nicht.

»Herr Kattenstroth, bitte lass es doch einfach mal sein!«

»Olli, ich möchte dieses Mistzeug wirklich nicht einatmen! Und da vorn hinterm offenen Fenster schlafen die Kinder.«

Olli antwortete nicht den beiden, sondern direkt Jörg und mir: »Ihr solltet euch mal erkundigen, ob man sich eine Beziehung mit Simone und Elke nicht als freiwilliges ökologisches Jahr anerkennen lassen kann. Macht sich gut im Lebenslauf.«

Ja doch, von Sottisen dieser Art abgesehen stand im Widerschein des Feuers alles wieder zum Besten. Die Augen waren geöffnet für das, was wir Unser nennen konnten: ein beträchtliches Stück Uckermark, das sich gehörig weiterentwickelt hatte – das sich »gemacht« hatte, wie man so sagt.

»Wenn man das Glück immer nur in der Zukunft vermutet, statt es in dem zu finden, was man hat, ist man doch sowieso verloren«, räsonierte ich.

Gewiss, die Sanierungsarbeiten im Wohnhaus verharrten derzeit in einem wunderlichen Schwebezustand, und das Haus war innenarchitektonisch betrachtet gewissermaßen *lost in transformation*. Aber ebendies konnte man auch als seinen besonderen Charme betrachten. Sicherlich, Gartenarbeit auf sechstausend Quadratmetern war ein weites Feld. Aber die Tiergartenmischung verdeckte über kurz oder lang alles mit ihrem gnädigen Grün, und an einigen Stellen hatten sogar ein paar Neuanpflanzungen den Allesmäher überlebt. Was die Feldsteinscheune betraf, einigten wir uns, dass man die größeren Brocken Arbeit, die nun anstanden, wohl doch besser in professionelle Hände legte. Konrad und Fabian pfiffen aus dem letzten Loch und durften sich mit Ylvas Segen aus Schröders Kartei nun ein festes Team von Helfern zusammentelefonieren.

Das war die eine Maßnahme, mit der wir die deutlich gewordenen Schwächen unserer Schwarmintelligenz abfedern wollten. Die andere, auf die wir uns beim Knistern von brennenden Resopalplatten einigten, war: klarere Zuständigkeiten von kleinen Teams, damit man sich nicht ständig ins Gehege kam. Task Forces sollte es geben, die mehr Entscheidungsbefugnis erhielten. Alle überall mitmischen wie beim Innenanstrich – das wollte niemand mehr, weil das den Prozess zu sehr lähmte.

»Grundlegende Entscheidungen zusammen treffen, ja«, schlug Niels vor, »aber die konkrete Ausführung und Umsetzung dann drei bis vier Leuten überlassen. So werden Entscheidungen zügig umgesetzt, *und* es gibt Freiraum zum Gestalten für die jeweils Verantwortlichen.«

Rund ums Lagerfeuer wurde heftig genickt.

Und so lenkte ich die Diskussion sogleich wieder fort von den langweiligen Details der Gruppenorganisation hinüber zu erhabeneren Themen. Angefeuert von der Lagerfeueratmosphäre versuchte ich mich an einer allgemeinen Reflexion der segnungsvollen Wirkungen von Landarbeit für uns Städter. Arbeit an Haus und Hof, bemerkte ich, ist ja gerade deshalb so ein herzerfrischender Kontrast zu unseren abstrakten Denkerjobs, weil Arbeit und Frucht der Arbeit endlich einmal einen spürbaren Zusammenhang bildeten. Auch barg die jeweilig anstehende Aufgabe so ein wundervoll zwingendes Element in sich.

»Holz muss gehackt und in den Schuppen zum Trocknen gelegt werden, damit es im nächsten oder übernächsten Winter wieder warm wird in der Bauernstube. Ohne Wenn und Aber«, postulierte ich. »Also meine These ist: Beim Holzhacken hinterm Schuppen ist die Seele auf Heimaturlaub.«

»Wobei«, überlegte Konrad laut, »ich denke ja ehrlich gesagt schon länger darüber nach, ob wir nicht doch zum nächsten Winter eine Zentralheizung einbauen sollten.«

Die Flammen hatten sich gelegt. Es flirrte rot-weiße Glut.

Am nächsten Morgen kam Wolfgang Schröder mit Hund Paula mal wieder zum Gartentor herein. Inzwischen war das Verhältnis derart gutnachbarlich, dass Wolle sich alle Höflichkeiten sparte. Ohnehin war er der Typ, der lieber gleich zum Punkt kam.

»Glückwunsch zu eura schicken Terrasse. Von da könnta den See wenichstens ooch noch sehn, wenn der Krösus ausm Nachbahdorf den Teich jekooft hat.«

WENIGER DEMOKRATIE WAGEN

Konrad, der die Arbeiten unserer Helfer aus dem Dorf koordinierte und daher auch wochentags in regelmäßigem Telefonkontakt mit ihnen stand, verkehrte bald auf dem besten Fuße mit den neuen Teilzeit-Hofangestellten. Floss auch blaues Blut in seinen Adern, der Gestus aristokratischer Distanzierung gegenüber dem »Personal« war ihm fremd. Man schnackte, rauchte und diskutierte über einzusetzende T-Träger, Bleche und Fundamente – dass sich die Scheunenbalken nur so bogen. Und immer mal wieder sprachen sie auch über jenen Spross einer Frankfurter Industriellendynastie, der in Bürzow das Schloss und den Dorfteich gekauft hatte und Gerüchten zufolge nun ein Auge auf den Maltriner See warf. Ob der das wirklich durchziehen und den ganzen See wie in Bürzow einzäunen würde, das war die große Frage. Die Einschätzungen reichten von »unwahrscheinlich« bis »denkbar«. »Die Leute hier auf dem Land haben eben schon Pferde kotzen sehen«, beruhigte Konrad die Gruppe. Trotzdem konnte es nicht schaden, dass er dank der Maurertruppe neuerdings regelmäßig ein Ohr am Dorffunk hatte.

Für Olli und mich waren die Helfer zunächst nur eine gesichtslose Truppe von Männern in den obligatorischen blauen Arbeitsanzügen. Von Konrad choreografiert tanzte die Blaumanngroup nachmittags ab 16 Uhr, wenn in ihren regulären Jobs Feierabend war, durchs Gartentor an. Selbst an Wochenenden erschienen sie zur Arbeit. Dann schon gegen halb neun und mit dem typischen »Morjen«, der berlin-brandenburgischen Mischung aus »Morgen« und »Moin«. Wir Weidenhofbewohner mussten allenfalls noch mal Hand anlegen, wenn es darum ging, den Blaumännern hin und wieder das Rollgerüst ein paar Meter weiter an der Scheunenwand entlang zu verschieben. Konrad war, reiste er freitagabends an, gespannt wie ein Flitzebogen, welche neuen Kunststücke seine Blaumanngroup auf dem Rollgerüst wieder vollbracht hatte. Noch bevor er das Haus betrat, lief er zunächst in die Scheune hinein und an der Scheune auf und ab. Offenkundig wünschte Konrad sich, dass auch wir etwas mehr Scheuneninteresse an den Tag legten. Unentwegt wollte er mit uns »über die Scheune nachdenken«, fortwährend »eine gemeinsame Scheunenbegehung machen«, um sich zusammen mit uns über das in der Scheune Erreichte zu freuen und die nächsten Schritte zu besprechen.

Er schien schwer enttäuscht zu sein, wenn wir nach dem Eintreffen in Maltrin vor einer Scheunenbegehung zunächst einmal in Ruhe einen Kaffee trinken oder schwimmen wollten. Abends, wenn Konrad ein paar Schnaps intus hatte, konnte er uns die halbe Nacht mit der Feststellung traktieren, dass wir noch nicht genug über die Scheune nachgedacht hätten. Oder mit der Frage, ob der kleine Schweinestall neben der Scheune abgerissen werden sollte oder nicht. Andine verriet ihrer Freundin Simone, dass Konrad schon seit Wochen schlecht schlief, weil ihn die Frage quälte, ob wir die Scheune überhaupt vor dem Verfall retten konnten und nicht sinnlos Geld darin versenkten. Konrad war eindeutig derjenige Weidenhof-Kommunarde, der am besten überblickte, wie ernst es um die Feldsteinscheune bestellt war.

Menschen wie Olli und ich waren da unbedarfter und hatten nun einmal weniger Interesse an Arbeiten, deren Ergebnis sich unserem handwerklichen Verständnis nicht auf Anhieb erschloss. Wir waren auch nur sehr begrenzt in der Lage, Scheuneninteresse zu heucheln. Hatten wir uns schließlich zu einer Scheunenbegehung breitschlagen lassen, sprach Konrad Sätze wie: »Ist das nicht abgefahren, wie Jürgen und Mike den Balken um drei Zentimeter verrückt haben? Jetzt passt die Statik wieder. Schaut mal, die Wand da hatte doch letztes Mal noch so eine ganz leichte Wölbung. Steht jetzt wieder wie 'ne Eins. Super, oder?«

»Ja, nee, auf jeden Fall«, beteuerten wir. Für uns sah alles aus wie immer.

Aber wir ließen uns erklären, dass »unsere Leute« erstaunliche Improvisationsleistungen vollbrachten, dass sie quasi »aus dem Nichts« alle möglichen Baumaterialien und Hilfsmittel schufen, genau, wie sie es zu DDR-Zeiten gelernt hatten, als es an allen Ecken und Enden mangelte.

Im Wohnzimmer hing neuerdings ein Einsatzplan, von Andine erstellt und aufgehängt, über den Olli nachträglich »SOKO Maltrin« geschrieben hatte. Dieser Einsatzplan war das physische Pendant zu einem von Niels angelegten Webkalender, in dem sich jeder Mitbewohner für bestimmte Arbeitsgruppen eintragen und für Unteraufgaben vormerken lassen konnte beziehungsweise sollte: Kostenvoranschläge einholen, Material besorgen, Preise vergleichen et cetera. Im Webkalender gab es zusätzlich zu den Einsatzplänen eine Foto-Pinnwand, wo man sich beispielsweise die Rückseite unserer Waschmaschine ansehen konnte – damit jemand aus der Gruppe »Sanitär«, die sich noch formieren musste, ein *Doppelspindeleckventil mit Rückflussverhinderer* besorgen konnte. Hier im Netz sollte die Kommunikation zwischen den Weidenhofern endlich in sinnvolle Kanäle geleitet werden. Dennoch ging es nur träge voran.

Die neue Stoßrichtung fort vom studentisch geprägten Wohngemeinschaftschaos hin zu einer mehr erwachsenen Form der Projektorganisation weckte in Konrad Entscheiderinstinkte.

Ob er sich durch die Koordination der Blaumanngroup ans Delegieren gewöhnt hatte oder ihm nur die Geduld fehlte, bis sich jeder freiwillig für irgendeine Arbeitsgruppe eingetragen hatte – jedenfalls schrieb er: *Sinnvoll ist es daher – so meine ich –, wenn wir Aufgaben verteilen. Dann weiß jeder, was er zu tun hat, kann darüber nachdenken, kann sich selbst die Zeit einteilen, die notwendigen Sachen besorgen usw. Ich erlaube mir daher, eine Arbeitsliste mit Namen aufzustellen und in den Kalender einzutragen, um Verantwortlichkeiten zuzuordnen. In vielen Fällen kann man das nicht alleine machen. Die Person ist aber verantwortlich dafür, dass der Job erledigt wird. Dabei meine ich berücksichtigt zu haben, wer wie und wie lange arbeiten kann. Ist die Liste abgearbeitet, ist das Haus fertig. Was meint ihr?*

Das Kollektiv meldete einmütig zurück, dass das kein schlechter Plan sei, weil die Dinge so wenigstens vorankamen. *Richtig so,* ermunterte auch ich Konrad, *so kann es was werden mit unserem großen Sprung nach vorn! Transrapid-Trassen lassen sich in China ja auch schneller realisieren als in Deutschland, weil da noch von oben durchgegriffen wird ;) Geschichte wird gemacht! Als neue Losung für unsere Landhauskommune schlage ich vor: WENIGER DEMOKRATIE WAGEN!*

Selbst Olli, der immer darauf bedacht war, »dass Lord Cord hier nicht nach Gutsherrenart verfährt«, hieß den Vorschlag gut. Er sei stolz auf uns, schrieb er unüberhörbar ironisch, wir seien eine lernende Organisation. Mit diesem Statement hatte er dann wohl indirekt auch die »Gruppenleitung Hausstreichen« angenommen, die ihm *per order mufti* zugeteilt worden war. An und für sich hegte Olli einen gewissen Groll gegen einen solchen Dirigismus. Zumindest innerhalb des Weidenhofuniversums war ihm das bislang zuwider gewesen. Er betrachtete Zechlin und Maltrin ja explizit als Gegenentwurf zu dem verbeamteten Teil seines Lebens und seiner Persönlichkeit.

Eine kleine Olligraphie:

An einem Morgen Anfang der Neunzigerjahre in Bonn, als Olli gerade die Verwaltungshochschule beendet und den Dienst im Ministerium angetreten hatte, lag in seinem Bonner Briefkasten Sichtfensterpost mit dem Betreff »Berechnung des Besoldungsdienstalters (Bdo)«. Olli wurde darüber in Kenntnis gesetzt, in welchen Abstufungen seine Vergütung als Beamter in den kommenden Jahrzehnten erhöht werde und wie viel er im Jahre 2036 nach seiner Pensionierung auf den Cent genau monatlich zu erwarten hatte. Seine Zukunft schnurrte zusammen auf ein Stück chlorfreies Papier von der Bundesbesoldungsstelle. Angesichts dieser vollständigen Eindämmung des Faktors Zufall in seinem gerade mal einundzwanzig Jahre alten Leben wollte Olli nur noch flüchten. Man musste in keine allzu großen psychologischen Tiefen hinabsteigen, um zu ergründen, warum er im nächsten Augenblick den ganz großen Drang verspürte, nach Berlin zu gehen. Olli packte seine Sachen und schlüpfte durch »die zuknallende Kinderzimmertür Deutschlands«, wie er die Stadt später mal recht treffend beschrieb. Nicht nur, dass Berlin eine lange Tradition als Hauptstadt der Verweigerer hatte – des Wehrdienstes ebenso wie des Mainstreams. Berlin verkörperte in der Zeit nach dem Mauerfall wie wohl keine andere Stadt der Welt den ganz großen Umbruch. Und so peilte Olli Berlin als den Ort an, der seinem Leben wieder die nötige Infusion Unberechenbarkeit geben würde. Olli wählte Berlin sozusagen als sein persönliches Umbruchplacebo aus.

Placebo deshalb, weil Olli das Berliner Gegenprogramm, mit allem was dazugehörte, zwar beschritt – er nahm ein brotloses Zweitstudium der Politologie am Otto-Suhr-Institut der Freien Universität auf, zog in eine Hinterhauswohnung mit Kohleofen und erlebte jahrelang heftige Berlin-Fieberschübe –, doch marschierte er mit einem Bein brav weiter über die höhere Beamtenlaufbahn. Er hatte den Dienst nicht quittiert, sondern sich nur in eine Abteilung des Ministeriums versetzen lassen, die schon Jahre vor dem beschlossenen Regierungsumzug als Vorhut in die Hauptstadt geschickt worden war. Dort arbeitete Olli, um sein Studium zu finanzieren, mit reduziertem Stundenpensum weiter. Oder studierte er, um das kreativ begrenzte Staatsdienertum besser zu ertragen? Vermutlich wusste er es selbst nicht. Was sich aber bald abzeichnete, war, dass diese Doppelstrategie ihn zu einem Zwitterwesen, dem typisch Neuberliner Vertreter des feindlichen Mitmachens werden ließ. Sonntagnachts pflegte er die bürgerliche Antibürgerlichkeit in der Müßiggang-Bar – um geregelten Arbeitsverhältnissen von vornherein eine Absage zu erteilen, öffneten viele Untergrundbars *gerade nicht* an Freitagen und Samstagen –, um montagmorgens um sieben mit mehrlagigen Augenringen wieder dem Staat zu dienen. Dienstags inhalierte er kritische Gesellschaftstheorie im Hauptseminar am »OSI«, mittwochs arbeitete er als Excel-Tabellen-Bienchen fleißig in seiner Bürowabe im Ministerium. Und am Abend ließ er sich mit Trash-TV berieseln.

Diese gegenläufigen an Olli wirkenden Zugkräfte ließen ihn von Zeit zu Zeit zynisch werden. Fest zu seinem Repertoire gehörte es eine Zeit lang, wenn wir in ausgelassener Stimmung beisammensaßen, mit seinem Dienstausweis zu wedeln und uns an sein Recht als Bundesbeamter zu erinnern, unangemeldete Versammlungen auflösen lassen zu dürfen. – »Auch diese hier«, drohte er. Und trotz der Verve, mit der Olli sein hochtheoretisches Zweitstudium anging, wusste er durch seinen seit jeher extensiven TV-Konsum entlarvend gut auch über alle A-, B- und C-Promis Bescheid und gab ihre Geschichten zum Besten: »Ihr wisst ja sicher, dass der Bassist aus der Dalli-Dalli-Showband mal mit Jennifer Rush verheiratet war?« Nur um im nächsten Moment in eine vollkommen überdrehte soziologische Theoriesprache zu wechseln, der Olli dadurch einen Anstrich von Nonsense verlieh: »Ich sage ja, die medientechnologische Entzauberung des Menschen als Entropiemaschine provoziert revolutionsromantische Immediatutopien reziprok kommunizierender Kollektive.«

Unser Haus in Maltrin war für Olli »der Ort, wo man nach einem sauber durchkomponierten Scheißtag mit vielen Meetings und unbequemer Unterhose durch einen Sprung in den See Befreiung findet«. So sagte er es. Maltrin war mithin ein Gegenort mehr für ihn, einer, an dem es ruhig deutlich farbenfroher zugehen durfte. Vielleicht folgte Olli ja deshalb ohne zu murren Konrads direktivistischem Vorschlag, er solle den Hausanstrich übernehmen. Als Gruppenleiter Hausstreichen hatte Olli es nun selbst in der Hand. Ausdrücklich wurde Elke, Jörg, Jana und ihm die alleinige Verantwortung für die Aufhübschung des mausgrauen Maltriner Hauses übertragen.

Als Jana und Olli Freitagabend kurz vor Ladenschluss das Biofarben-Fachgeschäft Linke betraten, fegte der Verkäufer schon den Fußboden. Wegen einer Sitzung im Ministerium war Olli spät dran und hätte die Farbaktion am liebsten ganz abgeblasen. Aber Jana und er hatten keine Wahl: In Maltrin saßen mit Niels, Jörg und Elke drei freiwillige Anstreicher in den Startlöchern.

Olli und Jana hatten nur eine vage Vorstellung von dem Farbton, der es sein sollte. Im Grunde war es nicht mal eine Vorstellung, es war nur so ein Gefühl von Farbe. Sie schlenderten eine Weile an dem Regal mit den Farbtöpfen auf und ab. Die Frage, welcher Anstrich sich an der Fassade des Weidenhofs gut machen würde, wurde erst recht nicht einfacher zu beantworten, wenn die beiden sich klarmachten, dass es ja nicht nur um ihre persönlichen Vorlieben ging, was ja erfahrungsgemäß schon kompliziert genug war. Da schwangen noch ganz andere Anforderungen mit: Die Dialektik des unspießigen Verschönerns ebenso wie deren Ablehnung mit der Forderung, endlich einen eigenen erwachsenen Stil zu entwickeln. Trotz der neuen Entscheidungsgewalt hatten Olli und Jana den vielstimmigen Chor der Hausgenossen sehr wohl noch im Kopf, und düpieren wollten sie ja auch niemanden.

In diesem Käfig von Restriktionen hatte die Gruppe schon in ihrer ersten Planungssitzung mit den ausgebreiteten Farbkarten eines Baumarkts auf dem Tisch vier Farben im Geiste angemischt und andiskutiert.

Nummer eins war ein schnödes Weiß – weil das am einfachsten und billigsten war.

»Aber mal ehrlich, so eine völlige Farblosigkeit passt auch nicht zu uns«, hatte Jörg gesagt, »ich sehe uns eher so als, wie soll ich sagen, als nicht quietschig halb bunt.«

Nummer zwei war deshalb ein Taubenblau mit einem Hauch von Mint.

»Aber das ist mir letztendlich glaube ich doch zu kalt«, stellte Elke diese Variante infrage.

Nummer drei war deshalb ein Eierschalenton beziehungsweise ein Cremeweiß.

»Aber ehrlich gesagt ist das ja nun wirklich die Endstufe der Spießigkeit«, intervenierte Jana und schlug vor, dann wenigstens ein wenig Orange beizumischen.

»Das geht gar nicht, Jana, da landen wir bei so einem Hornhaut-Metallic wie von dem Kadett von Wolle Schröder«, kanzelte Olli sie ab und wies die Runde noch einmal dezent auf seine angebliche Richtlinienkompetenz als Leiter der Farbgruppe hin. Und so landeten sie schließlich bei Farbvariante vier, einem Lila, dessen Exzentrik man durch einen Stich ins Graublaue wieder einfangen wollte. Diese Farbe war zwar auf keiner der vorliegenden Farbkarten zu finden, aber Elke wusste von Farben Linke, wo man sich Biofarbe nach seinen persönlichen Vorstellungen abmischen lassen konnte – wenn man denn konkrete Vorstellungen hatte. Jana hatte die Beschlusslage per E-Mail uns Mitbewohnern durchgegeben, sich alle erdenkliche

Mühe gegeben, uns die Farbe zu beschreiben und abschließend gefragt: *Hat das werte Kollektiv starke Präferenzen?! Oder sollen Olli und ich am Freitagnachmittag selbst entscheiden? Bitte um rasche Rückmeldung, Jana.*

Da niemand mehr einen Ton von sich gab, durften Olli und Jana davon ausgehen, dass Taubenlila die direkte farbliche Übersetzung der Maßgabe des unspießigen Verschönerns war. Über allen Stilfragen schwebte allerdings auch noch die Mahnung von Schatzmeisterin Ylva, nicht mehr so viel für Hauskosmetik auszugeben, weil wir das Geld dringend für die Scheune brauchten. Elkes Forderung, nur Biofarbe zu verwenden, war durch die Auswahl des Fachgeschäfts Genüge getan. Es handelte sich um ein von Alternativ-Schluffis geführtes Lädchen in Kreuzberg, das immer erst um 12 Uhr öffnete und seine Pforte um 18 Uhr auch pünktlich wieder schloss.

Kurz gesagt: Mit einem unbestimmten, nicht quietschig halb bunten Farbgefühl und einer Kakofonie von Stimmen im Kopf trug Olli dem Verkäufer um kurz vor 18 Uhr sein taubenlilafarbenes Anliegen vor. Der Verkäufer tippte auf dem Computer der Mischmaschine herum.

»Wird bei Fassadenfarbe schwierig«, sagte er.

»Wieso schwierig?«

»Ist in dem Ton als Silikatfarbe nicht mischbar, nur als normale Wandfarbe. Die Mischmaschine macht ja nicht alles mit.«

Der Verkäufer griff wieder zum Besen.

»Ja, und jetzt?«, fragte Olli.

»Was ginge, wäre vielleicht ein Lila, das ihr mit einem Grauton mischt.«

Der Verkäufer nahm sich ein Kehrblech und fegte ein Dreckhäufchen darauf.

»Okay – können wir das mal sehen?«

»Müsste ich ’ne Probe anmischen.«

Der Verkäufer fegte weiter. Ollis Geduld ließ nach.

»Ja, äh, dann machen Sie doch mal.«

Der Verkäufer verschwand in einem Hinterzimmer. Nach ein paar Minuten kam er zurück und reichte Olli die Probe.

Olli und Jana betrachteten das Farbtöpfchen von allen Seiten, tauschten ratlose Blicke aus, liefen zur Tür, um es bei Tageslicht zu betrachten und schauten wieder einander an. Der Verkäufer ließ das Gitter vor der Ladentür halb runter. Jana griff zum Handy und rief bei Elke an.

»Mmhh, wie soll ich dir das beschreiben? Das ist so ein Ton, der, äh, nicht so ganz lila ist, sondern mehr so ins Auberginige geht.«

»Wie der Sommerblouson von meinem Opa«, rief Olli dazwischen.«

Jana hielt das Handy beiseite.

»Elke sagt, das klingt nicht so gut. Das mit dem Grau könnte leicht dreckig wirken. Wir sollen es mal mit einem Lila versuchen, das man etwas aufhellt.«

Olli suchte zwei Farbkarten raus, die man abmischen könnte, und gab sie dem Verkäufer. Der Verkäufer nahm sie und tippte die Farbwerte in seinen Mischcomputer.

»Schwierig. Was höchstens ginge, wäre ein Hellrosa mit einem Stich ins Blaue.«

»Ins Blaue klingt nicht schlecht«, sagte Olli.

Der Verkäufer rollte Kleingeld aus der Kasse in Papierrollen ein.

»Ja bitte, dann machen Sie doch mal«, pampte Olli ihn an.

Der Verkäufer knallte die Rolle mit den Münzen in die Schublade und verschwand wieder in seinem Kabuff. Bevor er mit der Probe zurückkehrte, schaltete er aus dem Hintergelass schon mal die eine Reihe der Neonröhren an der Decke aus. Olli und Jana schauten abwechselnd das Töpfchen mit der Farbe und einander an.

»Gar nicht so schlecht«, sagte Olli. »Nicht quietschig halb bunt, um es mit Jörgs Worten zu sagen.«

»Weiß nicht, finde ich schon ein bisschen überspannt«, meinte Jana.

Der Verkäufer nuschelte irgendwas von »selber überspannt« und tippte mit den Fingern auf dem Tresen herum.

»So, liebe Leute, langsam brauchen wir 'ne Entscheidung, ansonsten geht es hier morgen Vormittag weiter.«

»Komm, lass uns die jetzt einfach nehmen, Jana, auf der großen Fläche wirkt das bestimmt viel dezenter«, sagte Olli.

»War das nicht umgekehrt, Olli? Wirkt auf der großen Fläche nicht alles immer noch ein bisschen krasser?«

Jana rief noch mal bei Elke an.

»Elke? Jetzt haben wir ein Rosa, aber nicht so Schweinchenstyle, sondern dunkler, mit einem Blauschimmer. Also, ich weiß nicht.«

»Wie ein Schwein mit einem blauen Graffito drauf«, rief Olli. »Passt so gesehen eigentlich ganz gut zu uns.«

Jana steckte das Handy in die Tasche. »Elke sagt, sie könne sich das nur schwer vorstellen. Aber wir sollen mal schauen, wie es aussieht, wenn man da jetzt noch einen Tick Gelb mit hineinmischt. Um es etwas freundlicher zu machen, meint sie.«

Der Verkäufer war verschwunden.

»Hallo? Hallo!«

Mit einem Müllsack in der Hand kam er zurück ins Ladenlokal.

»Könnte man da jetzt noch mal etwas Gelb mit reinmischen?«

Er stellte den Müllsack beiseite und tippte auf seinem Mischcomputer rum.

»Könnte man.«

Der Verkäufer leerte einen Papierkorb in die Mülltüte.

»Aber?«

»Kein Aber.«

Er stöhnte, verschwand und kam nach Minuten mit einem neuen Farbtöpfchen zurück.

»Ich glaube, da fand ich die Erste aber besser«, sagte Jana, »ein bisschen gedeckter.«

»Glaub ich nicht«, wiegelte Olli ab. »Mit dem Grau drin landen wir fast bei der DDR-Farbe, die wir sowieso schon am Haus haben.« Olli wurde etwas lauter: »Wir wollten Taubenlila, Jana. Da ist Variante zwei deutlich näher dran. Noch mal: Du musst dir die Farbe auf der großen Fläche vorstellen. Da wirkt das gleich ganz anders.«

»Ja, nur *wie* ist die Frage!«

Der Verkäufer drehte den Schlüssel im Schloss um.

»Trinkt noch mal einen drüber, wir machen ja morgen früh um zwölf wieder auf.«

»Morgen *Mittag* um zwölf soll die erste Wand schon fertig sein«, ätzte Olli.

Der Verkäufer verschwand wieder im Hinterzimmer. Jana telefonierte mit Elke.

»Elke meint, sie überlässt die Entscheidung uns.«

Auch die übrigen Neonröhren gingen aus. Nur noch eine Einzige flackerte vor sich hin. Olli schaute einmal nach rechts und einmal nach links und machte sich mit einem Tritt gegen einen Farbeimer Luft. Dann drehte er den Schlüssel im Schloss der Ladentür um, schlängelte sich unter dem Türgitter durch und zündete sich eine an.

»Hallo?«, rief Jana ins Hinterzimmer. »Machen Sie uns bitte acht Eimer mit je zwölfeinhalb Litern von der zweiten Variante?!«

Nach zwanzig Minuten knallte der Verkäufer die Farbeimer auf den Tresen.

»Macht achthundert Euro!«

Nachdem die erste Hürde genommen war, wollte die Farbgruppe eigentlich noch am selben Abend einen größeren Fleck mit »Variante zwei« an die Wand pinseln, um sich gleich am nächsten Morgen bei Tageslicht einen Eindruck unter Realbedingungen verschaffen zu können. Diese Maßnahme ließe sich in etwa mit dem vergleichen, was in autokratischen Regimes so unter freien Wahlen verstanden wird. Dieser Zwischenschritt hatte nicht im Geringsten etwas mit einer Abstimmung zu tun. Es fehlte schlichtweg an der nötigen Zeit, um irgendwem, ob Mitglied der Farbgruppe oder nicht, noch eine Vetomöglichkeit zu bieten. Ab sofort mussten täglich von morgens bis abends die Pinsel geschwungen werden, wenn das Haus im kalkulierten Zeitrahmen fertig werden sollte. Weniger Demokratie zu wagen war auch ein Gebot straffen Zeitmanagements.

Es dämmerte schon, als Elke ein fettes Ausrufezeichen mit der Biofarbe auf die dunkle Wand pinselte.

»Bei Nacht sind alle Farben grau, würde ich sagen.«

Olli hielt sein Feuerzeug dran.

»Sieht doch ganz vielversprechend aus.«

»Aber auch ganz anders, als es im Farbeimer ausgesehen hat«, meinte Jana.

Um die Kernmannschaft herum versammelten sich erste Schaulustige. Ylva leuchtete mit einer Taschenlampe.

»Erinnert mich schon fast an das dunkelrote Holzhaus von meinen Eltern.«

Andine lachte schrill auf: »Vielleicht etwas sehr rötlich, Monsieur Kattenstroth. Na ja, mal abwarten, wie es morgen aussieht.«

»Das liegt jetzt auch an dem Lichtkegel der Taschenlampe«, wiegelte Olli ab. »Da kommt jede Farbe intensiver rüber. Mit flächigem Sonnenlicht morgen ist das was völlig anderes. Und nach dem Trocknen sowieso.«

Als die Sonne aufging, war das Ausrufungszeichen an der Wand schweinchenrosa.

Frühaufsteher Olli hatte es bei seiner Morgenzigarette als Erster bemerkt. Glück im Unglück, dass alle noch schlafen, dachte er bei sich. In einem Akt der autosuggestiven Umdeutung beschloss Olli, dass dieses zarte Rosa sicherlich nur vom steilen Einfallswinkel der Sonne herrührte und es später am Tag zweifellos dunkler wirken würde, wenn sie nicht mehr so frontal auf die Wand schien. Denn dann würde die Struktur des rauen Putzes kleine Schatten werfen, und alles wäre gut. So, oder so ähnlich, bastelte er sich eine Argumentation zurecht, für den Fall, dass in den nächsten Minuten einer der Hausgenossen auf der Matte stehen sollte. Er wusste, dass im Haus noch ein paar unsichere Kantonisten schnarchten, Schläfer, die hoffentlich noch eine ganze Weile weiterschliefen und so von dem Schweinchenrosa im grellen Morgenlicht nichts mitbekamen.

In dieser Situation Farbe zu bekennen konnte nur heißen, in Windeseile wenigstens schon mal eine Wand so weit wie möglich anzustreichen. Auf diese Weise ließen sich zwar noch keine vollendeten Tatsachen, aber doch ausreichend weit vorangetriebene Tatsachen schaffen. Mit der normativen Kraft des Optischen werde er die Langschläfer schon überzeugen, war sich Olli sicher. Allein schon, damit er nicht noch mal über hundert Kilometer nach Berlin zurückfahren und sich mit dem unfreundlichen Verkäufer aus dem Farbenladen herumschlagen musste. Dem hätte er das Schweinchenrosa nämlich zum Feierabend am liebsten über die Kapuze gekippt. Außerdem waren selbst angemischte Farben ohnehin vom Umtausch ausgeschlossen, fiel Olli ein. Umso entschlossener stopfte er die Malerrolle auf die Teleskopstange, tränkte sie mit Farbe und ließ sie satt über die Giebelwand schmotzen.

Als Jörg mit einer Tasse Kaffee in der Hand und maulwurfskleinen Augenschlitzen um die Ecke lugte, war die Sonne schon ein erhebliches Stück gewandert. Was vorher Schweinchenstyle war, hatte an den schattigen Stellen auf der Wand in der Tat eine Tendenz ins Brombeerige bekommen. Jörg schaute Olli eine Weile wortlos beim Streichen zu, bis der die Teleskopstange mit der Rolle im Farbeimer ablegte.

»Was willst du mehr, Jörg? Nicht quietschig halb bunt, genau wie wir. Ist das perfekt, oder ist das perfekt?«

Wie aus Schießscharten blitzte Ironie aus Jörgs müden Augen. »Hat den Vorteil, dass man kleine Ausbesserungsarbeiten auch mal mit den Brombeer-Fruchtzwergen der Kinder machen kann. Na, dann will ich mich jetzt auch mal in meine Malerkluft schmeißen.«

Ab elf pinselte die ganze Farbgruppe am Weidenhof herum. Gegen Mittag trat Andine aus der Haustür und sah für eine Weile mit verschränkten Armen bei der Arbeit zu. Schweigend. Dann marschierte sie zurück zur Tür und ließ sie hinter sich zuknallen. Die Anstreicher tauschten fragende Blicke aus.

Ein paar Minuten später kam Andine mit gepackter Tasche wieder raus. Diesmal schlug sie die Tür mit Donnerhall zu, stieg ins Auto und schwirrte davon. Am selben Nachmittag kam eine E-Mail.

Absender: Andine Volkmann.
Uhrzeit: 15:13.
Betreff: Umgang mit Entscheidungen & Geld

Es kann nicht wahr sein. Seit Wochen erlebe ich nun, dass permanent von drei, vier Leuten Entscheidungen getroffen werden, ohne sich ernsthaft mit den Wünschen der anderen auseinanderzusetzen. Den Umgang mit Geld finde ich auch

nicht gerade befriedigend. Ebenso übrigens die Küchen- und Müllsituation.
Ich bitte um konstruktive Antworten.

Absender: Niels Krakauer.
Uhrzeit: 15:33.
Betreff: Re: Umgang mit Entscheidungen & Geld

Liebe Andine,
meine Wahrnehmung ist die: Grundlegende Entscheidungen hatten wir doch vereinbart, werden eigentlich immer von allen getroffen, z. B.: Wo kommt der Durchbruch hin in der Scheune? Wird eine Heizung eingebaut, ja/nein? Wird das Haus angestrichen, ja/nein? So hab ich es zumindest erlebt. Die konkrete Umsetzung/Ausführung verantworten dann drei bis vier Leute. Dieses Prinzip fanden alle gut, weil 1. die Entscheidungen zügig umgesetzt werden und 2. Einzelne Freiraum zum Gestalten haben. Fand die Ergebnisse bisher fast immer positiv, weil ich jedem im Kollektiv vertraue, dass er/sie sich seiner Verantwortung bewusst ist und entsprechend überdacht handelt. Und nichts ist für die Ewigkeit, – fast – immer kann alles revidiert werden – im Rahmen des Budgets. Das ist sicher die wichtigste Einschränkung hierbei. Ich persönlich habe bei vielen konkreten Umsetzungen meist nicht die Zeit oder Geduld, mich im Detail damit auseinanderzusetzen. Umso mehr freue ich mich, wenn ich selbst vor Ort bin und gestalten kann. Das sind meine persönlichen Erwartungen: Vertrauen und den Freiraum, einige Dinge gestalten zu können, ohne dass mit allen ausdrücklich Konsens bei allen Fragen der konkreten Ausgestaltung hergestellt werden muss.
So viel zu meiner Sicht der Dinge.
Liebe Grüße vom Hof,
Niels

Absender: Andine Volkmann.
Uhrzeit: 18:00.
Betreff: Re: Re: Umgang mit Entscheidungen & Geld

Das Projekt Hausstreichen ist beispielhaft für so manchen blinden Aktionismus, der da draußen lief. Auf Biegen und Brechen musste das Haus gestrichen werden, obwohl der Scheunenausbau meiner Ansicht nach relevanter ist. Dafür werden jetzt rund 1000 € – mit Farbe, Grundierung und Ausrüstung – verballert mit einer Farbe, bei der einem übel wird. Das Farbenargument lautete: »Hauptsache nicht spießig.« Diese pubertäre Argumentation kann ich langsam wirklich nicht mehr hören, weil das bei jedem Projekt angebracht wird. Und schon klar: Die Geldfrage ist egal, wenn man die Farbe nicht mehr sehen kann, können wir es ja neu streichen. Was sind schon 1000 €?
Adios Amigos.

Absender: Niels Krakauer.
Uhrzeit: 21:18.
Betreff: Re: Re: Re: Umgang mit Entscheidungen & Geld

Liebe Andine,
hmm, unter Deiner Bitte nach konstruktiven Antworten habe ich mir eigentlich etwas anderes vorgestellt …
Anyway, das Thema Hausanstrich diskutieren wir nun seit sicher einem halben Jahr oder noch mehr. Soweit ich mich erinnere, war das irgendwann Konsens, dass wir es machen. Oder warst Du oder noch jemand zuletzt klar dagegen? Ist bei mir nicht angekommen, wenn es so wäre. Die Streichaktion wird etwa 800 € kosten, wenn wir schon über Fakten streiten. In meiner Heimat in Gau-Algesheim steht übrigens ein Haus, das ist in einem ähnlichen Farbton gestrichen und wird von

drei alten Damen bewohnt, die nicht gerade für Anti-Bürgerlichkeit im Dorf bekannt sind. Bei welchen größeren Projekten wurde denn schon konkret argumentiert mit: »Bitte nicht so spießig«? Scheint mir einiges entgangen zu sein.
Wäre schön, von Dir eine Rückmeldung zum Thema »Entscheidungen« zu lesen.
Liebe Grüße,
Niels

Absender: Andine Volkmann.
Uhrzeit: 0:03.
Betreff: Re: Re: Re: Re: Umgang mit Entscheidungen & Geld

Ich hoffte eigentlich, von den Entscheidern etwas zu lesen, das mich weiterbringt und nicht mit »spießig« oder »ist doch egal« begründet wird. Ich bin so emotional geladen, dass es nicht an mir ist, diese Situation konstruktiv zu lösen, da ich nicht mit einbezogen wurde. Klar wurde irgendwann besprochen, dass wir das Haus streichen. Dass das so akut ist, war mir nicht klar. Ich war nicht ganz und gar dagegen, aber der Scheunenausbau war mein letzter Hoffnungsschimmer, diesem Projekt noch etwas Nettes abzugewinnen. Außerdem muss man beim Streichen – bei Fassaden ganz besonders – sowieso meist noch mal überstreichen. Also kommen wir schon auf rund 1000 €, und das sind für mich keine Peanuts. Außerdem bin ich sauer, dass jemand aus der Mannschaft zusagte zu kochen, und dann geht man aber lieber schwimmen, weil es ja »spießig« oder politisch unkorrekt ist, für arbeitende Männer zu kochen. Und das läuft jetzt ja auch schon seit fast einem Jahr so.

Absender: Andine Volkmann.
Uhrzeit: 1:34.
Betreff: Jegliches hat seine Zeit

Die Würfel sind gefallen. Ich bin diese Diskussionen leid. Übrigens auch die über Kaffeesorten, Küchendienste oder Nippes. Sorry Olli, ich habe leider zu spät erkannt, wie wichtig Dir das ist. Außerdem möchte ich mich bei Jana, Elke und Olli wegen Samstag entschuldigen, ich bin eine hysterische Ziege, es tut mir leid.
Ehrlich gesagt hätte ich mir sogar gewünscht, dass Ihr mit mir auch mal öfter Tacheles geredet hättet. Nichtsdestotrotz habe ich Euch alle lieb, und vielleicht wird es so einfacher für alle Beteiligten. Ich steige aus.
Meinen gekauften Anteil schenke ich Konrad, meinen monatlichen Beitrag müsst Ihr dann leider durch neun teilen.
Freundschaft.
Eure Andine.

Absender: Ylva Nydal.
Uhrzeit: 8:10.
Betreff: Re: Jegliches hat seine Zeit

Liebe Andine,
lass uns doch erst mal an einen Tisch setzen und wirklich darüber reden. Wir wollen uns alle ja hier nichts Böses, und außerdem sollte länger besprochen werden, bevor Du das Handtuch schmeißt. Erst mal reden, bis uns schwindelig wird – und wenn dann immer noch keine Lösung in Sicht ist, lasse ich Dich vielleicht austreten. Aber ERST nach einem Gespräch.
Ylva

Absender: Andine Volkmann.
Uhrzeit: 8:10.
Betreff: Re: Re: Jegliches hat seine Zeit

Gut, lasst uns reden.
Lieben Gruß,
Andine

NONSTOP KONSENS

In Windeseile verbreitete Wolfgang Schröder im Dorf die Nachricht, dass die »Studios ihr Haus uff Brombeer jestrichn« haben. Dass Wolle im allgemeinen Dorfgeflüster den Kosenamen »Studios« für uns verwendete, hatte Konrad von Jürgen, dem Anführer der Blaumanngroup, nebenbei erfahren. Das war nur so zu erklären, dass Wolle unsere Lebensform in der Landhauskommune, die der seinen im »Tabbert« so unähnlich war, offenbar als Inbegriff vom Studentenleben vorkam. Die Tatsache, dass von uns längst keiner mehr studierte und wir Wolle nicht erst einmal Andeutungen über unsere Jobs im richtigen Leben gemacht hatten, brachte seine Version der Realität keineswegs ins Wanken. Solche Versuche waren aussichtslos. Für Wolle würden wir vermutlich auch noch in zwanzig Jahren und mit grauen Haaren »Studios« sein. Eines musste man Wolle dabei zugutehalten: Für ihn als alten Westberliner galt wohl noch das sattsam bekannte Klischee des Leistungsverweigerungs- und Aussteigerstudenten, der über Jahre das Bild der Hochschullandschaft in der Frontstadt prägte: Figuren, weit über dem dreißigsten Lebensjahr und Semester, die ihr Bafög in Drumtabak und Becksbier versenkten und dann leicht ergraut den Weg ins Immatrikulationsbüro nicht mehr wiederfanden.

Als Schröder einmal in den Weidenhof kam und Konrad am Küchentisch zwischen seinen Dissertationsunterlagen antraf, fragte er ihn: »Na Konrad, biste wieda fürde Uni mitte Bücha zu kämpfen?« Gleichviel, Wolle hatte sich ein stimmiges Bild von uns als »den Studios« zusammengereimt, und entsprechend ausgeprägt war nun sein Mitteilungsbedürfnis, nachdem wir Paradiesvogelstudenten den Weidenhof klischeegetreu bunt angepinselt hatten. Infolgedessen entwickelte sich unser farbenprächtiges Domizil zur touristischen Pilgerstätte der übrigen Dorfbewohner.

Auch hinter den brombeerfarbenen Mauern herrschte Betriebsamkeit. Es begann eine Phase, in der sich ein Set von typischen Weidenhof-Lebenstechniken herausschälte und etablierte. Nach den Gräben von Verdun gab es mit der Brombeergate-Affäre nun die zweite Großkontroverse, in der man sich mittelfristig große Hoffnungen auf eine botanische Lösung machte, diesmal mit Efeu und anderen Klettergewächsen. Zu diesem Set von Problembewältigungstechniken gehörte überdies die leicht theatralische Aussöhnung, die gewöhnlich mit der Feststellung begann, dass E-Mail nun mal ein Medium sei, das Konflikte eher verstärkte. Nur kam Brombeergate in dieser Hinsicht sogar eine Sonderstellung zu, weil der Disput um die Hausfarbe ja schon vor Ort seinen Lauf genommen und erst danach die bekannte virtuelle Eskalationsdynamik durchlaufen hatte. Öfter noch erlebten wir, dass Streitigkeiten überhaupt erst im virtuellen Raum ausbrachen. Aus der sicheren Deckung hinterm Monitor ließen sich die lieben Miteigentümer eben besonders relaxt anschnauzen und zurechtweisen, ohne dass man sich von Angesicht zu Angesicht mit ihnen auseinandersetzen musste.

Jeder von uns machte von dieser Kommunikationswaffe dann und wann Gebrauch, und das, obwohl man selbst nur zu gut wusste, dass es eigentlich das Letzte war, was man während der Arbeit gebrauchen konnte: eine E-Mail, in der sich mal wieder Scheunenbalken bogen und man angeraunzt wurde, weil sich jetzt auch mal andere darum kümmern sollen. Doch die in größeren Gruppen unvermeidbaren Spannungen entluden sich nun einmal auf elektronischem Wege. Und diese E-Mails, die bisweilen wirkten wie Elektroschocks, verfehlten ihre aufrüttelnde Wirkung ja auch nicht. Außerdem: Immer gerade rechtzeitig, bevor Landfrust aufkam, stützten diejenigen, die zuletzt draußen waren, erst mal die Moral der Truppe: *Mal was Positives gefällig? Also wir hatten ein superschönes Wochenende, es ist angebadet worden! Das Wasser ist ein Traum. Von der neuen Terrasse gar nicht zu reden.*

Ganz anders als die E-Mail-Postfächer war der Weidenhof selbst, mit seinen ausschweifenden Tafelrunden zum gemeinsamen Frühstück, Kaffeetrinken und Grillen, eine erstaunlich konfliktarme Zone. Ein wenig verhielt es sich mit den Weidenhof-Kommunarden so wie mit dem Scheinriesen Herr Tur Tur bei Jim Knopf in der Augsburger Puppenkiste: Der wirkte auch nur aus der Distanz bedrohlich. Kam man ihm näher, schrumpfte er zusammen und war ein ganz liebenswerter Kerl. Fast schien es so, als ob die Blitzableiterfunktion der elektronischen Post eine gruppendynamische Gnade war: Vielleicht war das Leben vor Ort ja gerade deswegen überwiegend harmonisch, weil wir den Zwist hauptsächlich im virtuellen Raum austrugen.

Eine Problembewältigungstechnik, die Olli aus dem Effeff beherrschte, war es, Affären wie Brombeergate noch halb im Strudel der Ereignisse bereits zu heiteren Anekdoten zu verarbeiten – wie zappelnde Fische zu Fischstäbchen – und so die Wechselfälle, die das Projekt »Sommerhaus jetzt!« nun einmal so mit sich brachte, erträglicher zu machen. Mehr noch: Olli presste damit noch das letzte Quäntchen Unterhaltungswert aus ihnen heraus. Ohnehin war die Grätsche zwischen erwartungsfroher Planung und ihrem jähem Zerschellen an den äußeren Umständen ein immer wiederkehrendes Motiv in Ollis Geschichten, in denen er seine eigene Person stets als Selbstkarikatur zeichnete. Dieser Donald-Duck-Faktor gab seinen Schwänken eine Würze, die sie auch beim x-ten Aufwärmen noch goutieren ließen.

Olli, wie er nach verpatzter Führerscheinprüfung seinem Fahrprüfer die Autotür vor der Nase zuknallt und ihm dabei das Nasenbein bricht. Olli, wie er mit Freunden am Wilden Kaiser auf Bergwandertour geht, wie er sich während des auszehrungsreichen Aufstiegs bei zahlreichen Kippen das ruhmreiche Erreichen des Gipfels ausmalt und wie er sich dann, auf dem Gipfel angekommen, vor den Augen einiger sehr erfahrener Bergwanderer den Kopf am Gipfelkreuz stößt und Hohngelächter erntet. Olli, wie er bei seiner Marathonteilnahme besonders lässig nach einem der vielen Plastikbecher greift, die den Läufern vom Rand immer hingehalten werden, um ihn sich zur Erfrischung einfach über den Kopf zu gießen, wie er dabei aber feststellen muss, dass es sich nicht um Wasser, sondern um stark gesüßten Tee handelt, der seine Haare komplett verklebt. Olli, wie er bei der Marine die Kajüte perfekt geputzt hat, um sich für Sonderurlaub anzuempfehlen, wie er dann aber, nachdem die Arbeit erledigt ist, den Industriestaubsauger über die wackelige Hängebrücke zurück aufs andere Schiff bringen will, ihm das Gerät aus den Händen ins Wasser rutscht und er schließlich seinem Offizier Bericht erstattet: »Matrose Kattenstroth meldet, Staubsauger versenkt.« – Und danach für zwei Wochenenden den Heimaturlaub gestrichen bekommt.

Alles Geschichten, zu deren Abschluss man in alten Sketchsendungen den typischen Jingle eingespielt hätte: So ein Pech aber auch! Dies war der Sound von Ollis Alltagsleben. Jedenfalls von Ollis Geschichten über sein Alltagsleben. Es stand der Verdacht im Raum, dass Olli nicht nur eine Anekdotenschleuder war, sondern ein Meister der Fabulierkunst, der der nächsten Anekdote immer schon halb entgegenlebte: Es war Olli zuzutrauen, dass er einen Schritt zulegte, damit er einen vom Balkon herabfallenden Blumentopf auch bestimmt noch auf den Kopf bekam. Geschenkt – Ollis Anekdotenkunst war es zu verdanken, dass aus einem unerfreulichen Zoff Brombeergate geworden war, ein Lustspiel in mehreren Akten mit viel Geschrei und Tür auf, Tür zu. Wenn es denn der guten Stimmung diente.

Nur waren manche Zerwürfnisse eben ein paar Nummern zu groß, um rein durch diese sanfte Lachtherapie geheilt zu werden. In einigen Fällen war vorher ein operativer Eingriff nötig: das Berliner Kaffeehausgespräch. Ylva, die Andines Ankündigung, mit dem Kollektiv Schluss zu machen, verhindern wollte, übernahm es, sich mit ihr zu treffen. Sie galt für diese Mission als geeignete Kandidatin: Als Schwedin hatte Ylva per se kein Problem mit bunten Häusern und sollte ihre diesbezügliche Gelassenheit möglichst auch Andine einflößen. Zudem bildete sie mit ihrer ausgeglichenen skandinavischen Art sozusagen den charakterlichen Gegenpol zu Andines südländischem Temperament in der Gruppe. Nach zwei bis drei Latte macchiato unter Kaffeeschwestern hatte Ylva Andine für den Weidenhof zurückgewonnen. Ylva nutzte die Gunst der Stunde.

Absender: Ylva Nydal.
Uhrzeit: 22:18.
Betreff: Re: Re: Re: Jegliches hat seine Zeit

Wertes Kollektiv,
gute Nachrichten: Andine bleibt im Boot! Aber es gibt eine Bedingung. Andine und ich finden, dass es ab sofort regelmäßige Termine für ein Plenum geben soll. Trotz Gruppenzuständigkeit müssen manche Dinge einfach besser abgesprochen werden. Und zwar mit allen! Wir dachten an Mitte Juli als geeigneten ersten Termin. Wir können den ersten Teil der Sommersaison Revue passieren lassen, um uns für Teil zwei schon zu verbessern.
hej då,
Ylva

Das Wort »Plenum« verursachte bei mir Gänsehaut: *Muss ich mir zu dem Termin jetzt einen Bürgerrechtlerbart wachsen lassen und in Clogs erscheinen?* Plenum, dieses Wort klang nach Landhauskommune der tiefsten Siebzigerjahre. Es klang nach Sozialpädagogen in Batikhemden, die nach lambruscotrunkenen Debatten zum Thema Abwaschpläne im Morgengrauen beim wechselseitigen Faschismusvorwurf ankamen. Aber es half nichts, aus Gruppenräson beugte ich mich dem Schwedenfrieden. *Ylva hat recht,* schrieb Niels. *Wir müssen uns immer klarmachen, dass unser Landhausprojekt ein Versuch gegen die Gesetze der menschlichen Schwerkraft ist. So ganz ohne feste Formen des Austauschs und der Konsensfindung geht es wohl nicht, wenn man mit so einer Gang von Individualisten etwas Gemeinsames aufbauen will.*

Wohl oder übel, wir hielten ein Plenum ab.

Keine Frage, wenn man Ylva so in ihrer Rolle als Plenumsmoderatorin und Mediatorin erlebte, dann musste man schon sagen, sie war unser Sturmgeschütz der Konsensfindung. Mit ruhiger Hand führte sie die Landhausbande, die bislang zwischen Chaoskultur und autoritärem Direktivismus, mit anderen Worten zwischen Villa Kunterbunt und Preußen, ihren Weg noch nicht so recht gefunden hatte, auf den Pfad einer verständigungsorientierten Diskussionskultur solider schwedischer Bauart. Ein Plenum abzuhalten tat auch gar nicht so weh.

Wir saßen bei Grillengezirpe auf der neuen Terrasse. Die Sonne war schon vor einer Weile untergegangen, aber da es die Zeit der Sommersonnenwende war, blieb am Horizont über den Hügeln jenseits des Sees immer ein Schimmer von Tageslicht sichtbar. Im Geäst des Kirschpflaumenbaums, der durch den Boden unserer Terrasse wuchs, leuchteten Lichterketten. Die Mittsommeratmosphäre bildete einen merkwürdigen Kontrast zu unserer Konferenzsituation. Andererseits aber auch wieder nicht. Unser Plenum unter Ylvas Leitung war nicht die schlechteste Art, um das traditionelle schwedische Midsommar zu begehen. Ein bisschen weh taten nur die ständigen Moskitoattacken, die wir mit allen möglichen Sprays und Lotionen abzuwehren versuchten. Anders als bei den bisherigen, spontanen Vollversammlungen, die es allenthalben gegeben hatte, wurde es nun nicht mehr geduldet, einem Diskussionsteilnehmer ins Wort zu fallen.

»In Schweden gibt es so was nicht, da lassen wir uns gegenseitig ausreden«, sagte Ylva und führte Liste, wer als Nächstes das Wort erteilt bekam.

Immerhin mendelten wir auf diese Weise kühlen Kopfes die Ursache für unsere wiederkehrenden Probleme heraus. »Weniger Demokratie wagen« hatte so gut geklungen: grundlegende Entscheidungen mit allen treffen, aber die konkrete Ausführung und Umsetzung dann den drei bis vier Zuständigen überlassen. Immer und überall den basisdemokratischen Konsens herstellen zu wollen hatte in der Tat den Geschmack von Vergeblichkeit. So weit die Theorie hinter der Parole. Die Realität hatte sich als etwas komplizierter herausgestellt. Denn sie warf eine entscheidende Frage auf: Was gehörte noch zur grundlegenden Entscheidung und was zur konkreten Umsetzung? War die grundsätzliche Entscheidung, dass das Haus gestrichen werden soll, und der Rest gehörte schon zur Ausführung? So hatte das die Gruppe »Hausanstrich« verstanden. Oder gehörte es noch mit zu den grundsätzlichen Entscheidungen, in welcher Farbe gestrichen werden soll und mit welcher preislichen Obergrenze? So hatte Andine das verstanden. Zumindest im Nachhinein. Und dann wollte sie noch eine letzte Anmerkung zum Farbenstreit machen, nur fürs Protokoll, wie sie sagte.

»Die angebliche E-Mail von Jana mit der Taubenlila-Beschreibung hab ich nie bekommen.« Andine drückte eine Mücke auf ihrem Arm platt. »Aber hätte ja auch nicht viel genutzt, es ist dann ja sowieso eine ganz andere Farbe geworden.«

Ylva ergriff wieder das Wort: »Also ich halte fest: E-Mail-Verteiler immer vor dem Abschicken auf Vollständigkeit überprüfen. Und ab jetzt zweimal im Jahr Plenum. Und vor der endgültigen Ausführung der Projekte müssten die jeweiligen Gruppenleiter dann wohl doch mal mit den Gruppenmitgliedern Rücksprache halten.«

»Müsste, könnte – da sind wir ja mal wieder knietief im Konjunktiv«, flüsterte ich meinem Tischnachbarn Konrad zu.

»Die pure Überregulierung, geht aber wohl nicht anders«, raunte er.

Mette sprang vom Tisch auf und griff sich ein Badetuch, das über der Brüstung der Terrasse hing: »So, wer kommt mit zum Nachtbaden?«

Niels, Steve und Ylva rannten ihr hinterher. Sie kletterten die kleine Leiter von der Terrasse hinunter in den Dschungel und liefen durchs Dickicht zum Steg. Der Rest begoss das unscharfe Plenumsergebnis schon mal mit rheinhessischem Weißwein und sah dem Schattenspiel der Badenden unten am tiefschwarzen Maltriner See zu. Die Nacht war mondlos.

Das Schöne am Plenum war, dass mal wieder alle zusammen waren. Und dass Andine wieder frohlockte: »Avec toute la famille!«

EINER IST KEINER? – FAMILIENBANDE

Apropos ›toute la famille‹. Los, Olli, hol doch mal eben deinen Laptop und die Rappelkiste-DVD von den Kindern rüber. Und bring noch eine Flasche von dem Roten mit.«

Los, Olli. Ich kramte die DVD aus Simones Reisetasche hervor, rollte auf dem Rückweg die Kabeltrommel quer durch die Scheune bis auf die Terrasse ab und fuhr den Computer hoch. Vor der hundertfünfzig Jahre alten Feldsteinscheune, bei Grillengezirpe und dem entfernten Planschen der Nachtbadenden, nahm sich der leuchtende Laptop futuristisch aus. Der Soundtrack der DVD erklang: »Eene meene miste, es rappelt in der Kiste.« Simone war entzückt.

»Achtung: Das wollten wir euch schon lange mal zeigen. Erinnert mich irgendwie an uns.«

Aus einer ironisch angereicherten Nostalgie heraus kaufte Simone Oscar neuerdings ihre Lieblingskinderserien noch einmal auf DVD und schwelgte in ihrer eigenen Fernsehsozialisation. In der Kollektion »Rappelkiste«, einer Produktion des ZDF aus den Siebzigerjahren, hatten wir eine Folge entdeckt, die auf einem Stück des Berliner Gripstheaters beruhte und »Einer Ist Keiner« hieß. »Einer Ist Keiner« handelte von einer Spießerfamilie, einem Pärchen mit Kind, die das aus Spießersicht zweifelhafte Glück haben, in einer Berliner Altbauwohnung Tür an Tür mit einer linksalternativen Großkommune zu landen – einer jener Wohngemeinschaften, die als Epigonen der berühmten

Kommune 1 in diesen Jahren das ausgeblutete Westberlin neu bevölkerten. Die kleine Susanne, wie das Kind der Spießerfamilie heißt, gerät vom Tag des Einzugs an in den Sog der Wohngemeinschaft. Denn in der großen Wohnung nebenan geht es, das trichtert der Film seiner Zielgruppe gleich zu Beginn ein, äußerst bunt und lustig zu. »Montags geht die Angelika mit uns einkaufen, dienstags der Achim, mittwochs der Wolfgang und donnerstags die Uschi«, berichten die quietschbunten Kommunenkids der staunenden Susanne im Treppenhaus. Susanne will daraufhin unbedingt mal mitspielen – was ihr Spießermama nach einem Moment des Zögerns sogar erlaubt. Was für ein Horizont tut sich da hinter der Tür der neuen Nachbarn für die Kleinbürgertochter auf! Susanne entdeckt, dass man als Kind auch anders wohnen kann als in der eicherustikalen Kleinfamilienhölle ihrer Eltern, wo sie ihr Dasein in einem Möbelhaus-Jugendzimmer eingezwängt zwischen Bett und Kinderschreibtisch fristet. Geschätzte Spielfläche: zweieinhalb Quadratmeter.

Selbstverständlich bewohnt der revolutionäre Nachwuchs demgegenüber das größte Zimmer der riesigen Altbauwohnung mit Fischgrätenparkett. Hier feiern die kleinen Ernestos und Rosas auf ihrem eigenen Indoorspielplatz mit Gemeinschaftshochbett, Rutsche und Kinderschaukel den Übergang zu einer neuen, einer freieren Form des Zusammenlebens. In dieser Kommune werden nicht etwa, wie Spießermama womöglich befürchtet hat, Bomben gebaut; ebenso wenig werden die Kinder gezwungen, den Großen bei der freien Liebe zuzuschauen – jedenfalls kommt dies in der Rappelkistenfolge so nicht vor. Stattdessen findet hier ein bunter, jugendfreier Revolutionsringelpietz mit Anfassen statt: Wolfgangs singen, Angelikas lachen, Achims albern rum. In der Gemeinschaftsküche werden keine Molotowcocktails zubereitet, sondern nur Eierpfannkuchen gebacken. Das revolutionäre Element besteht darin, dass hier nicht die Uschi am Herd steht, sondern der Wolfgang. Weil

Männer auch mal kochen sollen und der Wolfgang auf Kommando der Kinder immer so lustig die Pfannkuchen in die Luft wirft. Außerdem turtelt die Uschi derweil lieber mit dem Achim auf der Küchenbank herum und schmettert aus voller Kehle mit, als Achim zur Gitarre greift und das WG-Lied anstimmt: *Einer ist keiner, zwei sind mehr als einer! Andauernd schubst man uns herum, alleine sein ist dumm. Einer ist keiner, zwei sind mehr als einer! Sind wir aber erst zu dritt, dann machen alle anderen mit. Einer ist keiner, zwei sind mehr als einer! Zusammenwohnen, das macht Spaß, man teilt sich alles ein, zum Spielen hat man viel mehr Platz, und nie ist man allein! Einer ist keiner!* So hallt die Losung des Kampfes gegen die autoritäre Kleinfamilie durch die Wohngemeinschaft. Kinder und Erwachsene, alles singt und spielt zusammen.

Von hier will Susanne so schnell nicht mehr fort. Um dem armen Spießermädel wenigstens einen Abend in diesem revolutionären Fantasialand zu ermöglichen, schleicht sich Kommunenkid Oliver, der Susanne halbwegs ähnlich sieht, als Double rüber in die Wohnung von Susannes Eltern, springt flugs in die Möbelhausfalle im Kinderzimmer und zieht sich die Frotteedecke über den Kopf. Wie zu erwarten, fliegt das Blendwerk am nächsten Morgen auf, und Spießermama schimpft wie ein Rohrspatz: »Warum hast du uns das denn nicht gesagt, Susanne, wir hätten das doch mit Vati besprechen können. Du kannst doch nicht einfach in eine fremde Wohnung gehen und da schlafen.«

Kommunenwolfgang hingegen ist natürlich total nachsichtig. Alles, was er schlaftrunken in seinen Rauschebart murmelt, ist: »Ja, so ist das halt, die Susanne wollte gerne mit bei unseren Kindern im Bett schlafen.« Dann schimpft auch er, aber betont ironisch: »Olli, wer hat dir denn erlaubt, bei anderen Leuten zu übernachten.«

Spießermama ist wie gelähmt von dem Milieu-Clash. Hilflos steht sie zwischen Tür und Angel und streichelt ihrer Susanne über den blonden Schopf. Kommunenwolfgang schaut mit seinen schlafverkrusteten Augen ins Ungefähre. Die Kommunenkinder wenden sich der Kamera zu und nölen halb vergnügt: »Typisch, immer dasselbe. Montags schimpft der Toni, dienstags schimpft der Wolfgang, mittwochs schimpft die Elke.« – Ende.

Konrad kringelte sich vor Vergnügen. »O Mann! Diese moralische Überlegenheit der Linken ist immer wieder zum Piepen.«

»Die haben sich da schon ein ziemliches Ding geliefert damals in ihren Charlottenburger Revolutionspalästen«, bemerkte Olli mehrdeutig.

»Aber mal ehrlich, Konrad, wenn du dein Tweedsakko gegen ein Batikhemd tauschen würdest, dann wären wir davon *so* weit auch nicht mehr entfernt«, sagte Simone.

»Kann ja sein«, lachte Konrad. »Aber bitteschön ohne diesen Achtundsechziger-Tugendterror. Macht hier bitte keine Kommune 1 aus uns.«

»Ooch, wegen mir gerne Kommune 1.« Simone betrachtete sich stets als eine Zuspätgekommene. Die Sehnsucht nach der guten alten Zeit von '68 war bei ihr nie zu überhören.

»Andine würde sicher eine passable Uschi Obermayer abgeben«, meinte Olli.

»Vielleicht wird andersherum ein Schuh draus«, regte ich die Runde zum Nachdenken an. »Vielleicht stehen wir ja gar nicht in der Tradition der Siebzigerjahre-Wohngemeinschaft, sondern sind eher die Fortsetzung des alten Gutshofs mit postmodernen Mitteln. Familienfragmente, die sich zu einer pseudotraditionellen Großfamilie zusammenschließen – oder so ähnlich. Und du, Konrad, du bist der ostelbische Junker auf Wochenendbasis. Damit kannst du dich doch sicher besser identifizieren.«

Jörg lächelte breit: »Wie wär's mit Boheme auf Wochenendbasis? Würde vielleicht ein bisschen besser passen.«

Statt des Songs »Einer Ist Keiner« vom Gripstheater war in

letzter Zeit Charles Aznavours' deutsche Fassung des Chansons »La Bohème« zu einer Art Hymne des Weidenhofs avanciert, die wir auf einer alten Schallplatte aus der Musikaliensammlung von Fabians Großtante aufgetan hatten. Mit den Höhen und Tiefen der vergangenen Monate hatte unser Landhausprojekt auch gruppenpsychologisch weiter an Kontur gewonnen und parafamiliäre Züge angenommen. Für unsere Idee, eine Art Familie zu sein, die nun immer häufiger mal Thema war, kam es auf Verbundenheit an, nicht auf Verwandtschaft, wie nun allenthalben beschworen wurde. Und ein Zoff wie Brombeergate kam schließlich in den besten Familien vor, sagten wir uns in der weinseligen Plenumsnachlese auf der Seeterrasse. So gesehen war der Farbstreit eigentlich sogar ein Beleg für unsere unverbrüchlichen Familienbande, die wir als Weidenhofbewohner in den vergangenen Monaten geknüpft hatten.

Die Erfahrung war für uns ja nicht ganz neu: Das Leben in der Landkommune forderte seinen Tribut. Aber wer bereit war, gewisse Reibungen und Mühen auszuhalten, die ein Projekt wie dieses unvermeidlich mit sich brachte, der *bekam* dafür eben auch eine ganze Menge. Die Rappelkistenfolge »Einer Ist Keiner« wirkte mit ihrem revolutionären Sendungsbewusstsein gegenüber unserer Sommerhauskommune vielleicht etwas aus der Zeit gefallen. In ihrer Beschreibung der Vorteile des Zusammenlebens mit einer großen Gruppe von Menschen traf sie aber in der Tat noch einen wichtigen Punkt. Auch wir Weidenhofer schmorten nicht – oder zumindest nicht an den Wochenenden – in der sozialen Zelle der Kleinfamilie und mussten nicht, wie andere Menschen in dieser Lebensphase, ganz ins Eltern-Exil gehen. Wir nahmen weiter am Leben da draußen teil. Wir trafen unsere alten Freunde und – lagen die Kinder erst einmal im Bett – zechten sogar noch mit diesen Freunden. Der wesentliche Unterschied zu früher bestand allein darin, dass sich das Geschehen aus den Bars und Klubs der Hauptstadt auf eine vierundachtzig Quadratmeter große Terrasse mit Seeblick verlagert hatte.

Die Kinder hatten beileibe viel mehr Platz zum Spielen, genau, wie es auch das Lied »Einer Ist Keiner« propagierte. Oscar und Noah liebten es sichtlich, rund um die Scheune und in unserem kleinen Urwald Knochen auszubuddeln. Überall im Boden fanden sie Schafsskelette aus der alten Schäferei, sodass die beiden Jungs fest davon ausgingen, nun echte Dinoforscher zu sein – wenn sie nicht gerade in ihrem gefühlt eigenen See schwimmen lernten. Gustav und Kalli unternahmen die ersten Gehversuche gemeinsam auf uckermärkischem Boden und wuchsen, nicht anders als ihre großen Brüder, in gewisser Weise als Maltrin-Geschwister auf.

Sicher, von Zeit zu Zeit erhöhte Maltrin auch den Elternstress: *Ich weiß nicht, ob das Babyfon bis zur Terrasse reicht, gehst du mal rüber und schaust nach ihnen? Pass du mal auf, dass sie nicht zum See laufen…* Auch mussten unterschiedliche Erziehungsstandards der verschiedenen Eltern gelegentlich erst aufeinander abgestimmt werden: Wer wann und wie oft ein Eis essen, wie lange wer aufbleiben, wer wie nah am Lagerfeuer spielen und wer auch mal einen Schluck Cola probieren durfte. Doch alles in allem überwog das spannungslösende Element. Hatte Oscar uns Eltern mit irgendetwas zur Weißglut gebracht, konnte er einen Olli weiter ziehen zu »Onkel Moabit« oder sich an sonst irgendjemanden wenden, der noch die Nerven hatte. Olli, Steve, Ylva und Co. waren sehr wohl die neuen Wolfgangs, Achims und Uschis.

Wenn Langschläfer Steve für Oscar, Noah, Gustav und Kalli gelegentlich die Bezeichnung »Jungs vom Nervensägewerk« verwendete, war nicht immer klar, wie liebevoll es gemeint war. Andererseits war es ja so, dass der Weidenhof jedem, der Ruhe brauchte, genug Rückzugsmöglichkeiten bot. Der kleine Urlaub war immer nur ein paar Meter entfernt: auf dem Boot, dem Steg, der neu angelegten Liegewiese, an dem kleinen Dorfbadestrand oder beim Joggen über die Felder. Außerdem konnte man die Sache ja auch andersherum betrachten: Nicht nur wir Eltern hatten weiterhin unsere Freunde, auch unsere Freunde hatten weiterhin uns. Mit Maltrin waren Kinder kein Grund mehr, um Freundschaften unter Moratorium zu stellen. Kinderkriegen drohte nicht mehr zum Scheideweg zu werden, der Kinderhabende und Kinderlose voneinander trennte. Denn *wir* redeten nicht ausschließlich über unsere Kinder, und *sie* redeten nicht nur über Fernreisen und neue Restaurants und Bars. *Wir* redeten noch *miteinander*, über die Scheune, das Abwasser, den Umbau, Wolle Schröder, über »Einer Ist Keiner«, den Dorftratsch der Blaumanngroup oder sonst ein Thema aus unserem ununterbrochen expandierenden Maltrin-Universum.

Als Konzession an die Ausschlafbedürfnisse der Kinderlosen bezogen die Familien in der Regel eins der Zimmer im Untergeschoss, wo es dann gerne mal ab halb sieben in der Frühe rundging – kurz nachdem die letzten Kinderlosen ins Bett getaumelt waren. Es schliff sich ein leiser Rhythmus ein: freitags und samstags arbeiten und feiern, sonntags entspannen – was auch immer das für den Einzelnen bedeutete. Jörg schleppte sich am liebsten eine klapprige Gartenliege an den sonnigsten Punkt des Geländes. Konrad und Andine blieben gerne noch etwas länger im Bett. Ich spielte mit den Kindern Fußball. Olli wartete, bis Jana endlich aus dem Badezimmer kam, und verschwand dann irgendwann mit ihr zur Dorfbadestelle. Niels traf seine Facebookfreunde. Ylva lag am Steg, und Simone und Elke hockten rauchend neben Kalli und Gustav auf dem Sandhaufen oder kümmerten sich murrend darum, dass die Kinder und auch wir bei all dem süßen Nichtstun nicht verhungerten. »Nie ist man allein«, hatte ich hier gottlob noch niemanden mosern gehört. Wir brauchten nicht viele Worte dafür, dass man sich nach einer Überdosis »Zusammen« gerne und dringend zurückziehen durfte. Ab einem bestimmten Punkt konnten einem die anderen, ob mit oder ohne Nachwuchs, eben auch zu viel werden – was noch so ein Indiz dafür war, dass wir wirklich eine Art Familie geworden waren.

In Maltrin hörte Olli keinesfalls auf, von Zeit zu Zeit Sartre zu zitieren: »Die Hölle, das sind die anderen.« Im Gegenteil. Das sagte er oft, wenn wir zwei sonntagmorgens auf der Gartenbank vor dem Eingang des Weidenhofs saßen und er sein morgendliches »Erfrischungsstäbchen« rauchte. Hier auf dieser Gartenbank wurden wir nicht müde, dasselbe Leitmotiv in zahllosen Possen zu variieren: dass man einiges an Entbehrungen auf sich zu nehmen hatte, um in den Genuss so einer Großgemeinschaft zu kommen.

»Mal sind die anderen der Himmel, mal die Hölle«, sagte Olli. »Bis mittags tendenziell die Hölle«, ergänzte ich.

So ein Sommerhaus, das man mit vielen Menschen bewohnte, diente nun einmal nicht der Ausweitung der privaten Komfortzone. Hier gab es anderes zu tun, als permanent an der Perfektionierung seines individuellen Wohlbefindens zu arbeiten. Hier musste man für die Wochenenden den Begriff Toleranz neu für sich kalibrieren. Und man hatte nicht nur im Großen strapazierfähig zu sein, so wie Andine, die fortan entgegen ihren Geschmackspräferenzen zähneknirschend ein brombeerfarbenes Landhaus bewohnen musste. Auch im Kleinen war man in Maltrin besser nicht zimperlich. Ich zum Beispiel musste mich immer zusammenreißen, um mich nicht vor dem Blumenstrauß von Zahnbürsten zu ekeln, der in dem Bierkrug vor dem Badezimmerspiegel stand. Schaute ich zu genau dorthin, kamen mir während des Zähneputzens unangenehme Gedanken, stellte ich mir vor, wie oft die anderen wohl versehentlich meine mit ihrer Zahnbürste verwechselt hatten und ich meine mit einer der ihren. Russisches Karies-Roulette. Nichts gegen die Mitbewohner, aber dann musste ich würgen.

Besonders die Maltriner Morgen waren mitunter hart – nicht nur wegen der biochemischen Nachwirkungen vom Vorabend. Wenn die Kinder, wie so oft, vor sieben Uhr wach wurden und am Vorabend, wie so oft, am Küchentisch gekocht und getafelt worden war, dann hatte man keine Wahl und musste als Frühaufsteher die Trümmer alleine beseitigen. Man trug sein Schicksal in Demut, um den Kindern in einer einigermaßen kindgerechten Küche ohne halb leere Bierflaschen, Haschkrümel und einer Kruste von Rindergulaschsoße auf dem Tisch ihre Cornflakes und Joghurts vorsetzen zu können. Dass irgendein Kommunarde im Eifer der Nacht noch auf die Idee gekommen wäre, vor dem Schlafengehen die Küche aufzuräumen, war nicht zu erwarten. Einer nach dem anderen war in der Koje verschwunden. Man selbst ja auch.

Die Illusion, dass es gleichanteilige Arbeitsbeiträge geben könnte, löste sich für mich in Maltrin sehr schnell in Wohlgefallen auf. Die Vorstellung, dass es womöglich eine langfristige, übergeordnete Gerechtigkeit gebe, implodierte ebenso rasch. Ich jedenfalls war nicht in der Lage, sie auszumachen, schon mal gar nicht vor 8 Uhr morgens. Ab 10, halb 11 Uhr betraten die ersten kinderlosen Hausgenossen die Küche und grummelten rum, dass es im Flur den ganzen Morgen über ziemlich laut war – und wo überhaupt der Kaffee sei. Überhaupt erzeugten die Langschläfer immer den Eindruck, dass *sie* noch viel mehr zu leiden hatten als *ich*, der ich schon einen halben Arbeitstag lang unter den Aufrechten war, als *ich*, der ich die Küche wiederhergerichtet hatte und von den Kindern mit Frühstückswünschen traktiert worden war. An den Morgen entbrannte häufiger mal ein subtiler Wettbewerb unter den Weidenhofbewohnern, wer sein Leiden durch Stöhnen eindrücklicher bekundete. Mitunter blieb nur die Flucht nach draußen. Mich zum Schmollen mit einer Tasse Kaffee draußen vor den Hauseingang zu verziehen. Olli saß meist schon da.

Ein von Olli und mir auf der Gartenbank routinemäßig wiedergekäuter Gedanke war es, das Engagement, das wir als erprobte Hausmänner im laufenden Betrieb des Weidenhofs einbrachten, gegenzurechnen mit dem Aufwand, den unsere Baulöwen und Scheunenversteher mit der Koordination der Blaumanngroup, den zahlreichen Wolle-Audienzen und sonstigen Großprojekten wuppten. Nur um ein ums andere Mal bei der larmoyanten Feststellung anzukommen, dass unser ständiges Aufräumen, Tisch decken, Tisch abdecken, Spülmaschine einräumen, Spülmaschine ausräumen und Kochen möglicherweise unterm Strich den gleichen oder gar einen größeren Arbeitbeitrag ergab – uns dieser aber aufgrund seiner mangelnden Sichtbarkeit niemals den gleichen Ruhm einbringen würde wie das Sichern der Scheunenstatik und das anschließende seeseitige Öffnen der Scheunenwand zur Terrasse hin.

Unsere Frauen zeigten nur wenig Verständnis für uns. »So denken auch nur Männer«, maßregelte mich Simone, wenn ich ihr von diesen Gartenbankgedanken erzählte, »seid versichert, die Frauen kochen und putzen noch viel mehr als ihr.«

Das war dann auch wieder wahr. Wenn besonders schwere Arbeiten auf dem Gelände anstanden, dann verfielen wir im Weidenhof in klassische Rollenverteilung. Die Männer fällten Bäume, die Frauen kochten. Die Männer schleppten Steine, die Frauen räumten den Tisch ab. Die Männer gossen Fundamente, die Frauen Kaffee auf. Und schwere Arbeiten standen eigentlich immer und überall an auf dem Weidenhof. Immerhin waren wir dabei, einen nicht ganz kleinen Kiesel zu schleifen. Im Prinzip schliffen wir hier an einem Hinkelstein herum.

Trotzdem: Mein typisches Maltriner Morgengefühl war es nun einmal, mich nach der Küchenaufräumaktion und dem Frühstückmachen für nölende Kinder in Selbstmitleid zu weiden. Nicht nur einmal fasste ich während des Aufräumens den Entschluss, die Mitbewohner, sofern sie denn irgendwann einmal aufstünden, durch ein demonstrativ getragenes und wortkarges Auftreten etwas von meiner Pein spüren zu lassen. Tauchten sie dann wirklich irgendwann auf, verzog ich mich besser schnell auf die Gartenbank. Denn ich wusste, sollte einer der Spätaufsteher auch nur einen kleinen Witz reißen, würde ich mich doch sofort wieder auf den infantilen Maltriner Grundmodus einlassen. Für schlechte Laune fehlte es mir an der nötigen Willensstärke.

Olli konnte, kinderlos wie er war, zwar länger schlafen, klagte aber trotzdem. Zum »bösen Maltriner Erwachen«, wie wir es auf der Gartenbank eines schönen Sonntagmorgens auf den Begriff brachten, gehörte für ihn vorneweg jener Moment, in dem er von Harndrang geplagt die Klinke der Badezimmertür drückte und sie mit hoher Wahrscheinlichkeit verschlossen fand – um dann den langen Marsch in den Urwald jenseits der Scheune anzutreten. Den Einbau eines zweiten Badezimmers im ersten Stock hatten die Scheunenboys mit der impertinenten Forderung, der Umbau der Scheune müsse weiterhin attraktiv bleiben, abgeschmettert. Der Harndrang und das Leid der in der Kloschlange Wartenden sollte offenbar ein wichtiger Transmissionsriemen bleiben, der den Scheunenumbau weiter vorantrieb – da dieser auch den Einbau eines zweiten Badezimmers vorsah. Olli und ich holten bei solchen Gartenbankgelegenheiten gerne etwas weiter aus und stellten fest, dass der Weidenhof seine Bewohner nicht nur mit verschlossenen Badezimmertüren quälte, sondern ihnen alle naselang wehtat, sie piesackte und zwickte. Jedenfalls uns beide.

Ein paar Schlaglichter:

Öffnete man den Kühlschrank, um sich eine Flasche Radeberger zu greifen, kamen einem nicht selten mehrere Flaschen torpedoartig entgegen- und auf die nackten Füße geflogen. Denn der Kühlschrank war stets überladen und unsystematisch gepackt. Mehr als einmal vergegenwärtigten Olli und ich uns auch jene Nerzfarm, an die insbesondere der hintere Teil des Kühlschranks aufgrund von Schimmel auf Frischkäsepackungen und Leberwürsten bisweilen erinnerte. Hatten wir mit diesen Themen unser Läster-Aufwärmtraining absolviert, kamen wir auf die Stoßzeiten beim Frühstück zu sprechen und darauf, welche Strapazen sie mit sich bringen konnten. War es zum Frühstücken unter freiem Himmel noch zu kalt, versammelten sich gut und gerne über zehn Personen in der nicht übermäßig geräumigen Bauernküche rings um den Frühstückstisch. Waren alle um die lange Tafel herum versammelt, verblieb zwischen den Frühstückenden und den Küchenschränken ringsherum nur noch ein schmaler Grat, durch den man sich allenfalls seitlich hindurchschlängeln konnte.

Um eine Stoßzeit handelte es sich denn auch im engsten Wortsinne: Man stieß mit dem Schienbein auf dem Weg zum Toaster gegen die aufgeklappte Spülmaschinentür, mit dem Ellbogen gegen randvolle Kaffeetassen und bekam, saß man endlich vor seinem Frühstücksteller, von unachtsamen Mitbewohnern rücklings die Besteckschublade ins Kreuz. Die Butter stand immer am anderen Ende des Tischs und war beschmiert mit den ekelhaften Marmeladenrückständen der anderen. Und das sah abstoßend aus. Auch waren die meisten Kommunarden am Morgen nicht geistesgegenwärtig genug, um nach Gebrauch des Heißwassers im Küchenspülbecken den Regler wieder in den blauen Bereich zurückzudrehen. Unser Heißwasserboiler bereitete ausschließlich sehr kaltes oder aber ausgesprochen heißes, beinahe kochendes Wasser auf. Niemand von uns war in der Lage, ihn umzustellen, und Schröder wegen so einer Lappalie zu fragen, verbot Konrad die Ehre. Deshalb gehörte es zum bösen Maltriner Erwachen, dass man sich gelegentlich die Finger verbrühte, wenn man die Kaffeekanne auswusch.

Andererseits, wenn wir tatsächlich endlich einmal alle saßen, war es auch wieder köstlich, in Fußballmannschaftsstärke zu frühstücken. Wir spielten uns die Bälle nur so zu, und das Tischgespräch erlangte einen beachtlichen Lärmpegel. Oft saßen wir so lange zusammen, bis aus dem Frühstück ein Brunch oder Kaffeeklatsch geworden war. Aber die vielen schönen und lustigen Seiten des Maltriner Leben thematisierten Olli und ich auf unseren morgendlichen Gartenbanksitzungen seltener. Die harten Seiten des Weidenhoflebens boten einfach den größeren Unterhaltungswert – wofür wiederum wir das Weidenhofleben ja auch liebten. Wie Waldorf und Statler, die beiden Opas aus der Muppetshow, saßen wir auf der Gartenbank und kommentierten zwanghaft alles und jeden. Zogen den gesamten Weidenhof und seine Bewohner unablässig durch ein Säurebad der Reflexion, wie Olli es in seinem Soziologensprech nannte. Fraglos waren wir in Wirklichkeit inzwischen völlig vernarrt in das Maltriner Leben: sich jederzeit durch einen Sprung vom Steg erfrischen, mit Blick auf den See im Urwald herumgärtnern oder wortkarg Holz hacken und anschließend zusammen den Grill anschmeißen, all das war ganz nach unserem Gusto. Auch Waldorf und Statler hätten ja nicht in jeder Ausgabe der Muppetshow in der Loge gesessen, hätte ihnen die Show nicht grundsätzlich wahnsinnig gut gefallen. Das Weidenhofleben war großartig, aber es war eben exakt das Gegenteil der ständig auf die eigenen Bedürfnisse hin perfektionierten Häuslichkeit, die sich der Spießeranteil von Ollis und meiner Persönlichkeit manchmal auch wünschte. Und diesen Teil unserer Persönlichkeiten mussten wir mit diesen Gartenbankgedanken wohl besänftigen.

Auf jeden Fall hatten wir zwei allen Grund und reichlich Stoff, um munter weiterzumotzen: darüber, dass der Frühstückstisch oft für viele Stunden nicht wieder abgedeckt wurde; darüber, dass man von den chaosverliebten Mitbewohnern, die das Spießertum scheuten wie der Teufel das Weihwasser, fast schon schräg angesehen wurde, wenn man dabei erwischt wurde, dass man die Küche fegte; darüber, dass zwischen Marmelade, Wurst und Käse im Laufe des Tages alle möglichen anderen Utensilien wie Arbeitshandschuhe, Werkzeuge und Kettensägenöl abgestellt wurden. Und wir lachten darüber – weil ja niemand gezwungen wurde, sich das Öl aufs Brot zu schmieren.

Zu den neuen Überlebensstrategien, die man sich im Weidenhof mit der Zeit besser aneignete, zählte der souveräne Umgang mit der Bettensituation. Wie der ostwestfälische Ordnungsfanatiker Olli mir sein Leid klagte, fand er beim Beziehen der Bettdecke mit einem neuen Leinen nicht selten vier bis fünf übereinandergeschichtete Bezüge auf dem Oberbett, die er, so todmüde wie er auch war, zunächst entfernen musste. »In dieser Milbenkirmes«, sagte er, wollte er nicht schlafen, da ekelte er sich. Unsere hellwache Problemdiagnose war nun die, dass der Vorschläfer in diesem Bett wohl zu faul oder schlichtweg zu müde gewesen war, um vor dem Beziehen des Oberbetts den alten Bezug noch abzunehmen. Wir kannten ja unsere Weidenhofer. Außerdem war auch ich inzwischen dazu übergegangen, gestand ich Olli, das Bettzeug zu nehmen, wie es ist. Und wenn es die Borussia-Dortmund-Bettwäsche aus Steves Jugendtagen war.

»Augen zu und durch«, sagte ich, wofür ich von Olli nur einen entsetzten Blick erntete.

Wenn Olli sich auf der Gartenbank noch eine anzündete oder sich Kaffeenachschub aus der Küche holte und wieder Platz nahm, dann ließ das auf weitere Anekdoten hoffen. Einmal, so behauptete Olli, habe er nachts so lange nach einem Kissen gesucht, dass er sich schließlich in seiner Verzweiflung ein übrig gebliebenes Fladenbrot aus der Küche geholt und in einen Kissenbezug gestopft habe. Oder Olli erzählte, wie er sich vor dem Duschen schon mal den Fön aus der unteren Schublade des Badezimmerschrankes greifen und bereitlegen wollte, diesen dort aber nicht vorfand, weil Andine sich aus Gewohnheit abends oft das Bett damit warm fönte und den Fön deshalb immer mit aufs Zimmer nahm. Während Olli so vor dem Badezimmerschrank hockte, eine Schublade nach der anderen aufzog und das Fehlen des Föns registrierte, kassierte der Oberamtsrat aus heiterem Himmel einen heftigen Nackenschlag: Eine Vierliterflasche Waschmittel, die irgendein Vollidiot in kippelnder Position auf dem Schrank abgestellt hatte – ja doch, als Vollidiot bezeichnete auch ich in solchen Momenten diese unbekannten Übeltäter –, war durch das Ruckeln an den Schubladen herabgefallen. Olli machte sich auf den Weg in den ersten Stock, um den Fön zu holen. Als er zurückkehrte, war das Badezimmer besetzt und blieb es auch für eine halbe Stunde. Ähnliche Irrfahrten, dann über das ganze Gelände inklusive Scheune, konnte übrigens erleben, wer auf der Suche nach bestimmten Werkzeugen war.

Noch so ein Badezimmerthema waren die absurden Shampoosorten, die Konrad und Andine von ihren Besorgungsfahrten in den nahe gelegenen polnischen Supermarkt gleich hinter der Grenze mitbrachten. Das Aufbewahrungsgitter, das an den Duscharmaturen hing, war knallvoll mit allen möglichen Shampooflaschen, deren polnische Beschriftung keinen verwertbaren Hinweis auf bekannte Inhaltsstoffe gab. Wie die Grundschüler überboten Olli und ich uns damit, Fantasie-Shampoosorten auszudenken, um dem anderen etwas von dem Ekelgefühl zu vermitteln, das uns beim Haarewaschen manchmal befiel.

»Ich glaube, ich hatte neulich Aloe-Vera-Frittenfett.«

»Das geht ja noch. Meins muss Bauarbeiterschnotten-Passionsfrucht oder so was gewesen sein.«

Oft und ausschweifend erzählten Olli und ich uns von unseren kleineren Arbeitseinsätzen, die ebenfalls Leidensfähigkeit erforderten. In den düstersten Farben, so, als ginge es um ein sowjetisches Arbeitslager, erzählte ich von meiner Handlangertätigkeit als Leiterfesthalter für Niels, der die Dachrinnen säuberte und mir regelmäßig eine Dreck-, Blätter- und Staubdusche verpasste.

Das sei noch gar nichts gegen die Besorgungsfahrt, die Olli und Konrad während des Abwasserrohrinfernos unternommen hatten, um Plastikrohre zu besorgen: Sie mussten die Rohre hinten aus Konrads Auto raushängen lassen und die Kofferraumklappe verschnüren, mit der Konsequenz, dass durch die Luftzirkulation und den Fahrtwind permanent minus zehn Grad kalte Luft ins Auto geleitet wurde und Olli und Konrad bibberten wie die Störche. Aber was waren schon einzelne Arbeitseinsätze gegen die allgemeinen Aufräumarbeiten, die immer ab Sonntagnachmittag auf dem Weidenhof anstanden – die unzähligen Gegenstände wieder einzusammeln, die zehn bis fünfzehn Mitbewohner und soundso viele Besucher über zwei bis drei Tage hinweg auf rund sechstausend Quadratmetern Grundstück und zwei große Gebäude verteilten: persönliche Habseligkeiten, Handys, Geldbörsen, Schlüsselbunde, Werkzeuge, Kaffeetassen, Spielzeuge, Badehosen, Badehandtücher, Schwimmflügel, Windeln, Feuchttücher, Gartengeräte, Schubkarren, Eimer, Bierflaschen, Wasserflaschen, Zeitungen …

»Durchaus denkbar«, orakelte Olli angesichts des tendenziell unaufgeräumten Weidenhofs, »dass wir demnächst hier hinkommen und das ganze Haus liegt in Trümmern. Daneben steht dann so ein Schröderverschnitt mit ’ner Abrissbirne, der sagt: ›Ja wie, ick dachte wa solltn den Schweinestall hia abreißn?‹« Forderungen nach einer Putzfrau waren denn auch in letzter Zeit lauter geworden.

Zurück in der Stadt verkehrte sich unsere Wahrnehmung des Weidenhoflebens meist sehr bald ins Gegenteil, und wir erwiesen uns beide als Meister der romantisierenden Rückschau. Auch das gestanden uns Olli und ich auf der Gartenbank. Sofern uns am städtischen Arbeitsplatz nicht gerade eine Einpeitscher-E-Mail erreichte und die gefürchtete Eskalationsdynamik entfachte, erinnerten wir uns dort vorwiegend an die schönen Momente, erschienen uns rosarote Bilder nicht nur vom Brombeerhaus und dem Grundstück, das inzwischen in der Tat echte Urlaubsatmosphäre bot. Wir erinnerten dann auch die Mitbewohner kaum noch als Badbesetzer und Bettfalschbezieher, sondern als die liebe Maltrin-Mischpoke, die im Übrigen schon ihren ganz eigenen Maltrinjargon entwickelt hatte. »Sonnendeck«, »Pumakäfig« und »Splatterzimmer«, das waren so gängige Ausdrücke für die verschiedenen Schlafgemächer. Überhaupt schwirrte der ganze Weidenhof von Anekdoten, was maßgeblich auf Ollis und mein Wirken zurückging; teilweise handelte es sich bei den Namen, mit denen wir Zimmer und Bereiche des Geländes versahen, um verbale Heftpflaster, mit denen psychologische Wunden verarztet wurden. Ein Beispiel: In einem Zimmer zu nächtigen, wo der Putz von der Decke bröselt, ist unerquicklich. Demgegenüber klingt es nach großem Kino, eine Nacht im »Splatterzimmer« zu verbringen. Auf jeden Fall vergingen keine zwei oder drei Tage in Berlin, und das Gras auf der anderen Seite war für Olli und mich schon wieder deutlich grüner. Fuhren wir dann gegen Ende der Woche hin, stellten wir fest, dass es wirklich grüner war, dass es aber dringend auch mal wieder gemäht werden musste. Was mit dem Allesmäher aus Rheinhessen bekanntlich eine Blut-Schweiß-und-Tränen-Aktion war.

Manchmal schlug die Stimmung schon auf der Gartenbank wieder in Wohlwollen um.

In einem Anfall von Verständnis ließ ich mich von Theorierakete Olli in den soziologischen Orbit schießen, von wo aus wir die Sache dann freischwebend aus der Metaperspektive betrachteten: Die Widrigkeiten des Maltriner Lebens verantwortete demnach niemand persönlich, sondern sie waren dem hohen Grundrauschen geschuldet, das mit steigender Gruppengröße einherging. Wo Gruppendynamik, da Reibung. Wo Reibung, da Reibungsverluste. Die üblichen Kollateralschäden eben, wie Olli und ich großmütig befanden.

»Eigentlich ist das hier alles eine soziallogistische Meisterleistung«, resümierte Olli einmal.

Hatten wir in einem Augenblick noch Gift und Galle gespuckt und uns an allen möglichen Härten des Maltriner Lebens ergötzt, wendeten wir unseren Blick im nächsten Moment von den unbekannten Waschmittel- und Kettenöl-Falschabstellern ab und betrachteten den Mitbewohner wieder als liebenswertes Individuum – dessen Schrullen und Marotten aber auch zu schön waren.

So etwa Andine, die nicht nur mit ihrem Fön im Bett viel heiße Luft machte, sondern mit ihren gelegentlichen Gefühlsausbrüchen die Uckermark für Momente in eine gefühlt vulkanische Gegend verwandeln konnte. Mette, die alle Schränke und Regale beschriftete und den ungewinnbaren Kampf kämpfte, eine schwedische Ordnung zu etablieren, an die sich hier jemand halten würde. Niels, der bei der Plenumsvorbereitung per E-Mail fleißig bei der Sache war, während des Plenums selbst aber aus heiterem Himmel Zeitung las oder mit Facebookfreunden chattete. Und der nie aufgab, uns zu noch moderneren Formen der Organisation unserer Kommunikation über irgendwelche Doodle-Kalender, Piratepads, Zoho Docs zu animieren, was nie klappte, weil der E-Mail-Konservativismus der Mehrheit nicht aufzuknacken war. Jana, die im Badezimmer eine schier unendliche Morgenmesse zelebrierte. Elke und Jörg, die Kallis volle Windeln als kleine runde Pakete überall auf dem Gelände vergaßen, sodass Konrad eines Abends mehrere unter seinem Kopfkissen fand.

Steve, der nicht eben durch herausragende Kochkünste auffiel, dieses Defizit aber mit großer Inszenierung zu überspielen verstand. Wie oft ließen Olli und ich jenen unvergesslichen Abend Revue passieren, an dem Olli die Gruppe zunächst mit einem vortrefflichen Coq au Vin bekocht hat, was vom Kollektiv aus alter Gewohnheit fast schon wie eine Selbstverständlichkeit zur Kenntnis genommen wurde. Steve hingegen hatte am selben Abend, aber zu fortgerückter Stunde, für eine erpfuschte Dessertkreation ganz großen Beifall eingeheimst. Mit einem Riesentamtam wie beim Captains-Dinner auf dem Traumschiff kredenzte er jedem von uns einen Teller mit ein paar Stückchen Schokolade, einigen Rosinen, ein paar Smarties und einem Löffel Nutella auf einem Brocken Uralt-Knäckebrot. Er fuhr alles auf, was der Kühlschrank noch so hergab – und wurde dafür frenetisch gefeiert: »Abgefahren, Steve!« »Der Hammer, Steve!« »Du bist unser Küchengott, Steve.« Während Steve mit Lob überzogen wurde, hatten Olli und sein Coq ausgekräht.

Es kennzeichnete dieses Teilzeitzusammenleben als parafamiliäres Gebilde, dass man die Schrullen der anderen zwar immer besser, immer genauer kannte, man aber, weil man sie mit ihren Vorzügen abzuwägen wusste, letztlich stets versöhnlich gestimmt war. Von wenigen echten Zwistigkeiten abgesehen wurde unser Sommerhausprojekt zu einem Lustspiel, bei dem die Rollen klar verteilt waren. Steve etwa, der das Kochen wie die Hausarbeit im Allgemeinen nicht erfunden hatte, war dafür meisterlich darin, alle anderen gelegentlich auch mal von ihrem Haushaltsstress zu befreien. Nicht, indem er Hand anlegte, sondern indem er mit hypnotischer Begabung als wandelnder Betablocker Olli und mich zumindest phasenweise von unserem Aufräumzwang befreite. Wild entschlossen, sich zu entspannen, wie er nach einer Woche Kunst-to-go-Stress ab Freitagabend stets war, forderte er auch uns unentwegt auf: »Jetzt macht euch mal locker, Jungs. Nun kommt doch erst mal ein bisschen runter, ihr beiden.« Das Runterkommen beherrschte Steve mithin so vollkommen, dass er damit eine außerordentlich beruhigende Wirkung auch auf uns, seine Mitbewohner hatte. Gleich einem Bernhardiner, der auf dem Boden vor dem

Kamin schnarcht und dadurch sein Herrchen im Fernsehsessel nach einem stressigen Tag besänftigt, beruhigte auch Steve uns. Er trug zwar kein Fass mit Hochprozentigem am Halsband, dafür aber immer etwas Gras in der Tasche. Sah Steve die Notwendigkeit, den Prozess des Runterkommens ein wenig zu forcieren, packte er es aus. Während man so unter Steves Ägide runterkam, konnte man sich vortrefflich mit ihm in ein verbales Delirium der Planung von Großprojekten wie etwa dem Scheunenumbau hineinpalavern. Mit großer Imaginationskraft und einem gewissen halluzinatorischen Effekt feierten wir Orgien der verbalen Umbauarbeiten. Auf der Grenze zwischen Wahn und Wirklichkeit balancierend wurde vor dem THC-stimulierten geistigen Auge die Zukunft in einer umgebauten Scheune mit großen Fenstern zum See und einem riesigen Kamin greifbar. Im Reich des Kontrafaktischen schwang Steve das Zepter: »Was meint ihr, wenn die Scheune mal fertig ist, wie geil wir da runterkommen werden!«

War der Rausch ausgeschlafen, konnte Steve aber durchaus auch bei körperlicher Arbeit zu Höchstleistungen auflaufen. Wie ein Berserker hatte er etwa als Assistent von Jörg zwei Tage am Stück Holzplanken aus dem Rumpelbus herangeschleppt und sie Meister Spax für den Terrassenbau angereicht. Die Größe seines Arbeitseifers korrespondierte mit dem Glamour seiner Zukunftsvisionen von einem Ort, an dem man noch besser, noch entspannter runterkommen könnte.

Unsere eigenen Schrullen, sofern wir sie erkannten, sparten Olli und ich nicht unbedingt aus. Was auf der Hand lag, war unser Hang zur Larmoyanz und die damit verknüpfte Rolle als Muppetshow-Opas in Maltrin. Nach dem Vorbild von Waldorf und Statler rissen wir durchaus auch mal einen Witz auf Kosten des Gartenbanknachbarn.

»Eins muss man auch mal sagen, Olli«, merkte ich eines Sonntagmorgens an, »niemand kann so anklagend Blumen gießen wie du, wenn du deine überdachte Weinanpflanzung an der Scheunenwand wässerst.«

Ollis Antwort lag ganz auf der Linie seiner Anklage, die er bei jedem Gießen auch nonverbal schon formuliert hatte: »Es kümmert sich außer mir aber auch sonst kein Mensch um den Wein! Ich will, dass die ganze Scheunenwand mal schön grün überrankt wird! Das wollt ihr doch auch!«

Ich flüchtete mich in eine ungeschickte Bemerkung über Ollis Furor, mit dem er den Pflanzen in unserem gemeinsamen Garten zu Leibe rückte, und gab zu bedenken, dass er damit womöglich seine eigene Vision von blühenden Landschaften auf unserer Scholle konterkarierte. Doch Olli blieb dabei: Er hatte irgendwo gelesen, dass nur radikale Einschnitte die Pflanzen langfristig wirklich sprießen lassen. Worauf ich entgegnete, dass sie aber doch niemals richtig sprießen könnten, wenn man *immer wieder* radikale Einschnitte vornahm und ständig alles wegsägte und wegschnippelte. Ich legte Olli nahe, wenn er sich seiner Sache so sicher sei, solle er doch mal ein Gartenratgeberbuch schreiben. »Mein Titelvorschlag wäre: *Blumen brauchen Grenzen.* Kapitel 1: ›Weinanpflanzungen wollen gut überdacht sein‹.« So richtig witzig fand er das nicht.

Wenn es zwischen uns mal nach Ärger roch, wandten wir uns schleunigst wieder den Schrullen der lieben Mitbewohner zu, auf die wir von der Gartenbank aus, gleich Waldorf und Statler in ihrer Loge, die beste Sicht hatten. Von hier ließ es sich trefflich motzen. Die Schrullen der Kommunarden boten schließlich immer noch besten Rohstoff für unsere industrielle Anekdotenfertigung. »Was sind wir aber auch für ein bunter, kreativer Haufen«, sagte Olli gelegentlich mit ironiesauerer Stimme.

Apropos Schrulle: Schröder.

Selbst Wolle Schröder war auf eine gewisse Art Teil der Familie geworden, dergestalt, dass er wie ein eigenbrötlerischer Onkel in den unmöglichsten Situationen bei uns hereinschneite. Er betrat das Haus, wenn wir noch schliefen, er platzte zum Gartentor herein, wenn wir gerade das Essen aufgetischt hatten, er klopfte an die Zimmertür, wenn Olli und Jana gerade Morgensex hatten. Aus den fadenscheinigsten Gründen kam Wolle zu uns herüber – eigentlich, weil er einsam war. Ausschweifend klagte Wolle uns im gewohnten Motzmodus sein Leid von dem täglichen Hickhack oder hielt uns, wenn er mal wieder »weniger jut druff« war, Standpauken über unsere fehlerhafte Mülltrennung und unsere falsch geparkten Autos an der Dorfstraße. Meist aber war er »eijentlich janz jut druff« und wollte gar nicht wieder gehen. Wenn Schröder eins konnte, dann war das: bleiben.

Teils wiesen wir Wolle in seine Schranken, teils nahmen wir seine Grenzüberschreitungen billigend in Kauf, leistete er uns doch ungebrochen wertvolle Soforthilfe in allen praktischen Belangen. Weil er ohnehin so oft kam, betrauten wir ihn mit ein paar Hausmeisteraufgaben. Schröder übernahm die Rolle des Majordomus, der die Mülltonnen rausstellte und ab und zu nach der Heizung guckte. »Ditt euch die Rohre nich einfriern, wennet im Winter ma wieda zehn Grad miese jibt«, wie er sagte. Das bekam er neben seiner Aufpassertätigkeit bei Plietsch noch ganz gut hin. »Tot mach ick mia ja hia nich«, sagte er immer. So war und blieb Wolle unser handwerkliches Über-Ich von nebenan. Auf dem Nachbargrundstück residierte Schröder im Tabbert, seinem Wohnwagen, nicht etwa auf der dem See zugewandten Seite, sondern auf dem Betonplattenvorplatz zur schmucklosen Straßenseite hin. Meinen Hinweis, dass es jenseits der Scheune von Bauer Plietsch doch viel idyllischer wäre – man hatte von dort den schönsten See direkt vor der Nase –, schmetterte er unwirsch ab: »Idyllisch, idyllisch, watt soll dittn heißn?« Dass Schröder dem Badevergnügen aber nicht grundsätzlich abhold war, zeigte sich, als er neben seinem Vorzelt den kleinsten im Baumarkt erhältlichen Swimmingpool aufstellte, ein größeres Planschbecken mit Einstiegsleiter. Immerhin das. »Den Luxus jönnick mia«, erklärte er.

Aber unsere Blicke fielen nicht nur auf Schröders Hinterbühne. Lieber noch servierten wir uns gegenseitig jene Storys, die sich auf den Hinterbühnen *unserer Mitbewohner* zutrugen. Dort, wo durch professionelle Masken mitunter eine herzerweichende Kindlichkeit zum Vorschein kam. Denn diese Geschichten machten auch brüllende Baulöwen gleich wieder viel sympathischer. Auf dieser Hinterbühne versagte Konrad als angehender Professor für Volkswirtschaftslehre mit Pauken und Trompeten, wenn es um popkulturelles Allgemeingut ging – und prägte dabei Sätze, die noch lange nachhallten: »Seed, ist das nicht der Freund von Claudia Fischer?« Überhaupt war Lord Cord ein zuverlässiger Anekdoten-Rohstofflieferant.

Gerne wärmte ich mit Olli immer mal wieder jene Geschichte auf, die davon handelte, wie Lord Cord einmal versucht hatte, eine Sauna in unserem Haus zu bauen. Oder treffender gesagt: eine Sauna zu erpfuschen. Konrad weilte alleine in Maltrin, um seiner Doktorarbeit den letzten Schliff zu geben, wieder einmal. Während er so den eisernen Küchenofen heizte, damit er es beim Schreiben auch schön mollig hatte, wurde ihm erstmals so richtig bewusst, wie ausgesprochen heiß dieser schöne alte gusseiserne Küchenofen werden konnte. Da hatte er eine Eingebung: Warum erst irgendwann in ferner Zukunft eine Profisauna in die Scheune des Weidenhofs einbauen, wie es bisher geplant war? Warum nicht ein paar Pappelemente in Holzrahmen einspannen und sie einfach um den Küchenofen herumstellen, sodass eine kleine wärmespeichernde Kammer, sprich, eine Sauna entstünde? Eine Sauna to go, sozusagen. Lord Cord fertigte eine Bauzeichnung an und fuhr mit seinem Volvo zum Baumarkt.

Das Ergebnis von einem Dreivierteltag Tüftelarbeit war schließlich eine hochfragile Konstruktion, die beim kleinsten Hauch ins Wanken geriet und immer schon zusammenkrachte, wenn sich unser Landlord ihr mit seinem Saunatuch unterm Arm näherte. Nach zahlreichen Versuchen und Zusammenbrüchen der polnischen Pappsauna wurde Konrad sein eigener Plan peinlich, und er entzündete klammheimlich ein Lagerfeuer, um alle Spuren zu beseitigen. Beinahe wäre ihm dies auch gelungen, hätten nicht Simone und ich uns am selben Nachmittag spontan entschieden, mit den Kindern aufs Land zu fahren. Just im Moment des Abfackelns der Pappsauna traten wir durchs Gartentor.

Oder der Spleen des Scheunentriumvirats Konrad, Fabian und Jörg, die, wenn die anderen Weidenhofer schon zu Bett gegangen waren, häufiger mal noch mitten in der Nacht volltrunken zum Obi-Talk in die Scheune rein- und mit neuen hochprozentigen Umbauplänen wieder rauswankten.

»Gut, dass wir die Scheune als nächtlichen Unterstand für Konrads Ego haben«, scherzte ich über meinen Kontrahenten aus Verdun-Zeiten.

Je vertrauter einem die anderen wurden, desto mehr war man sogar geneigt, politische Positionen als eine Art Marotte zu verbuchen, speziell solche, die quer zu den eigenen lagen. Hatte es am Vorabend noch hitzige Diskussionen mit Konrad gegeben, in denen mir seine Haltung phasenweise als Inbegriff eines gefühlsvergessenen Wirtschaftsliberalismus in Verbindung mit dem typischen ökologischen Fatalismus vorgekommen war, sah ich das mit Olli und von der Gartenbank aus betrachtet schon wieder in viel milderem Morgenlicht – ähnlich wie man Opa nachsieht, dass er gerne Marschmusik hört. Außerdem war ja Zeit genug, am eigenen Standpunkt noch eine ganze Weile zu feilen. Die Argumente des Antagonisten in ein paar Jahren aufzuknacken wäre ja auch noch früh genug – die Diskussionen hier würden ohnehin nie enden.

Konrad selbst war schließlich stolz darauf, dass wir als Kollektiv weltanschaulich heterogen waren und nicht alle einer Meinung, so wie es vermutlich in den Wohngemeinschaften der Siebzigerjahre der Fall war beziehungsweise erzwungen wurde.

Wie bemerkte Konrad noch so sinnfällig in der Diskussion nach der Vorstellung der Rappelkistefolge auf unserer Seeterrasse?

»Obwohl, im Grunde sind wir ja auch eine ideologische Landkommune, nur dass hier jeder seine eigene Ideologie hat.«

Ein Mittsommernachtstraum?

Nein, wo Konrad recht hatte, da hatte er recht. Simone pflegte ihren linksromantischen Anarchismus. Andine hatte diesen hinter sich gelassen und war unterwegs zu einem mehr erwachsenen Pragmatismus, der besonders empfindlich auf pubertäre Abgrenzungsbemühungen gegenüber Spießern reagierte. Olli hatte politisch gesehen den Stallgeruch des Landwirtschafts-Ministerialbeamten und musste von Berufs wegen wenigstens mit einer Gehirnhälfte ans System glauben. Ylva und Mette ließen sich ihren Glauben an den schwedischen Konsens-Sozialismus von Konrad ohnehin nicht austreiben. Niels' Ideologie war das Web und dessen liberalisierende Wirkung in allen Lebenssphären. Und Fabian und Steve hatten sich von Künstlern zu Unternehmern gemausert.

Doch dann war da bei jedem irgendeinen Aspekt, der direkt wieder einen Kratzer in den weltanschaulichen Lack brachte und der vor den Mitbewohnern langfristig nicht zu verbergen war: Simone ließ sich von ihrem Immobilienonkel als Vorkämpferin der Gentrifizierung ehemaliger Alternativquartiere einspannen. Olli mutierte immer noch, kaum hatte er die Bürotür hinter sich zugeschlagen, nach Feierabend wie ein Werwolf zum Counterculture-Animal. Fabian pflegte auch als Unternehmer weiterhin regen Umgang mit seinen alten Freunden aus der Künstlerszene, die alles, was mit Wirtschaft zu tun hat, aus dem Bauch heraus ablehnten. Und Konrads bester Freund war strammer Kapitalismuskritiker: Jörg.

Der Künstler und der Ökonom waren alte Freunde. Kennengelernt hatten sich Konrad und Jörg als Teenager in der Schule, nachdem Konrad mit seinen adeligen Entwicklungshilfe-Eltern nach Deutschland zurückgekehrt war. Die beiden setzten sich in derselben schulischen Arbeitsgruppe für ein neues Jugendzentrum ein und bauten das »Juz« als Doppelspitze gemeinsam auf. Zu »Juz-Zeiten« war Konrad noch ein Irokese und Jörg ein Rastakopf. Sie tanzten Pogo und grölten: »Keine Macht für niemand«, obwohl sie im Juz die Macht längst innehatten. Noch in Maltrin waren Jörg und Konrad beide fest davon überzeugt, ungebrochen in dieser Juz-Tradition zu stehen, wobei der eine dem anderen dies nicht mehr so recht abkaufen wollte.

Konrad sagte zu Jörg: »Was ich den Linken vorwerfe, ist, dass sie immer bei ihren schönen Ideen stehen bleiben und sich nicht um die Umsetzbarkeit kümmern. Trotzdem ist ›Keine Macht für niemand‹ immer noch mein Leitspruch. Man muss den übergriffigen Staat in seine Schranken weisen.«

Jörg sagte zu Konrad: »Wenn du heute immer noch ›Keine Macht für niemand‹ forderst, Konrad, dann heißt das doch nur noch, dass der Staat sich nicht in die Wirtschaft einmischen soll. Und was bitte ist mit der Macht der Unternehmen? Was ist mit den übergriffigen Konzernen?«

Aber politische Scharmützel wie diese brachen nur noch vereinzelt, in der Hitze des Grills oder Lagerfeuers, auf. Die Positionen waren inzwischen bekannt, und es gab wichtigere Projekte, die mehr Aufmerksamkeit erforderten. Grundsätzlich, so schien es, hatte es den meisten von uns der Gedanke angetan, dass unsere Landkommune nicht in eine ideologische Richtung gebürstet war und jenseits der traditionellen politischen Verwerfungslinien stand. Auch das überkommene Schema von guter Kommune hier und böser Welt da draußen verfing nicht mehr so recht. Wir hatten gemeinsam einen Hof gekauft, aber nicht zusammen die Wahrheit gepachtet. Der Umgang mit Meinungen und politischen Positionen war ein spielerischer. Konrad erschien mit einem Haifischlächeln im Gesicht in einem T-Shirt, auf dem *Neoliberaler* stand. Olli zündete demonstrativ mit Konrads alten Ausgaben des *Economist* den Küchenofen an. Die Alphatiere gaben sich gegenseitig ironischen Spielraum.

Überhaupt erfreute man sich an der ironischen Pflege von Vorurteilen, als deren Goldstandard ein Meinungsaustausch galt, den Olli, Steve und ich einmal über die Stadt Rüdesheim geführt hatten. Die Runde war sich auf Anhieb einig, dass die Stadt Rüdesheim ein unerträglich provinzielles Nest sei, und zeichnete das Bild Rüdesheims in den düstersten Farben. Dann stieß Konrad hinzu und merkte an, dass er der Stadt Rüdesheim schon mehrere Besuche abgestattet und jedes Mal den besten Eindruck von einer sympathischen Stadt mit alter Weintradition gewonnen habe. Woraufhin Konrad gemaßregelt wurde, dass er nicht mitreden könne, wenn er schon mal dort war.

Und doch, aller Ironie zum Trotz drängte sich nach der Vorstellung der Rappelkistenfolge »Einer Ist Keiner« und umschwirrt von irrlichternden Glühwürmchen auf unserer Terrasse für einen Moment lang der Gedanke auf, dass wir hier womöglich vom Mantel der Geschichte gestreift wurden.

»Vielleicht sind wir ja die erste Kommune«, dachte Konrad laut, »die verstanden hat, dass die Absage an jede ideologische Form von Gemeinschaft die Erfolgsbedingung von Gemeinschaft ist.«

»Eine Kommune mit ideologisch unideologischer Grundausstattung«, ergänzte ich.

»Könnte was dran sein«, sagte Elke, »ich glaube ja auch, dass es hier ganz gut funktioniert, weil letztendlich jeder seins machen kann.«

»Geht ja schon beim Kaffee los«, sagte ich.

Seit unserem Einzug in Maltrin hatte hinsichtlich der Kaffeezubereitungstechniken eine beeindruckende Evolution und Diversifizierung stattgefunden. Eingestiegen waren wir mit Ollis alter Bodum-Drückkanne, die schon einige Jahre Dauereinsatz in Zechlin auf dem Buckel hatte. Dort war sie mit einer Schlagzahl runtergedrückt worden, dass manch einer kurz vor der Sehnenscheidenentzündung stand. In den Wochen der Generalgemütlichmachung schleppten Elke, Simone, Mette und Andine dann in kurzen Abständen ausrangierte Espressokannen in allen erdenklichen Größen an – damit man sich schnell mal so ein Tässchen aufsetzen konnte sowie aus geschmacklichen Gründen. Bald kam es zu ersten Meinungsverschiedenheiten, welche Kanne aus welchem Kaffee welches Aroma besser rauskitzelte – wobei die Espressokännchen gegenüber der Bodumkanne tendenziell besser abschnitten. Alldieweil geriet Konrad das Kaffeekochen mit einem dieser Metallkännchen wegen eines fehlenden Gummi-Abdichtrings zu einem buchstäblichen Espresso-Vulkanausbruch: Der kaffeebraune Sprenkelschweif an der Decke über dem Elektroherd gemahnte noch lange an dieses Inferno. So risikofreudig Konrad in den meisten Lebensbereichen auch war, nach diesem Fiasko besorgte er sicherheitshalber einen nicht ganz billigen, aber dafür TÜV-geprüften Kaffeezubereiter, in den man kleine mit Kaffeepulver befüllte Filterpapierkissen einlegte, die sogenannten »Pads«. Mit der Pad-Maschine könne man sich wunderbar einen exakt portionierten Kaffee zubereiten, ohne jedes Mal Leib und Leben zu gefährden, verteidigte Konrad die Investition. In mir wiederum brachte diese Anschaffung einen schon länger gärenden Überdruss an Egoistenkaffeemaschinen mit Pads, Alupatronen und sonstigen Umweltschweinereien zum Brodeln. Nach meinem Dafürhalten führte dieses Teufelszeug, das sich epidemisch im Lande ausbreitete, nicht nur das gesellige Element der gemeinsamen Kaffeepause ad absurdum, es machte auch viel Show um eine lauwarme Plörre mit wenig Geschmack, deren Ungenießbarkeit mit viel Milchschaum überdeckt werden musste. Beim nächsten Bielefeldbesuch kramte ich deshalb im Keller meiner Eltern einen wahren Oldtimer, die cremefarbene Filterkaffeemaschine »Robusta« von der deutschen Firma Rowenta aus dem Kellerregal, um sie nach Maltrin zu bringen. Ich hatte mir in den Kopf gesetzt, die Mitbewohner auf den Trip einschwören zu können, dass dem Filterkaffee ein großes Comeback bevorstünde, dem wir gemeinsam Vorschub leisten und so ein Stück Kaffeegeschichte mitschreiben könnten. Diesen Kaffee musste ich alleine austrinken. Denn als ich mit meiner Robusta in Maltrin anrückte, hatte zwischenzeitlich Elke eine semiprofessionelle Gastronomie-Kaffeemaschine mitgebracht, mit der sie von der Herstellerfirma für ein Fotoshooting der Geräte für die Produktbroschüre des Unternehmens entlohnt worden war. Jörg stachelte indessen Teile der Gruppe an, sich den Kaffee aus Protest vorerst mit dem puren Kaffeepulver in der Tasse als »Indianerkaffee« aufzugießen, während Olli immer noch eine Lanze für seine Bodumkanne brach. Mithin, in Kaffeefragen hatte sich auf dem Weidenhof ein Individualismus – ein Espressonismus – Bahn gebrochen, den ich in der lauen Mittsommernacht nach unserem Plenum einfach mal frei assoziierend als das Spiegelbild des weltanschaulichen Eigensinns der Mitbewohner verbuchte.

»Alles Gute beginnt mit einem guten Kaffee, heißt es doch schon in der Werbung von McCafé. Warum soll das nicht auch für eine Landkommune gelten? Hier trinkt doch auch jeder seinen eigenen ideologischen Aufguss.«

»Aber jetzt mal ehrlich«, warf Jörg ein, »bei dem kaltschnäuzigen Egoismus, der heute überall herrscht, könnte der Gesellschaft ein bisschen mehr ›Einer Ist Keiner‹ eigentlich nur guttun.«

Konrad roch Lunte. »Ja, aber damit geht die Bevormundung

dann auch schon los. Die Linken sind immer schnell dabei, jegliche Individualität abzuwürgen. Von daher sage ich ganz klar: Wehret den Anfängen! Warum überhaupt soll einer keiner sein? Einer ist einer, und zwei sind zwei. Kann man es nicht mal bei dieser einfachen Wahrheit belassen und jeden sein Glück selbst finden lassen? Ohne den ganzen doktrinären Theoriewahn?«

De facto stand bei uns das individuelle Bedürfnis nicht mehr wie zu Zeiten von »Einer Ist Keiner« unter dem Verdacht der Bürgerlichkeit. Die Zeiten, in denen alles in die Gleichung »Familie ist Hölle« gepresst wurde, waren ja nun längst vorüber. Individuelle Bedürfnisse waren nach der Maltriner Binnenlogik höchstens mal für ein Stündchen zu unterdrücken, solange das Bad okkupiert war. Man konnte nach einer Maltrinüberdosis sogar ungestraft in aller Öffentlichkeit sagen: Schatz, nächstes Wochenende will ich aber, dass wir auch mal wieder irgendwas alleine unternehmen. Wer sich in dieser Art äußerte, der musste nicht fürchten, dass ihm eine autoritäre Charakterstruktur diagnostiziert wurde – autoritäre Anwandlungen beschränkten sich auf vereinzelte Einpeitscher-E-Mails. Obendrein verhielt es sich so, dass Andine nur zu Konrad Schatz sagte, ich nur zu Simone, Jörg nur zu Elke und Jana nur zu Olli. Bislang jedenfalls hatten wir uns in der Landkommune Maltrin die Freiheit genommen, auf freie Liebe zu verzichten. Wer sich auf den Weg zurück in die Stadt machte, nahm die Mitbewohner noch mal kurz in den Arm, durfte aber auch offen eingestehen, dass es nicht das Schlechteste war, nun erst einmal wieder ein oder zwei Wochen Ruhe vor den Kommunarden zu haben. Von symbiotischen Verschmelzungsfantasien war keine Spur. Man setzte sich ins Auto und kehrte in jene Lebensform zurück, die in den Siebzigerjahren noch mit dem Stigma Kleinfamilienhölle belegt war. Nicht zu reden davon, dass es niemandem von uns in den Sinn gekommen wäre, das Privateigentum abschaffen zu wollen. Doch bitte nicht just in dem Moment, wo wir uns gerade ein Haus angeschafft hatten.

Olli, dem in Diskussionen der Ausgleich mehr lag als der Konflikt, startete einen Vermittlungsversuch zwischen Jörg und Konrad: »Vielleicht sind wir hier in Maltrin ja gerade das soziale Labor, in dem das Verhältnis von Wir und Ich neu austariert wird.«

Mette lachte. »Geht's eine Nummer kleiner? Müssen wir jetzt unbedingt eine kulturelle Großleistung herbeireden, die wir hier vollbringen?«

»Auf jeden Fall, Großleistungen, das wollen wir«, erwiderte ich, »ich bitte um weitere Vorschläge.«

Es wurde kurz überlegt. Die Runde teilte sich grob in zwei Lager. Die wenigen, die auf dem Boden der Tatsachen bleiben wollten, und jene, die unbedingt wahrhaben wollten, dass die ideologische Buntscheckigkeit unserer Landkommune ein zeitsymptomatischer Modellfall war. Von dieser zweiten Gruppe kamen die Vorschläge nun wie Fieberstöße.

»Der Weidenhof als postideologisches Gegenmodell zum moralischen Pathos der früheren Kommunen und Land-WGs«, sagte Konrad.

»Das Kind von ›Einer Ist Keiner‹ nicht mit dem Bade ausschütten«, sagte ich. »Wochenendweise Befreiung aus dem Kleinfamiliendasein, ja. Totalitärer Kollektivismus, nein.«

Olli hatte auch noch einen: »Endgültiges Zusammenwachsen des Hippietums mit einem bürgerlichen Element. Was ja auch in der typischen Anrede ›wertes Kollektiv‹ zum Ausdruck kommt, mit der hier gerne die E-Mails eröffnet werden.«

»Warum nicht gleich: der Weidenhof, das Modell für eine neue Weltordnung?«, regte Fabian an.

Andine war inzwischen vom Baden zurück, setzte sich noch tropfend an den Plenumstisch und höhnte: »Ich hätte auch einen Vorschlag: Der Weidenhof als Urzelle der Generation Brombeer – die nicht quietschig halb Bunten.«

»Neue Generationen proklamieren ist immer gut«, lobte ich.

Mette versuchte noch mal, uns Bodenhaftung zurückzugeben: »Als wäre weltanschauliche Zerfaserung heute noch was Besonderes. Wir sind doch auch nur wie alle anderen.«

Jörg inhalierte tief und sprach mit einer Wolke von Tabakrauch einen Satz aus, an dem es endgültig nichts mehr zu kritteln gab: »Aber wenigstens haben wir eine Landkommune gegründet.«

Steve baute einen, um uns alle mal ein bisschen runterzuholen. Bei mir erzielte er den gegenteiligen Effekt.

»Einen hab ich noch: der Weidenhof als Neuauflage der Artussage. Jeder Ritter der Tafelrunde musste sich seinen eigenen Weg durch den Wald suchen, um den Heiligen Gral als Symbol der letzten Weisheit zu finden. Passt doch zu uns. Kaffeekannen sind der neue Gral. Wäre endlich mal wieder eine große Erzählung statt immer nur Anekdoten.«

»Für eine große Erzählung bräuchte man aber noch einen guten Feind«, feixte Konrad.

EIN FEIND, EIN GUTER FEIND

Die weiten Hügel jenseits des Maltriner Sees sahen nicht nur aus wie der Bildschirmhintergrund eines Bürocomputers. Irgendjemand hatte dieses Motiv inzwischen auch auf unseren Gemeinschaftslaptop im oberen Arbeitszimmer geladen.

Wenn man so wollte, joggte ich deshalb gerade durch den Desktop-Hintergrund unseres Landhauscomputers. An diesem heißen Sonntagvormittag im August kam mir mein Atem selbst ungewöhnlich laut vor. Das Hecheln durchschnitt eine Stille, die mir vorkam wie unter einer Käseglocke oder als ob da vom morgendlichen Kopfsprung in den See noch Wasser in meinen Ohren war. Die leicht bedrückte Stimmung mochte aber auch darauf zurückzuführen sein, dass die Felder hier im Osten des Ostens ausgesprochen groß waren, und daran liegen, dass Ausdauer beim Laufen eine ganze Menge mit Psychologie zu tun hat.

Mein Kopf gab auch beim Joggen, wo er eigentlich nicht groß gebraucht wurde, selten Ruhe, und so begann ich, an einer Faustformel für Läufer herumzubasteln. Das Gefühl des Joggenden, vom Fleck zu kommen, verhält sich umgekehrt proportional zu der Weite der Landschaft, durch die er seine träge Biomasse hindurch trägt. Das Gefühl, *nicht* voranzukommen, hat dagegen einen negativen Rückkopplungseffekt auf die Motivation und mentale Stärke des Läufers. Im Falle der nördlichen Uckermark, deren entgrenzte Weite ein Gefühl für den Begriff

»eurasische Landmasse« gab, konnte das Laufen zur Marter werden. Speziell bei schwirrender Hitze kurz vor Mittag an einem Sonntag im August.

Stoisch lief ich den endlosen Feldweg in Richtung Bürzow weiter, während meine Gedanken in Richtung unseres alten Wochenenddomizils in Zechlin an der Rheinsberger Seenplatte wanderten. Dort fand man eine ausgesprochen lauschige Naturlandschaft mit vielen großen und kleinen Seen, Wäldern und abwechslungsreichen Joggingpfaden vor. Die nördliche Uckermark hingegen war eine ausgedehnte, in weiten Endmoränen geschwungene Agrarfläche, die die Augen des Betrachters nicht alle hundert Meter mit einem neuen Reiz kitzelte, ihnen dafür aber Freiraum gab. Ich erinnerte mich an den geschmacksverirrten Zechliner Chefbungalow und daran, dass es uns dort noch sehr auf die reizvolle Landschaft drum herum angekommen war, wohingegen sich in Maltrin das Leben auf den immer mehr herausgeputzten Weidenhof und den wunderbaren See davor konzentrierte. Mir fielen Ollis beschwörende Worte aus der Zeit des Einzugs wieder ein, dass nämlich die Umgebung unserer alten Datsche als traditionelle DDR-Ferienregion eben auch ziemlich überlaufen und auf Tourismus gedrillt war und wir hier in Maltrin dafür mal ein authentischeres Stück des Landes und seiner Menschen kennenlernen würden.

Authentische Brandenburger? Kennenlernen? Wollte ich das?

Schon die auf Tourismus eingestellten Bewohner der Zechliner Gegend waren ja nicht eben durch übertriebene Freundlichkeit aufgefallen.

Plötzlich drang von Ferne ein Motorengeräusch in die Stille – erst ganz dumpf, dann immer wuchtiger und lauter. Durch die flirrende Luft sah ich einen Geländewagen herannahen, der viel Staub aufwirbelte. Wie ein Flummi hüpfte der schwarze Jeep durch die Spurrillen der Traktoren und neigte sich arg zu den Seiten. Er wurde nicht gerade langsamer. Dieser Geländewagen, so schwante mir, je näher er kam, bremste nicht für Jogger. Ich machte einen überdeutlichen Satz zur Seite, hustete demonstrativ und wedelte mit der Hand vorm Gesicht herum. Der Fahrer war durch die getönten Scheiben nicht zu erkennen. Ich schickte dem Wagen ein Kopfschütteln hinterher und lief meiner Wege.

Der Motorenlärm verebbte, und mein Hecheln wurde wieder zum bestimmenden Geräusch. Nach etwa zehn Minuten ertönte der Motor erneut. Vielleicht hatte ich einen Runner's Down, aber nun, von hinterrücks klang er noch aggressiver, und das brachte auch mich auf Hochtouren. Mir wurde klar, dass aggressiv klingende Motoren, leichter noch als aggressive Menschen, mich mit ihrer Wut anzustecken vermochten. Ich blieb demonstrativ in der Mitte des Weges stehen, sprang erst im letzten Moment zur Seite und zeigte dem Fahrer den Vogel. Als er schon ein ganzes Stück entfernt war, wagte ich auch noch den Stinkefinger. Besonders mutig war ich ja nie. Dann setzte ich mein Laufprogramm mit stark erhöhtem Puls fort. Bis Maltrin war es noch weit genug, um den Stresshormonspiegel wieder auf Normalmaß hinunterzujoggen.

Als ich zurückkam, hatte sich ein Teil der Maltrin-Mischpoke zur Gemeindebadestelle begeben, die von den anderen Dorfbewohnern allerdings kaum genutzt wurde. Die Konsequenz, mit der wir nach dem Sonntagsbrunch regelmäßig zum Nichtstun übergingen, war Ausdruck des Versuchs, ein Reservoir von Entspannung und Zufriedenheit zu füllen, aus dem wir auch in der bevorstehenden Arbeitswoche mit allen ihren Kalamitäten schöpfen konnten. Diesmal tat die Augusthitze ihr Übriges. Die Mitbewohner lagen wie umgekippte Käfer auf dem Rücken und glotzten Löcher in den knatschblauen Himmel. Nun kam ich mit meinen brandheißen Neuigkeiten. In der Story, die ich den sonnengebadeten Kommunarden servierte, wuchs sich meine Feldwegbegegnung zu einer Szene aus, die an Hitchcocks

Der unsichtbare Dritte erinnerte, dem Suspense-Meisterwerk, in dem Cary Grant von einem Flugzeug über ein Stoppelfeld gejagt wird und sich zur Deckung wieder und wieder flach auf den Boden schmeißt. In meiner glühenden Joggerbirne hatte das Erlebte offenkundig eine Art Gärungsprozess durchgemacht.

»Krass. Widerlich. Verabscheuungswürdig. Wer macht denn so was?«, hieß es unisono.

Konrad hatte da eine Vermutung. Wenn man Jürgen und Mike so höre, sagte er, dann wäre dem Frankfurter etwas in der Art schon zuzutrauen.

»Dem Frankfurter?«, fragte ich treudoof. Im Ton des gutmütigen Lehrers, dem allmählich jedoch die Geduld ausgeht, wiederholte Konrad den Stoff, den er eigentlich als bekannt voraussetzte: dass in dem Schloss im Nachbardorf Bürzow doch dieser millionenschwere Erbe einer alten Frankfurter Industriellendynastie residiere, in direkter Nachbarschaft zu dem Gutshof auf der einen und dem Bürzower Dorfsee auf der anderen Seite. Beides, See und Gutshof, habe Gerland, wie er hieß, ebenfalls schon in seinen Besitz gebracht. Zudem halte sich hartnäckig das Gerücht, er würde seine Tentakel sukzessive in die gesamte Großgemeinde Maltrin ausstrecken.

»Wie gesagt, laut Dorffunk hat er angeblich auch schon ein Auge auf unseren See geworfen.«

Konrad bezeichnete den Maltriner See wie selbstverständlich als »unseren See«, und der Gedanke, dass wir *unseren* See eines Tages nur noch von der Terrasse aus betrachten dürften, traf mich ins Mark. Ich verabreichte mir selbst und der Runde eine kleine Beruhigungsspritze: »Ehrlich gesagt klingt das so, als hätte die *Superillu* das Klischee vom grundbösen Wessi wieder aufgewärmt.«

»Bisher kam mir das alles auch immer etwas übertrieben vor. Andererseits deckt sich das, was du von deiner Joggingrunde erzählst, mit dem, was Mike und Jürgen auch schon erzählt haben.«

»Wieso, was erzählen sie denn?«

Lord Cord stülpte den *Economist* mit dem Titel »Germany: Europes Engine« als Sonnenschutz übers Gesicht und räkelte sich auf dem Frottee.

»Dass der Gerland, wenn brave Bürger auf den Feldwegen rund um sein Anwesen spazieren gehen, seinen Förster losschickt, um die Leute mal ein bisschen aufzuscheuchen.«

Die Mittagshitze war niederschmetternd. Keiner machte eine Bewegung zu viel, nur die Kinder hatten noch die Energie, mit ihren Keschern im Schilf Frösche zu fangen. Die Großen scheuten noch die Anstrengung, aufzustehen und in den See zu springen. Als hätte der Großindustrielle den Zaun schon errichtet, verharrten alle, anstatt das Naheliegende zu tun und sich im See abzukühlen, auf ihren Handtüchern. Das einzige Geräusch, das Maltrin als Dorf an diesem Tag absonderte, waren die aus großer Entfernung rumorenden Mähdrescher, die in regelmäßigen Abständen von den Feldern zurückkehrten. Dann war wieder Stille. Ich griff mir einen dicken Stein und warf ihn im hohen Bogen in den See: *Palotsch!*

»Aber kann man denn in Brandenburg so ohne Weiteres einen See kaufen?«

»Bin nicht sicher. Wir sollten am besten mal mit Bodin senior sprechen,« brummte es unter der Zeitschrift.

»Wer zum Teufel ist jetzt schon wieder Bodin senior?«

Unter dem *Economist* kam nur noch ein genervtes Stöhnen hervor.

Statt Konrad raffte Fabian sich auf, mir eine kurze Maltrin-Nachhilfe zu geben: »Bodin ist der Vater von dem Schwager von Mike, den uns Schröder während der Gräben von Verdun als Installateur empfohlen hat. Wolles Mann für ›Jas, Wassa, Scheiße‹.«

»Der ist im Angelverein und im Gemeinderat, der muss es wissen«, meldete sich der *Economist* zurück, »aber jetzt ist erst mal Siesta«.

Für ein halbes Stündchen war nur noch Kindergekicher und Froschgequake zu vernehmen. Nicht mal Olli schnippte mehr Sand von seiner Decke. Bis sich Konrad urplötzlich aufrichtete und den *Economist* auf den vertrockneten Rasen feuerte.

»Okay, das mit dem See lässt mir keine Ruhe. Wer kommt mit, Bodin einen kurzen Besuch abzustatten?«

Kurt Bodin wohnte auf der anderen Seite Maltrins in einem Einfamilienhaus ganz am Ende einer Betonplattenstraße, die gesäumt war von Kleinstplattenbauten, wie sie in der DDR extra für ländliche Regionen entwickelt worden waren. Der Seniorchef der Klempnerei war ein gealterter Tom Selleck, ein Oldschooler mit einem grau-weiß melierten Monumentalschnurrbart. Er saß in seinem weiß gekachelten Wohnzimmer auf einer dunklen kurvenförmigen Kunstledercouch, hinter der ein Airbrush-Gemälde mit einem grellen karibischen Sonnenuntergangsmotiv prangte. Auf dem Flatscreen, der in einen inwendig beleuchteten Glaswohnzimmerschrank integriert war, lief eine Fußballübertragung. Frau Bodin deckte auf der Terrasse unter der Markise den Kaffeetisch. Sie ermahnte ihren Mann, sich kurz zu fassen. Die Bodins erwarteten Besuch zum Kaffee.

Doch der alte Klempnermeister hatte keine Ohren mehr für seine Gattin. Nachdem Bodin sich meinen Bericht von den morgendlichen Jagdszenen zu Felde angehört hatte, war er sichtlich entrüstet.

»Für mich ist das Gutsherrenart von der schlimmsten Sorte! Wie soll man das sonst nennen, was der Gerland hier veranstaltet? Ich könnte Ihnen stundenlang watt erzählen.« Doch dann wollten Meister Bodin die Details erst mal gar nicht so recht einfallen. Er hatte mit Besuch zum Kaffee gerechnet, nicht mit uns, und seine Erlebnisse mit Gerland waren wohl schon halb verdrängt. Um sie hervorzukramen, schluffte er in seinen Lederpuschen mehrfach ins Nebenzimmer und kehrte mit Akten zurück, die er auf dem Kacheltisch stapelte. Schriftstück für Schriftstück präsentierte uns der Klempnermeister Ärgernis um Ärgernis. Bodin sprach dabei die dezente, durch den kleinen sozialen Aufstieg abgemilderte berlinerische Mundart der Gewerbetreibenden, die gelegentlich und besonders, wenn sie wütend wurden, in ihr Hochdeutsch noch ein »Icke« oder »weeß nich« einstreuen. Nach und nach ergab sich so ein Tableau von Tatsachen, Hinweisen und Indizien.

Vor zwölf Jahren war Gerland junior das erste Mal in der Region aufgetaucht. Wenn eine schwere Limousine mit Westkennzeichen hier aufkreuzte und vor dem verfallenen Prachtbau zu Bürzow stoppte, dann machte das sofort die Runde. Das Gerücht, der Industriellensohn aus Hessen strecke seine Fühler in ihrer Gegend aus, ging in Rekordgeschwindigkeit im Dorf herum. Es bewahrheitete sich nicht minder flott: Kein Vierteljahr später hatte sich Gerland zwar noch nicht das Schloss, wohl aber den Bürzower Dorfweiher unter den Nagel gerissen. Bodins Sohn war Mitglied in dem Angelverein, der den See gepachtet hatte, und startete noch einen Versuch, Schlimmeres zu verhindern, indem alle Mitglieder gemeinsam einen Kaufantrag stellten. Vergeblich. Der Antrag wurde von der Treuhand nicht einmal mehr geprüft, erzählte Bodin. Der Plutokrat aus dem Westen zäunte den See alsbald ein, teilte das Ufer in verschiedene Zonen ein – Angelzonen, Angeln-verboten-Zonen, Alles-verboten-Zonen sowie eine Badezone – und verkaufte überteuerte Angellizenzen. Fragte man Bodin, war dies nichts als ein kluger Eröffnungsschachzug der Treuhand, um Gerland schon mal den Boden zu bereiten. Denn kurz darauf erstand der Mann aus Hessen auch den Gutshof und das Schloss.

Nach einigen Wochen verdächtiger Ruhe lag eine schriftliche Einladung im Briefkasten des Klempnermeisters: zu einem »Get together« auf dem Schloss, das Bodin »Get tujesa« aussprach. Eine Einladung, die an alle Handwerker und Gewerbetreibende der Region gegangen war. Bodin nahm sie an, wofür er inzwischen offenkundig das Gefühl hatte, sich rechtfertigen zu müssen.

»Das konnte ich mir schon aus purer Neugierde nicht entgehen lassen,« erklärte er.

Auf dem großen Portal des Schlosses stand wie zum Staatsempfang Seite an Seite mit Gerland schon Frau Sander von der PDS, die Bürgermeisterin der Gemeinde Maltrin, zu der auch Bürzow gehört. Fragte man Bodin, dann stand sie da, um zu zeigen, wo von nun an die Reise hingehen würde und wer die neue Marschrichtung vorgab. Gerland wollte mit ein paar blumigen Worten und Kanapees für gute Stimmung sorgen: dass er seinen Kindern mit dem Landsitz in Bürzow wieder ein Leben in der Natur ermöglichen wolle.

»Alles so Lippenbekenntnisse eben«, sagte Bodin, der nur noch mit einer Pobacke auf seiner Nappacouch saß, immer absprungbereit, um neue Akten zu holen.

»Zäunt denn einer einen See ein, wenn er der Natur näher sein will? Ick bitte Sie!«

Die zentrale Botschaft, um die es Bodins Auffassung nach bei diesem bizarren Kennenlernnachmittag im Schlossgarten ging, war denn auch die: Die anstehenden Neuentwicklungen sollen zu eurem Schaden nicht sein, liebe Gewerbetreibenden, sofern ihr nur schön auf meiner Seite mitwerkelt. Wer nicht in allen Belangen an Gerlands Seite stünde, der brauche mit Aufträgen nicht mehr zu rechnen. Aber fragte man Bodin, sprach das Beisein der Bürgermeisterin eine andere Sprache. Das war doch ein Statement! Bürgermeisterin Sander von der PDS wanzte sich an Gerland ran, fasste keinen Beschluss mehr, ohne ihn vorher mit Gerland abzukakeln.

Bodin behielt recht: In den folgenden Monaten fällte sie ihre Entscheidungen in vorauseilendem Gehorsam dem neuen Gutsherren gegenüber. Etwas Besseres als eine so willfährige Bürgermeisterin, die ihm den Weg frei machte, konnte Gerland nicht passieren. Weg für Weg, Grundstück für Grundstück, Waldstück für Waldstück ging er rund um Maltrin auf Einkaufstour.

Aber auch jenseits von seinem neu erworbenen Grund und Boden wollte Gerland fortan bei allem mitmischen, was hier passierte. War es Gerlands Ansinnen, dass der hässliche, in Gemeindebesitz befindliche Miniplattenbau in Sichtweite seines Schlösschens abgerissen wurde, beschloss Frau Sander geschwind, dass hier, obschon es immer wieder Wohnungsinteressenten gab, keine neuen Mietverträge mehr vergeben wurden und Instandhaltungsarbeiten aufs Minimum heruntergefahren wurden. Wollte Gerland Windkraftanlagen auf den Hügeln über Bürzow verhindern, um sich die Aussicht vom Schlösschen nicht verschandeln zu lassen und weil er Windkraft per se ablehnte, gab Frau Sander der Betreibergesellschaft dienstbeflissen einen Korb – wodurch der Gemeinde eine lukrative Einnahmequelle verloren ging. Gerland freilich habe sich keine Einnahmequelle so schnell durch die Lappen gehen lassen, wetterte Bodin. Gerland machte den Deal mit der Betreibergesellschaft selbst: Mit fünfzig Kilometer Abstand vom Schloss kaufte er ein Ausweichgrundstück, wo die Windräder bald auf Hochtouren rotierten und die Gerlandsche Kriegskasse zusätzlich füllten. In der Lokalpolitik der Gemeinde Maltrin hingegen wurde statt Windkraft nur noch heiße Luft produziert, jedenfalls sah Meister Bodin die Sache so. Bodin war wegen des Angelgerangels um den Bürzower Dorfteich schon am Kennenlernnachmittag im Schloss nicht auf Gerlands Kooperationsangebot eingegangen. Nun beschloss er, dass man aktiv etwas gegen das Gutsherrengehabe unternehmen müsse. Er trat in den Gemeinderat für die Großgemeinde Maltrin/Bürzow ein und stimmte von nun an stur dagegen, wann immer Gerland Gemeindeland an sich reißen wollte. Damit stand er aber mehr oder weniger alleine, sagte Bodin.

Maltrin war nun einmal kein gallisches Dorf. Statt Lust am Aufbegehren umwehte diesen uckermärkischen Sprengel noch der preußische Geist des Gehorsams gegenüber Respektspersonen. Gerland hatte nicht nur die Frau Bürgermeisterin auf seine Seite gebracht, er stellte einen ganzen Interessenverband zusammen, angeführt von dem Ortsvorsteher von Bürzow, der sein Angestellter war. In diesem Interessenverband hatten alle einen Willen: den von Gerland. Zu diesem Interessenverband habe anfangs übrigens auch Bauer Plietsch gehört, der später gottlob die Bande zu Gerland gekappt habe und vor Kurzem, wie wir ja sicher wüssten, das Bürgermeisteramt übernommen habe.

Doch zunächst mal wurde unter dieser »Lex Gerland« für eine ganze Weile Politik gemacht. »Natürlich allet nur symbolisch«, betonte Bodin. Im Gegenzug dafür, dass Bürgermeisterin Sander Windkraftanlagen verhinderte, stattete Gerland mit großem Glanz und Gloria die Grundschule mit neuen Fenstern aus und stiftete Tore für den Fußballplatz. Zwei schöne Tore würden der Stimmung im Dorf sicher guttun, hatte Gerland sich ausgerechnet und bezahlte sie aus der Portokasse. Im Gegenzug dafür, dass Frau Bürgermeisterin den Plattenbau gezielt ausbluten ließ, meldete Gerland drei Gewerbe in der Gemeinde Maltrin an, obskure Briefkastenfirmen, für die er edle Messingschilder an den Torpfosten vor seiner kastaniengesäumten Schlosseinfahrt hämmern ließ: eine Investmentgesellschaft, eine Finanzberatungsfirma und eine Wohnungsbaugesellschaft. Auf einen Schlag eine Million Euro Gewerbesteuer, das klang wie Ostrock in den Ohren der Feierabendpolitiker, die sich einmal im Monat in dem neonbeleuchteten Mehrzweckraum mit den orangefarbenen Gardinen versammelten, hier, wo man von außen nie so genau sagen konnte, was noch Gemeindesaal war und wo die benachbarte Pommesbude schon anfing.

Schluss mit lustig und großen Gesten war, wenn es um die konkreten monetären Interessen Gerlands ging: Kurz vor der

Briefkastenfirmeneröffnung hatte Frau Bürgermeisterin mit dem Segen der Gruppe Gerland im Gemeinderat den Hebesatz der Gewerbesteuer flugs noch auf das gesetzliche Minimum von zweihundert Prozent gesenkt.

»Wir hatten mit der Million Gewerbesteuer von Gerland schon ganz groß geplant: Der neue Sportplatz mit der Flutlichtanlage sollte ein Glanzstück werden und Maltrin neuen Schwung geben. Aber nachdem dann die Pflichtumlagen an den Landkreis und den Gemeindeverband entrichtet waren, blieb für Maltrin nur noch die Schlüsselzuweisung übrig – und die Gemeinde war bis über beide Ohren verschuldet«, lamentierte Bodin.

»Blödheit oder Kungelei?«, fragte ich.

Kurt Bodin zuckte mit den Schultern.

»Weeß nich. Weeß nur, dass die gute Frau Sander einen Scherbenhaufen hinterlassen hat. Deswegen ist sie jetzt ja auch abgewählt worden.«

Frau Bodin erschien mit einer Thermoskanne in der Hand in der Terrassentür. »So mein Herr und Meesta, Jemeindevasammlung is beendet, nu is Kaffeeklatsch.«

Wir entschuldigten uns und verschwanden in Richtung Ausgang. Auf dem Treppenabsatz fiel mir der eigentliche Grund unseres Besuchs wieder ein: »Und der See, was ist mit dem Maltriner See?«

»Tja, der See«, sagte Bodin und zwirbelte sich den Schnurrbart. »Mein Sohn erkundigt sich für den Angelverein jedes Jahr neu beim Amt in Templin. Bislang gibt es keine Anfragen, hieß es bislang immer. Aber man weeß ja nie. Den Wandlitzsee hamse ja auch privatisiert.«

»Und was passiert dann?«

»Tja – Zaun drum, Eintritt nehmen, Pachtzahlung für Stege und Badestellen, allet sowatt.«

Bodin lehnte sich an die Glasbausteinwand des Windfangs, wodurch der Bewegungsmelder ständig klickte.

»Ich hatte ja nischt gegen den Gerland. Was er mit dem Schloss gemacht hat und alles, war ja schön anzusehen. Aber er muss sich auch ins Leben hier einordnen. Hier wohnen noch sechshundert Menschen, die auch spazieren gehen, angeln und baden wollen. Aber bisher war es so: Wer nicht auf Gerlands Seite stand, war bei ihm unten durch.«

Frau Bodin erschien im Flur, schlüpfte aus ihrem rechten Puschen und putzte mit den Strümpfen den Straßendreck ab, den Konrad und ich auf dem Kachelboden hinterlassen hatten.

»So, Kurtchen, nu lasset ma jut sein.«

Wir wechselten bald auf die andere Seite des Betonweges, wo die Bonsai-Plattenbauten ein wenig Schatten spendeten, und schlurften, niedergedrückt von der Wucht der Hitze und den Schilderungen Bodins, zurück gen Dorfmitte. Die meisten Maltriner hatten sich in ihre kühlen Kachelwohnzimmer auf die Sofas verzogen, nur vereinzelt lagen schlaffe Körper auf Gartenliegen unter den allgegenwärtigen weißen Plastikplanenpavillons. Meine Gedanken kreisten schon allein aufgrund der Affenhitze weiter um den See. Graf Zahl dagegen trieben fiskalpolitische Fragen um.

»Was ich nicht verstehe, ist, warum er sich so über das Gewerbesteuer-Thema aufregt«, sagte Konrad. »Von der Steuergerechtigkeit her gesehen geht das völlig in Ordnung, dass so eine Minigemeinde wie Maltrin einen großen Batzen an den Kreis abgeben muss. Die Idee der Schlüsselzuweisung ist ja gerade der kommunale Finanzausgleich. Die Maltriner nutzen ja auch das Prenzlauer Hallenbad und Krankenhaus. Die sogenannten zentralörtlichen Funktionen.«

»Ich glaub, Bodins Kernanliegen waren auch weniger die fiskalischen Details, sondern eher das, was er zum Schluss sagte, nämlich: ›Wer nicht auf Gerlands Seite steht, ist bei ihm unten durch.‹«

Wir flüchteten uns von Schatten zu Schatten und nahmen

in dem besonders schönen Exemplar des Kirchturms eine Auszeit. Ich ließ mich auf der Natursteinmauer des Friedhofs nieder und sprang sofort wieder auf. Die Steine glühten förmlich vor Hitze. Maltrin konnte einem an diesem Tag wahrlich Feuer unterm Hintern machen. Ein Rumoren durchbrach die Stille. Vom Ende der Dorfstraße her nahte ein Mähdrescher, dessen Motorengeräusche sich auf unserer Höhe zu einem Brüllen steigerten und dann langsam wieder ausklangen.

»Plietsch fährt die Ernte ein«, sagte Konrad.

»Wie auch immer, die Sache wird mir langsam zu heiß, Konrad. Ich sehe schon, du musst hier früher oder später das Bürgermeisteramt übernehmen und die Fronten klären. Das bisschen Politik hier in Kleinkleckerdorf erledigst du doch von Berlin aus per SMS …«

Konrad überlegte.

»Bürgermeister ist auf dem Dorf wirklich eine Feierabendbeschäftigung. Am besten gehen wir gleich mal zu ihm hin.«

»Zu ihm?«

»Ja. Hast du denn vorhin nicht zugehört? Hat Bodin doch erzählt, dass Bauer Plietsch den Job kürzlich übernommen hat.«

»Ja, nee – ehrlich gesagt steht mir der Sinn jetzt eher nach Baden.«

»Aber du willst doch sicher, dass du und deine Kinder hier in Zukunft auch noch baden können, oder?«, fragte Konrad, als sei schon Wahlkampf. »Für mich sind noch ein paar sehr entscheidende Fragen offen: Ich möchte schon gerne wissen, wie Plietsch die Sache sieht. Als eher konservativer Landwirt, der aus Westdeutschland stammt, dürfte er für alte Wessi-Feindbilder jedenfalls nicht so anfällig sein. Schnell hin, er ist gerade auf seinen Hof gefahren.«

Der Hof von Großbauer Stefan Plietsch, Wolfgang Schröders Dienstherr, sperrte sich gegen jede romantische Vorstellung von einem lustvollen Leben auf dem Land, hatte so gar nichts vom Country-Style diverser Hochglanzmagazine. Dies war nicht der Sehnsuchtsort mit Fachwerk, Reetdächern, Trockenblumenschmuck und süßen rosa Schweinchen. Dies war ein schmucklos asphaltierter Vorplatz vor einem lang gezogenen gelben Betonklotz, dem Stall, den Wolle immer als »dit jelbe Elend« bezeichnete. Davor war gerade einer der Mähdrescher zum Stehen gekommen, die hier seit Tagen sogar bis spätnachts im Dauereinsatz waren, wodurch im Übrigen auch die schöne Weidenhofruhe ein wenig in Mitleidenschaft gezogen wurde. Plietsch erkannte Konrad, winkte und sprang vom Bock. Der Nachmittag schien mehr Rätsel aufzugeben, als Rätsel zu lösen. Wie konnte einer in dieser Ofenhitze am Sonntagnachmittag freiwillig arbeiten? Hatten Landwirte denn wirklich nie eine Minute Freizeit? Und wie schaffte es Bauer Plietsch dann noch, Feierabend-Bürgermeister zu sein? Alles Fragen, die ich Stefan Plietsch irgendwann auch gerne einmal gestellt hätte. Nun ging es erst mal um den See. Mit ausgestreckter Hand hielt Plietsch auf uns zu.

Wie schon sein schnödes Gehöft durchbrach auch seine Erscheinung Erwartungen. Dies war kein Bauer aus dem Bilderbuch. Das fein geschnittene Gesicht des Mittvierzigers, sein korrekt frisiertes schwarzes Haar, das gravitätische Auftreten – hätte man Plietsch aus seinen Gummistiefeln, der alten Cordhose und dem Karohemd geholt und in einen Anzug gesteckt, er wäre ebenso gut als Manager durchgegangen. Mit seiner Art zu fragen: »Was kann ich für Sie tun?« und seinem Gestus des Auf-die-Menschen-Zugehens hatte er eher das Zeug zum Politprofi. Plietsch führte uns über den korrekt gemähten Rasen zu einer Gartenmöbelsitzgruppe unter einem Sonnenschirm. Offensichtlich war er gar kein Feierabendpolitiker, sondern auch als Bürgermeister immer im Dienst, und so eine spontane Bürgersprechstunde zwischen zwei Mähdreschereinsätzen war nichts Ungewöhnliches.

Die Angst um unseren See konnte Plietsch uns schnell nehmen. In gewählten Worten legte uns der studierte Großagrarier dar, dass der Maltriner See Eigentum des Landes Brandenburg sei und in der Landesverfassung *unmissverständlich* geschrieben stehe, dass in Landesbesitz befindliche Gewässer nicht veräußert werden dürften. Auf dem Verkaufskatalog stünden nur Seen, die traditionell vorwiegend der Erwerbsfischerei dienten und daher als ehemalige volkseigene Gewässer in das Finanzvermögen des Bundes geflossen seien. So wie im Falle des Bürzower Sees, der ja nun schon einen Abnehmer gefunden habe. Nur diese Seen sollen, so will es der Bund, von der Bodenverwertungs- und Verwaltungsgesellschaft veräußert werden. Und selbst das sei vorerst auf Eis gelegt, entwarnte der Bürgermeister.

Hinter dem gelben Elend brüllte eine Kuh, als hätte sie gerade einen Hitzschlag erlitten.

»Wie erklären sich dann die hartnäckigen Gerüchte von der Privatisierung des Maltriner Sees im Dorf?«

»Gibt es die? Wenn, dann kann das meiner Einschätzung nach nur zwei Gründe haben. Der eine Grund war sicherlich die Online-Petition des Zossener Stadtverordneten Carsten Preuß von der Linkspartei, der im Sommer 2009 gegen den Seen-Ausverkauf mobilgemacht hat.«

Plietsch führte aus, dass das im Sommerloch 2009 der ganz große Aufreger war und dass danach in ganz Brandenburg das Drohszenario von eingezäunten, durch rein wirtschaftliche Nutzung ökologisch reihenweise umkippenden Seen die Runde machte. In der Tat sei ja einiges schiefgelaufen bei der Seenprivatisierung durch die BVVG, sagte Plietsch und verwies auf das Beispiel Wandlitzsee: Dort hatte die Kommune zwar ein Vorkaufsrecht, aber sie musste sich bei der Versteigerung des Sees frühzeitig geschlagen geben. Ein Privatunternehmer aus Düsseldorf legte schließlich das Doppelte auf den Tisch. Als der See dann als einer der ersten Seen Ostdeutschlands in Privatbesitz übergegangen war, verwehrte der neue Eigentümer den Anwohnern angeblich die freie Nutzung einiger Badestellen und knöpfte ihnen Pachtzahlungen für privat genutzte Stege ab. Durch die Online-Petition von Carsten Preuß fünf Jahre später seien zwar nicht genügend Unterschriften für eine Gesetzesänderung zusammengekommen, sie schlug aber dennoch Wellen in der Landespolitik. Die Schlagzeilen waren in der Welt: Drei- bis fünfhundert Seen in Brandenburg drohe ein ähnliches Schicksal. Im Frühjahr 2010 wurde die Seenprivatisierung auf Drängen von Brandenburger Landespolitikern verschiedener Fraktionen erst einmal unter ein Moratorium gestellt.

Die Kuh mit dem Hitzschlag muhte nochmals um ihr Leben, aber den Bauern ließ das offenbar kalt.

»Und der zweite Grund für die Gerüchteküche wohnt ein Dorf weiter«, sagte Stefan Plietsch bedeutungsvoll. »Die Leute haben natürlich sehr genau wahrgenommen, wie Herr Gerland mit den Sportfischern am Bürzower Dorfweiher umgesprungen ist.«

»Haben wir gehört. Aber um ehrlich zu sein, wir waren uns nicht sicher, ob das nur Anti-Wessi-Stimmungsmache war.«

Plietsch ließ sein ernstes Gesicht noch ernster werden. »Da muss ich Ihnen jetzt mal was sagen: Vielleicht kommt das für Sie aus meinem Munde überraschend, aber für mich ist der Gerland tatsächlich schlimmer als die übelsten Gutsherren vergangener Zeiten.«

»Aber mit Verlaub«, warf Konrad ein, »so wie ich das verstanden habe, gehörten sie doch am Anfang selbst mit zur Wählergruppe des hochmögenden Herrn Gerland.«

»Ja, das stimmt. Aber, wie soll ich sagen, in der Wählergruppe hat uns der Gerland – auf Deutsch gesagt verarscht.«

»Das mit der Gewerbesteuer?«

»Ja, weil wir plötzlich den niedrigsten Satz hatten, mussten wir dem Land eine Menge zurückzahlen. Das hat dem Gemeindehaushalt fast das Genick gebrochen.«

»Und wie ist der Exbürgermeisterin von der PDS die Verrenkung gelungen, für den Großkapitalisten so dienstbar zu sein?«

»Lassen Sie es mich mal so sagen: Frau Sander war die Sorte Politiker, die sich immer und in allen Systemen darauf verstehen, das Beste für sich rauszuholen.«

»Was heißt das?«

Bürgermeister Plietsch antwortete mit einer gleichzeitig viel- und nichtssagenden Miene und ergriff wieder das Wort: »Das Ergebnis ist, dass ich jetzt eine bankrotte Gemeinde übernommen habe. Diese Mentalität meiner Amtsvorgängerin passt gut zusammen mit jemandem, der glaubt, mit Geld könnte man machen, was man will. Einem … Wie sagt man noch gleich?«

»Plutokraten«.

»Genau. Zum Beispiel hatten wir uns in der Interessengruppe auf einen Modus geeinigt, wie die Dorfgrundstücke neu geordnet werden sollten – zu DDR-Zeiten wurde mit Grund und Boden auf dem Land ja so ziemlich nach Gutdünken umgegangen, und deshalb war es so, dass einigen Maltrinern die Vorgärten vor ihren Häusern, die sie seit Jahrzehnten bepflanzten, kurioserweise gar nicht gehörten. Deshalb hatten wir gut demokratisch die, wie ich finde, sehr vernünftige Lösung besprochen, dass die betreffenden Anwohner die Flurstücke zum Vorzugspreis kaufen können. Alles war schon per Handschlag abgesegnet – da schickt der Gerland von heute auf morgen seinen Statthalter los, die Grundstücke im letzten Moment selbst zu kaufen.«

»Vorgärten? Was will der damit?«

»Gute Frage. Ich kann es mir nur so erklären: Der hat ein ausgeprägtes Machtbewusstsein. Da will einer Fürst spielen.«

Am Ende der Sprechstunde klebten unsere Hosen am Sitzfleisch fest. Als wir uns von Bürgermeister Plietsch verabschiedet hatten und außer Sichtweite waren, kniff ich mir überdeutlich nach Bauernart in den Hintern, und Konrad tat es mir sofort gleich.

Auf unserer eigenen Scholle herrschte einstweilen rege Betriebsamkeit. Dunkle Wolken und ein Donnern aus der Ferne hatten der Aufbruchstimmung, die hier im Normalfall erst am späten Sonntagnachmittag oder gegen Abend aufkam, zusätzlich Zunder gegeben. Aus einer irrationalen Angst vor Gewittern machte Simone jedes Mal ein Riesentheater, wenn man auch nur beim leisesten Grummeln noch im See baden wollte, und so wurde mir klar, dass ich trotz der Schwüle heute ungebadet zurück nach Berlin fahren musste. Immerhin hatte ich nun die Sicherheit, dass ich »unseren« See, sofern zwischendurch nicht Krieg ausbrechen oder einer Verfassungsklage gegen das Land Brandenburg stattgegeben würde, auch beim nächsten Mal frei betreten konnte. Und doch appellierte ich noch mal an Konrads Machtinstinkt: »Du weißt ja sicher, was man im Boulevardjournalismus in solchen Fällen immer schreibt, Konrad?«

»Nein, weiß ich nicht.«

»Man schreibt: ›Es bleibt ein mulmiges Gefühl.‹ Und mir geht es ehrlich gesagt auch ein bisschen so. Ich will nicht an unserem Steg irgendwann doch noch aufgescheucht werden. Womöglich von einem Motorboot mit getönten Scheiben.«

»Also das mit dem Aufscheuchen halte ich immer noch für ein Gerücht. Bekloppte Geländewagenfahrer gibt es viele. Außerdem ist der See sicher, du hast es doch selbst gehört.«

»Kann ja sein, Konrad. Aber Fakt ist doch, dass sich über Bürzow was zusammenbraut. Willst du nicht doch kandidieren und in diesem Nest mal richtig aufräumen?«

»Das Bürgermeisteramt ist doch vorerst in den besten Händen. Was ich ehrlich gesagt aber auch schon überlegt habe, ist, ob ich dem Gerland nicht mal einen Besuch abstatten soll. Ihm zeigen, dass mit uns auch zu rechnen ist.«

»Mach es, Konrad! Schließlich hast du als Landadeliger einen Namen wie Donnerhall!«

Es traf sich, dass Gerland zwei Wochen darauf an einem Samstag die Tore seines Schlosses ohnehin für das einfache Volk öffnete. Das »Open-Air-Schlosskonzert zu Bürzow« war schon seit Längerem im Dorf plakatiert. Dem Anschlag nach zu urteilen, handelte es sich um eines der landesüblichen Sommerevents, auf denen beigefarbene Rentner in Brandenburger Schlossgärten mit eingängigen Klassikhits berieselt werden.

Dem Vernehmen nach hatten Andine und Konrad die ganze Zeit nach der passenden Gelegenheit gesucht, mit Gerland zu sprechen, ihn sich einmal gehörig zur Brust zu nehmen, was sich bis in die späte Nacht so hinzog. Gerland war zu beschäftigt. Er hielt eine Ansprache, in der er betonte, wie sehr ihm die Region am Herzen lag, ebenso die Schönheit des Landlebens und die Geschichte dieses Dorfes und seiner historischen Gebäude, für deren Erhalt er sich mit aller Kraft engagieren wolle. In typisch preußischer Verpflichtungsattitüde habe Gerland immer wieder betont, wie wichtig es sei, dass die Wohlhabenden in unserer Gesellschaft Verantwortung übernehmen. Ein klassisch adeliges Auftreten, wie Konrad sagte. Dann wurde musiziert. Anschließend aber war Gerland für längere Zeit verschwunden, hatte sich vermutlich in seine Gemächer zurückgezogen beziehungsweise ein festliches Mal zu sich genommen, während die Besucher mit Kanapees abgefertigt wurden, wie Andine mutmaßte. Konrad gestand, dass sie den Schlossherrn erst ganz am Ende der Veranstaltung noch mal erwischt haben, am Ausgang, und fügte hinzu, dass er ihm dann auch nur noch die Hände geschüttelt habe. Die Luft sei so spät am Abend irgendwie raus gewesen. Andine pflichtete Konrad bei, das Konzert sei eigentlich ganz schön gewesen, aber dass sie es unverschämt fand, dass so ein reicher Sack auch noch Eintritt nimmt. Das hätte sie ihm aber leider auch nicht mehr sagen können.

Einige Weidenhofer bedauerten es sehr, aber mit dem großen Duell Geldadel gegen Landadel war es vorerst nichts geworden.

IN THE NEIGHBOURHOOD

So grundlos die Aufregung um den See im Nachhinein auch war. Mir hatte die Seerettungstour mit Konrad durchs Dorf den nötigen Stoß versetzt, um für einen Moment von der Nabelschau in unserer kleinen Weidenhofwelt abzulassen und auch mal über den Gartenzaun zu blicken. Ollis Worte bewahrheiteten sich: Hier in diesem untouristischen Teil des Landes lernte nun auch ich endlich mal ein paar waschechte Brandenburger kennen. Eine Aussicht, die nach dem Kurzbesuch bei Bodin ihren obskuren Charakter für mich verloren hatte. Im Gegenteil, erstmals war so etwas wie heimatkundliches Interesse in mir erwacht – zumindest verkündete ich das im Überschwang der guten Nachrichten, die ich mit dem Betreff herumschickte: *Die Seenot hat ein Ende.* Wobei ich mir die von Weitem winkende Metapher der Dorfbewohner als Eingeborenen und meiner Person als Völkerkundler nicht verkneifen konnte. Fabians Antwort kam schnell und war leicht süffisant. *Betreff: Kannst Du haben.* Er hatte sich hinter die Organisation unserer Sommer-Hofparty geklemmt und noch Aufgaben zu delegieren: *Einer muss sowieso noch einen Zug durch die Gemeinde machen und die Leute aus dem Dorf einladen. Wenn wir das diesmal auch wieder vergessen, sind wir für alle Zeiten unten durch bei den Dorfkollegen.* So konkret hatte ich das gar nicht gemeint. Aber gut.

Bis zu Konrads und meinem Seerettungseinsatz bei Meister Bodin und Bürgermeister Plietsch hatten sich meine Einblicke ins Dorfleben auf vereinzelte Besuche in der Bäckerei beschränkt, und was ich im Zuge dessen gesehen hatte, machte nicht unbedingt Lust auf mehr: Maltrin war eben so ein typisches Angerdorf mit ein paar gelben und ein paar grauen Häusern, einer Kirche auf einer kleinen Anhöhe, dem unvermeidlichen Dorfteich – und Ende Gelände. Aufgefallen war mir nur, dass neben einigen lauschigen Ecken, wo vor Backsteinhäuschen die Kornblumen blühten, die DDR-Moderne Schneisen der ästhetischen Verschandelung hinterlassen hatte: Miniplattenbauten, mit Betonplatten verbreiterte Kopfsteinpflasterwege, mit Waschbeton ummantelte Laternenpfähle, mit gewellten Asbestplatten gedeckte Bungalows und eine stillgelegte Verkaufsstelle, in der nur noch die Kasse stand und die ansonsten gähnend leer war. Neben dem Eingang erinnerte eine Gedenktafel an die feierliche Eröffnung: »Diese Versorgungseinrichtung wurde als Initiativmaßnahme durch die Bauabteilung des VEB Maltrin am 30.7.1985 übergeben.« Stellenweise war es, als hätte man die Evakuierungszone von Tschernobyl betreten. Andererseits konnte die wunderbare Feldsteinkirche mit dem alten Friedhof über einiges hinwegtrösten. Man musste den Tatsachen ins Auge blicken: Maltrin war ein bisschen schön und ein bisschen hässlich. Das uckermärkische Dorf par excellence.

Für tiefere Einblicke hatte mir bis dato ein Wandkalender mit Maltrinmotiven genügt, der seit Anfang des Jahres in der Gemeinschaftsküche hing. Immer wenn wir im Landhaus Besuch bekamen, holte ich den Kalender von der Wand und präsentierte ihn genüsslich Blatt für Blatt: Die Lacher wurden mit jeder Seite schriller. Denn nicht eines der Fotos zeigte den schönen See mit dem tollen Ausblick übers Land beziehungsweise den Gegenschuss, der das deutschromantische Motiv des schilfumsäumten Sees mit Holzkirchturm und goldenem Hahn auf der Spitze dahinter eingefangen hätte. Nein, der offizielle Maltrinkalender präsentierte in zwölf Variationen Maltrin Downtown: ein Dorf, das im Wesentlichen aus einer einzigen Straße bestand und das so tat, als ob ein Gewässer namens Maltriner See gar nicht existierte. Das Februarblatt etwa zeigte die Dorfstraße im Schneematsch mit den Altglascontainern zur Linken und einem der kleinen Plattenbauten im Hintergrund. Die Bildunterzeile war praktisch nur als Durchhalteparole zu verstehen: »Der Frühling naht.« Doch jegliche Hoffnung auf ein schönes Frühlingserwachen erstickte das Blatt des Wonnemonats Mai im Keime: Es zeigte ebenfalls die Dorfstraße, nur eben an einer anderen Stelle. Zu sehen war ein regionaltypisches Doppelhaus, dessen eine Seite gelb, die andere DDR-grau war, aber beide Seiten jeweils mit großer Satellitenschüssel ausgestattet. Die Unterzeile war ein stummer Schrei nach Sinn: »Dorfstraße im Mai« lautete sie. Beinahe machte es den Anschein, als hätte der Herausgeber des Kalenders auf die lässige Beiläufigkeit geschielt, mit der die neue deutsche Magazinfotografie seit einigen Jahren daherkam. Da aber eher anzunehmen war, dass mit dem Maltrinkalender dem Kitsch der Apothekenkalender nachgeeifert wurde, musste das Ergebnis umso mehr erstaunen – und besonders die Abwesenheit des Sees im Kalender war unerklärlich, ja, schien grob fahrlässig.

Wenn ich bislang überhaupt irgendeine Erkenntnis über dieses Dorf gewonnen hatte, dann die, dass die Maltriner ein gestörtes Verhältnis zu ihrem See hatten. Es war nicht nur keine Spur von dem See im Maltrinkalender, es war auch kaum eine Spur von den Maltrinern am See, außer dann und wann mal ein Angler auf unserem Steg oder ein paar spielende Kinder an der Dorfbadestelle. Womöglich ließen die Maltriner ihren schönen See links liegen, weil ihnen ihr Dorf demgegenüber umso durchschnittlicher vorkam. Vielleicht hatten sie aber auch einfach zu viel zu tun, zum Beispiel in Arbeitskitteln den Gehweg zu fegen und auf den Besen gestützt misstrauisch auswärtigen Autos hinterherzuschauen. Danach verschwanden sie meist direkt wieder in ihren Haustüren, und das einzige zu empfangende Lebenszeichen, das blieb, war das Kreischen ihrer Sägen hinter den Häusern oder das Flackern der Fernseher bei Dunkelheit. Vielleicht bot meine Einladungsrunde Gelegenheit, unsere Nachbarn besser kennenzulernen.

Am Tag, als ich zu meiner Mission aufbrechen wollte, kam es mir auf dem Weidenhof besonders heimelig vor. Steve lag noch im Bett. Niels saß vor dem Badezimmer und vertrieb sich die Wartezeit mit einer Tasse Kaffee und seinem Smartphone. Mette, Jana und Andine klapperten und schnatterten in der Küche herum. Elke schimpfte im Badezimmer mit dem kleinen Kalli. Simone brüllte durchs ganze Haus, wo denn der Fön schon wieder sei. Olli hatte gerade die Morgenzigarette auf dem Boden vor der Gartenbank ausgedrückt und machte sich daran, seine nach Wasser lechzenden Weinpflänzchen unter dem Scheunenvordach zu gießen, wobei er allen Ernstes das Lied »I never promised you a rose garden« summte. Konrad empfing irgendwelche Handwerker und führte sie in die Scheune. Die Feuerstelle qualmte noch vor sich hin, und das gefledderte Feuilleton einer Wochenzeitung wurde vom Sommerwind über den Rasen getragen. Andine transportierte mit einem großen Tablett Grillsoßen, leere Weinflaschen und benutzte Teller, die vom Vorabend noch auf dem Gartentisch herumstanden, zurück in die Küche und befüllte die Spülmaschine. Deren Ein- und Ausräumen war eindeutig der Herzschlag unseres Landhausorganismus. Mich zog es noch nicht wirklich hinaus zu meiner Mission, und so begann ich wieder einmal, den Wildwuchs an Jacken, Schuhen, Taschen, Windelpackungen, Werkzeugen und Kinderspielzeugen ein wenig zu ordnen, der sich stets innerhalb von Minuten nach unserem Eintreffen im Flur bildete. Daran konnte auch Doreen nichts ändern, unsere neue Putzfrau, die den Weidenhof jeden Dienstag wieder in den Urzustand zurückversetzte. Oscar und Noah hingen wie Kletten an mir und belatscherten mich, mit ihnen Trampolin zu springen, zu baden und Dinoknochen auszubuddeln – am besten alles gleichzeitig. Schließlich kam Fabian aus dem Bad.

»Na, wann machst du deine Runde durchs Dorf?«

Es war mir vor mir selbst peinlich, aber als ich den Klingelknopf der Familie Heinchen drückte, merkte ich, wie mein Herz plötzlich schneller pochte. Heinchen war der Betonexperte, der beauftragt war, in dem neuen umgebauten Teil der Scheune die Bodenplatte zu gießen. So weit hatte Fabian mich noch instruiert. Über dem Klingelknopf hing ein Schild aus Salzgebäck, das Familie Heinchen und ihren Hund als bunte Strichmännchen vor einer Sonne zeigte. Was Konrad, Fabian und Jörg aus dem Effeff beherrschten, nämlich den kumpelhaften Schnack mit den Menschen vom Dorf, ging mir eher holprig über die Lippen. Bei mir haperte es allein schon am baupraktischen Wissen. Die Scheunenboys hatten schlichtweg mehr Übung, schließlich machten sie seit Wochen nichts anderes, als durch beharrliches Palavern mit Schröder und der Landbevölkerung den Wissensschatz zu heben, wie man mit platzenden Abwasserleitungen und einer hundertfünfzig Jahre alten Feldsteinscheune zurande kommt.

Ich hingegen lief mit dem latenten Schuldgefühl durch die Gegend, dass ich mir meine Unbeholfenheit im Umgang mit den Ureinwohnern aufgrund meines mangelnden Scheunenengagements selbst zuzuschreiben hatte und deshalb bei dieser neuen Kameraderie auf verlorenem Posten stand. Meines Erachtens gab es an der Milieukluft zwischen uns und den Maltrinern nicht viel zu deuteln: sie Landbewohner, wir Städter; sie Praktiker, wir Akademiker; sie Ostler, wir Westler. Die Kluft, über die Fabian, Jörg und Konrad einfach so hinwegschwadronierten – mich machte sie befangen. Ich kam ja schon ins Schlingern, wenn im Haus mal das Telefon klingelte und einer der Handwerker dran war. Kaum ein Elektriker, Fliesenleger oder

Installateur meldete sich mit Namen, geschweige denn leitete er sein Anliegen ein. Hier war es Usus, die Dinge unvermittelt ins Telefon zu bellen: »Ja, noch mal wegen der Überlauftonne für den Weidenhof. Was ist damit jetzt?« Das waren so Fragen, die einen studierten Kommunikationswissenschaftler auf dem falschen Fuß erwischen konnten.

Bei Heinchens öffnete ein kleiner Junge die Tür, starrte mich kurz an und lief direkt wieder zurück ins Haus. Dann erschien das Oberhaupt der Familie. Anders als das Salzgebäckschild an der Klingel glauben machen wollte, war der Mittvierziger Klaus Heinchen alles andere als ein Strich in der Landschaft.

»Tach, watt jibtet?«

»Äh, ich wollte, äh, ich gehöre mit zu den Leuten drüben vom Weidenhof und wollte nur sagen, dass wir am letzten Augustwochenende eine Hofparty machen. Und dass wir uns freuen würden, wenn ihr, äh, Sie auch kommen würden. Es könnte nämlich auch etwas lauter werden. Dafür gibt es Livemusik und nachmittags auch ein Theaterstück für die Kinder. Lohnt sich bestimmt, wird auf jeden Fall sehr schön.«

»Aha. Jut. Danke.«

Es entstand eine unangenehme Redepause, in der mir dämmerte, dass ich zu viel geredet hatte, wohl auch ein bisschen zu freundlich. Obendrein ahnte ich, dass ich meine seltsame Mischung aus Einladung und Entschuldigung in zu hoher Stimmlage vorgetragen hatte, insgesamt zu metrosexuell. Kurz gesagt: zu weibisch.

»Ma watt anderet«, sagte Heinchen, »habta euch schon wat übalecht, wie viel Kubik Beton uff den Scheunenboden jekippt werden solln? Und ob wa jetze den C20/25 F3 nehmen wollen?«

»Also ich kann dazu nichts sagen, äh, vielleicht mal mit Konrad oder Fabian sprechen, die wissen bei solchen Sachen eigentlich am besten Bescheid. Also Konrad ist dieses Wochenende auch da, am besten gleich mal rüberkommen.«

Ich hatte es nicht im Griff. Wieder gab ich viel zu viel Gas, redete zu viel und fuchtelte auch noch unkontrolliert mit den Armen rum. Und dann kam zu allem Übel noch der blöde Vermeidungs-Infinitiv: Von wegen »vielleicht mal mit Konrad reden« und »gleich mal rüberkommen«. Ich hätte mir besser vorher überlegen sollen, ob ich Heinchen nun siezen oder duzen sollte. Oder vorher mal die Scheunenboys fragen. Nun schaute Heinchen meinem Gehampel zu, als ob er mit seinen Jungs schon in der Kindertheatervorstellung säße.

Dann sagte er: »Ja, denn is wohl bessa, ick komm gleich mal rüba. Denn ersma Tschüssi.«

»Tschüssi«, sagte ich und winkte.

Mein erster Auftritt bei den Nachbarn bestätigte meine ärgsten Befürchtungen: Der Uckermärker an sich ist es nicht gewohnt, um zwischenmenschliches Gefühlsgedöns, worunter letztendlich auch Partyeinladungen fallen, große Worte zu machen. Das Dilemma aber bestand darin, dass Gefühlsgedöns für Leute wie mich eine der ganz wichtigen Quellen für Gesprächsstoff war. Nicht so für den Uckermärker. Er war kein Emo-Bolzen, und wenn er redete, dann nur über Handfestes. Als Gesprächsstoff waren für ihn Betonbodenplatten gerade eben konkret genug. Konnte sein Gegenüber da nicht mitziehen, brach der Uckermärker das Gespräch jäh ab.

Vielleicht war es ein bisschen früh für solch pauschale Schlussfolgerungen, und ich war schon ganz ins Zaumzeug meiner Vorurteile eingespannt. Aber in vorauseilender Anpassung an die unterstellten Gepflogenheiten strich ich meinen Einladungstext von Tür zu Tür weiter zusammen, bis kaum mehr als das pure Faktenskelett übrig blieb, vorgetragen in epigrammatischer Kürze: Party, Datum, Zeit, Ort und »tschüssi«. So arbeitete ich Fabians Liste ab: von Heinchen zu Bodin, von dort weiter zu Fleischermeister Modrow, dessen beste Kunden wir waren, weiter zu Jürgen und Mike, unseren Scheunenhelfern, dann noch zu Biobauer Jens Tiemann und auf jeden Fall auch noch zu den Polen, die vor Kurzem ins Nachbarhaus gezogen waren – bisher spielten nur unsere Kinder miteinander.

Möglicherweise erlag ich mal wieder meinem Faible für Klischees, aber der Zug durch die Gemeinde erschien mir wie der Besuch in einem Wachsfigurenkabinett für die Archetypen vom Lande: Heinchen als vielleicht einer der letzten Vertreter der LPG-Proletarier alter Schule, mit geschorenem Haar, Stiernacken und ärmellosem Shirt in schreienden Farben. Bodin, der grau melierte Handwerkermeister mit dem Tom-Selleck-Schnurrbart und einem gediegenen Wohlstandsbauch. Jürgen und Mike, die Vertreter der neuen Blaumannträgergeneration, die lange im Hotel Mama wohnen blieben und ihr Geld für das physische Eigentuning investierten: In der Blaumanngroup gab es viele im Fitnessstudio gestählte Oberkörper und fein ziselierte Tattoos auf den Waden zu bewundern, außerdem Felgenohrringe, die das Ohrläppchen aufspannten, stromlinienförmig geschmierte Gelkappenfrisuren und kantige, aber gut gepflegte Gesichter, die dadurch einen Hauch von Weiblichkeit ausstrahlten. Doch des Typenreichtums Maltrins ungeachtet gab es da eine Tradition, die allen gemeinsam war: die Einsilbigkeit, mit der sie auf Partyeinladungen reagierten. Vielleicht lag das aber auch daran, dass Wolfgang Schröder den meisten sowieso schon Bescheid gesagt hatte, wie ich immer wieder zu hören bekam.

Bei Biobauer Jens Tiemann war es anders. Er wohnte am anderen Dorfrand in einem alten Dreiseitenhof, dessen Backsteinwände von Efeu überwuchert waren, genau, wie wir es uns auch für unser Brombeerhaus erträumten. Das Dach war mit Photovoltaik-Modulen zugepflastert, und in dem mit abgeschliffenen Dachbalken und Reispapierlampen herausgeputzten Inneren des Hauses befanden sich neben den Wohnräumen auch die Praxisräume von Thea Tiemann, die hier Blutegeltherapie anbot. »Na, alles gut bei euch?«, fragte Jens Tiemann, der mich offenbar mit einem Blick dem Weidenhof zugeordnet hatte. »Alles gut bei euch?«, war eindeutig die Frage, mit der sich der Städter dem Städter zu erkennen gab. Ich erfuhr, dass Jens und Thea Ende der Neunzigerjahre nach ihrem Studium der Agrarwissenschaft aus Berlin nach Maltrin gezogen waren, um auf Biobauer zu machen. Das mit dem Hof habe sich seitdem ganz ordentlich angelassen, erzählte Jens, gab aber im selben Atemzug auch gleich zu, dass die beiden sich auf einem anderen Feld ziemlich verkalkuliert hatten.

»Vorher wurde immer viel geredet, ›wir kommen euch auf jeden Fall ganz oft besuchen‹! Aber das gab sich dann sehr schnell. Besonders im Winter sind wir hier regelrecht vereinsamt.«

»Jetzt gibt es ja uns«, sagte ich.

Für einen Moment fühlte sich unsere Begegnung an, wie wenn sich zwei Bewohner desselben Städtchens zufällig am anderen Ende der Welt über den Weg laufen.

»Schön, wir kommen gerne zu eurer Hofparty«, sagte Jens Tiemann und kündigte im Überschwang an, ein Lamm stiften zu wollen, das er höchstselbst über dem Feuer grillen werde.

Auf dem Rückmarsch zum Weidenhof vertrieb ich mir die Zeit damit, eine zur Typologie der Einwohner passende Typologisierung ihrer Häuser auszuhecken. Ich kam zu dem Ergebnis, dass man die meisten Behausungen grob zwei Modellen zuordnen konnte: Einerseits die von allem Bewuchs penibel frei gehaltenen, nackt auf einer artifiziellen Rasenfläche stehenden und mit glattem Putz auf Stadthaus getrimmten Eigenheime der Alteingesessenen – denn sie kannten es von Kindesbeinen an nicht anders, als dass die freie Natur gleich hinterm Haus anfing und man ihr deshalb mit Rasenmäher, Heckenschere, Motorsense und einer Ladung Unkrautvernichter immer schön eins auf die Zwölf geben musste. Üppigeren Pflanzenwuchs duldeten die Alteingesessenen nur in kleinen abgezirkelten Beeten hinterm Haus, wo Erdbeeren, Erbsen, Radieschen und Kartoffeln wuchsen. In diesem traditionellen Modell befanden sich Mensch und Natur in einem unemotionalen, rein pragmatischen Kooperationsverhältnis. Im krassen Kontrast dazu die Eigenheime von Berlinflüchtern wie Bauer Tiemann und uns, die sich der lang vermissten Flora wie in einem Baumumarmungsseminar geradezu lustvoll hingaben: Stadtflüchtlinge bevorzugten Feldsteinscheunen und Backsteinhäuser, die sie, Mutter Natur vollkommen ergeben, mit Rankpflanzen überwuchern ließen – zerfraßen ihnen die Gewächse auch den Dachstuhl. Auch die Vegetation rund um ihre Häuser herum ließen sie in Form von Kornblumen und anderen nutzlosen Gefühlspflanzen gewähren – Pflanzen, die bei den Alteingesessenen wegen ihres rein emotionalen Mehrwerts wohl kaum eine Überlebenschance gehabt hätten: bringen ja nischt. Eine dritte, aber zu vernachlässigende Kategorie waren die vereinzelten Datschen von Berlinern im Ruhestand. So wie unsere Raschelrentner mit den Ballonseidenanzügen, die sich vor ihrem Pfahlhäuschen ein Stück weiter am See tagein tagaus die Finger wund kniffelten und uns mit Vorliebe beim Starten unseres Bootsmotors zusahen. Der Stil dieser Häuschen bewegte sich irgendwo zwischen Schwedenkitsch und Musikantenstadl-Kulisse.

Und wenngleich die Unterschiede zwischen Stadt- und Landmentalität offenkundig waren – gerade darum wurden auch Anfänge einer Durchmischung sichtbar: Stadtflüchtlinge wie Bauer Tiemann begannen, in ihren Bilderbuchbauernhöfen wieder eigenhändig zu schlachten. Die Alteingesessenen hingegen waren ihre Jobs in den landwirtschaftlichen Großbetrieben längst los und hatten auf Ich-AG umgesattelt: von Versicherungsberatung über Apfelsaftmosterei bis zu ayurvedischer Abhyanga-Massage. Und nicht selten vereinten sie solch unterschiedliche Serviceangebote unter einem Dach, wie ich vor dem Haus von Familie Roscher beeindruckt feststellte. Es war nicht zu leugnen, dass der berlinische Asien-Fimmel auch auf die vermeintlich hinterwäldlerische Uckermark übergegriffen hatte. Warum auch nicht? In der maschinellen Landwirtschaft gab es schließlich kaum noch was zu tun für die Leute, selbst Bauer Plietsch beschäftigte nur zwei feste Angestellte und half sich ansonsten mit Saisonkräften. Gleichzeitig wurde die durch Jobmangel ausblutende Region von Berliner Biobauern und Wochenendhausbesitzern neu bevölkert. Was lag also näher, als die Stadtflüchtlinge nach dem Bauchladenprinzip mit allem zu versorgen, was sie brauchten: Versicherungen für ihre Ferienhäuser und Scheunen, Massagen für ihre steifen Rücken und Seelen sowie urwüchsigen Apfelsaftmostereien, damit noch irgendetwas an das ursprüngliche Landleben erinnerte. Es sah ganz danach aus, als schließe sich hier ein Kreis: Die vom zunehmend automatisierten Agrarbetrieb freigesetzten Dörfler bedienten mit so einer Apfelsaftmosterei im beschaulichen Backstein-Nebengelass nicht zuletzt auch die romantischen Vorstellungen der Stadtflüchtlinge, die zurück zur Natur und zum ursprünglichen Landleben wollten – und nun historisch rekonstruierte Reste davon vorgesetzt bekamen.

Während ich so durch Maltrin schlenderte, gefiel mir der Gedanke, dass ich hier womöglich erste Pflöcke einer Milieutheorie des Dorfes im Wandel der Globalisierung in die Erde rammte und dass die akademische Welt nur darauf wartete. Ich las am Wegesrand alles auf, was sich später in der Studierstube zum großen Wurf zusammenpuzzeln lassen würde: der selbst beschriftete Pappteller an der Pommesbude, auf dem in Sütterlin geschrieben stand: »Keine Kreditkarten«; die schneidig-preußische Substantivsprache, in der das Schild der Apfelmosterei Roscher verfasst war – »Leergutannahme erfolgt nur in der Mostsaison« –, direkt neben dem Schild der Massagepraxis von Ines Roscher, dessen Botschaft hingegen von fernöstlicher Sehnsucht nach Weltflucht und Selbstauslöschung kündete: »Vergessen Sie den Alltag, lassen Sie alles hinter sich, finden Sie die totale Entspannung.« Darüber hing das Leuchtschild der Versicherungsagentur. Die Häuser der brandenburgischen Angerdörfer mit ihren Nebengelassen boten beste Voraussetzungen, um Ost und West unter ein Dach zu bringen. Ein selbst gemaltes Plakat informierte zudem darüber, dass die Roschers zwecks Herstellung von Honig-Apfelwein neuerdings mit dem Imker aus Bürzow kooperierten. Aus demselben Grund hatte Frau Roscher vermutlich auch Körperbehandlungen mit Honig-Essenzen ins Programm aufgenommen. Die zu DDR-Zeiten eingeübte Improvisationsfähigkeit, zusätzlich zur Arbeit in der LPG mit allen Mitteln noch eine Ostmark nebenher zu machen, zahlte sich offenkundig auch in härter werdenden marktwirtschaftlichen Zeiten aus. Man war findig und hatte sein Auskommen.

Der Geschäftssinn der Familie Schaulinski, die ein paar Häuser weiter wohnte, übertrumpfte den der Roschers noch. Hier gab es auf engstem Raum ein derartig facettenreiches Produkt- und Dienstleistungsangebot, dass ich zunächst völlig durcheinanderkam. Denn als mir Frau Schaulinski die Tür öffnete, stellte ich fest, dass die Familie in ihrer überdachten Veranda getarnt hinter Gardinen nicht nur »Frische Eier« verkaufte, wie es am Gartentor angeschlagen stand, sondern ein ganzes Krämerlädchen unterhielt, in dem neben einigen selbst gehäkelten Puppen eine Auswahl von Artikeln aus dem zwanzig Kilometer entfernten Supermarkt mit leichtem Preisaufschlag weitervertickt wurde. Nachdem ich Frau Schaulinski zwecks Einladung schon einmal herausgeklingelt hatte, kaufte ich bei der Gelegenheit auch noch eine Packung Eier von den wahrscheinlich glücklichsten Hühnern der Welt. Durch das Maschendrahtgehege hinterm Haus hatten sie Seeblick und pickten frische Nüsse, die Oma Schaulinski in den Häkelpausen für sie knackte. Und doch lebte das Federvieh immer im Angesicht des Todes. Denn die Haupteinnahmequelle der Familie war das Bestattungsgewerbe. Die Trauergespräche wurden im Wohnzimmer geführt, die Särge in der Garage gezimmert. Ein mustergültig integriertes Unternehmen, das gewissermaßen den ganzen Lebenszyklus abbildete.

Mit einer Packung Eier in der Hand stand ich schließlich, zwei Straßenecken von unserem Haus entfernt, vor einer Informationstafel der Gemeinde, mit der im Zentrum des Dorfes auf *Touristische Möglichkeiten* hingewiesen wurde. Im hölzern-klappernden Stil hieß es da: *Der Dorfteich im Zentrum ist rundherum landschaftlich schön gestaltet. Ein Spaziergang ist hier zu empfehlen. Schöne Wege im Grünen und Sitzmöglichkeiten sind vorhanden. Naturliebhaber können das Tun eines Storchenpaares beobachten.* Der Maltriner See hingegen wurde in der untersten Ecke abgefertigt: *Ein Vergnügen für alle Wasserratten und Petrijünger.* Nach dem Vorbild von Reiseführern informierte die Tafel lieber noch über Einkaufsmöglichkeiten im Dorf. Das Angebot war lückenlos aufgelistet: die Fleischerei Modrow, die Pommesbude, die Bäckerei und die Mosterei der Roschers. Sämtliche dieser Läden befanden sich ohnehin in Sichtweite.

Nur die Bestattungssupermarkthühnerfarm der Schaulinskis blieb unerwähnt. Es musste ja auch Insidertipps geben.

PARTYGESTÄNDNISSE

Der Jens hat ehrlich gesagt seit Tagen schon nicht mehr geschlafen!«, hatte die Frau von Bauer Tiemann im fortgeschrittenen Stadium der Hofparty Andine verraten, und Andine steckte es gleich am Tag danach uns. Nach ein paar Gläsern Prosecco hatte Thea Tiemann es offen ausgeplaudert: Ihr Mann Jens habe es kaum übers Herz gebracht, das Lamm mit dem Namen Karl für unsere Hofparty zu opfern. Er habe sich von Gewissensbissen dem süßen Tier gegenüber geplagt nur noch hin und her gewälzt. Hätte sich am liebsten krankgemeldet. Wollte uns Weidenhofern gegenüber aber natürlich auch Wort halten. Andine hatte auf dieses Geständnis von Thea hin das Sprichwort erwähnt: »Hier ist das Fleisch gut, hier haben die Tiere noch einen Namen.« Worauf Thea Tiemann entgegnete, das sei ja genau die Krux: »Wer killt schon gerne das Lämmchen Karl, mit dem gestern noch die Kinder gekuschelt haben?«

So erklärte sich im Nachhinein auch das seltsame Verhalten von Jens Tiemann am Morgen vor der Party. Als er mit dem aufgespießten Lamm bei uns auf dem Weidenhof angerückt war, um es überm offenen Feuer anzugrillen, hatte er ohne Umschweife begonnen, Bier zu trinken. Sicher trank jeder von uns im Laufe des Tages mal das eine oder andere Fläschchen mit, zum Vorglühen für den Abend. Biobauer Tiemann aber hatte sich, während er mit der einen Hand das Lämmchen Karl kurbelte, mit der anderen zur Betäubung des Schmerzes darüber im Laufe des ganzen Tages ein Bier nach dem anderen reingeorgelt. Am Nachmittag, als sich die ersten Gäste am Gartentor die Klinke in die Hand gaben und Simone und Andine in den letzten Vorbereitungen für ihre Kindertheatervorstellung steckten, war Bauer Jens lallend in die entgegengesetzte Richtung verschwunden: »Kurbelt mal schön ohne mich weiter, muss mich fürn Stündchen zu Hause ablegen. Gleich wieder da.«

Dumme Sache, denn keiner außer Bauer Jens hatte eine Ahnung, wie lange so ein Lamm brauchte, bis es durchgebraten war. Olli, Fabian und ich standen für einen Moment ratlos vor dem Tier.

Schließlich schlug ich vor, erst einmal aufs Geratewohl weiterzukurbeln, damit das Lamm auf jeden Fall gleichmäßig durchbriet und auch ja nicht verkokelte – und dann zu hoffen, dass Jens bald wiederkam.

»Juti, denn kurbel dich frei«, berlinerte Olli, drückte mir noch eine Flasche Bier in die Hand und verschwand im Getümmel. Das Kurbeln von Karl kam mir gar nicht so ungelegen, entband es mich doch fürs Erste von den anstrengenderen Gastgeberaufgaben. Die Frequenz, mit der sich jetzt das Gartentor öffnete und weitere Besuchergruppen einließ, legte am frühen Abend einen beachtlichen Zacken zu.

Nach der Einweihungsparty mit angezogener Handbremse im Vorjahr, die schlussendlich aber doch ausgeufert und mit dem Rohrbruch geendet war, galt diesmal von vornherein die Devise: »Nicht weniger ist mehr – mehr ist mehr.« Ich war in dieser Angelegenheit zunächst der Bedenkenträger, konnte mir aber kaum Gehör verschaffen.

Fabian argumentierte, dass gute Vorbereitung alles sei, und kündigte an, nicht nur einen Kühlanhänger randvoll mit Getränken zu ordern, sondern auch zwei bis drei Baustellentoiletten.

Mit Baustellentoiletten, gab ich zu bedenken, wäre die symbolische Grenze von der einfachen Party zur Großveranstaltung vollends überschritten. Meine Gegenwehr erwies sich allerdings rasch als zwecklos, und ich beugte mich der Mehrheit. Die wollte mit dieser ganz großen Sause etwas verspätet unseren offiziellen Einstand in Maltrin feiern.

Die Rasenfläche des Gartens zwischen Haus und Scheune verschwand zusehends unter den Füßen von Menschen, so als füllte sich ein Festivalgelände kurz vor Konzertbeginn. Der überwiegende Teil der bestens gelaunten Gäste war verzückt von der Szenerie. Wir hatten den Weidenhof aber auch nach Kräften aufgebrezelt: Neben den großen Weiden, die Elke wie Weihnachtsbäume mit runden Solar-Reispapierlampen geschmückt hatte, loderte das Lagerfeuer, über dem ich das Biolamm Karl kurbelte. Dahinter blickte man durch die beiden weit geöffneten, extra für die Party noch blau angestrichenen Scheunentore auf die Bühne, wo Ylvas Band später aufspielen sollte, und die Tanzfläche, auf der sich eine Schar Kinder wie die Derwische in Trance drehten. Der neue seeseitige Durchbruch in der Scheunenwand ermöglichte es neuerdings, vom Garten durchs Scheunentor und unseren zukünftigen Wohnraum sowie über die neue Terrasse hinweg auf den See zu blicken, dessen Oberfläche die Sonne flackernd in die Baumwipfel reflektierte. Darunter stand die Bar, die Jörg nach der Anleitung von Elke aus alten Türen, einigen Balken und einem alten Kronleuchter zusammengespaxt hatte, also aus allem, was die Scheune an altem Gerümpel hergab. Bei Einbruch der Dunkelheit sollte die Sonne durch Baustrahler abgelöst werden, die schon überall in unserem Urwald postiert waren, um mystisches Licht von unten zu machen. Fast war es ein bisschen prahlerisch.

Während ich seelenruhig auf einem Bierkasten neben Karl hockte, beobachtete ich, wie die Mitbewohner sich abklabasterten: Elke, die zum soundsovielten Male überschwänglich dankend die x-te planschbeckengroße Schüssel Nudelsalat von Gästen entgegennahm, während auf dem Büfett längst kein Platz mehr war. Jana und Ylva, die kaum noch nachkamen, die Spülmaschine zu befüllen und auszuräumen, um der Nachfrage am Büfett gerecht zu werden. Olli, der mit Kabeltrommeln, Dreifachsteckern und Baustrahlern behängt vor der Scheune herumstrolchte, um unser Schmuckstück später besonders Neid fördernd auszuleuchten, wie er mir im Vorbeigehen erläuterte – und der wenig später an einem ausgefransten Kabelende einen heftigen Stromschlag kassierte, woraufhin er wie ein Kesselflicker fluchte. Er musste sich schon sehr zusammenreißen, um die Contenance zu wahren und einige seiner Arbeitskollegen, die gleich darauf eintrafen, noch halbwegs freundlich zu begrüßen.

Weiter beobachtete ich Niels und Steve, die an dem defekten DJ-Pult herumtüftelten. Fabian und Konrad, die mit ein paar Freunden unter lautem Ächzen den wohnwagengroßen Kühlanhänger von der Straße in den Innenhof schoben, weil sich ein Anwohner über das Brummen des Generators beschwert hatte. Andine, die auf dem Campingherd neben dem Büfett in unserem Mannschaftstopf eine Bohnensuppe nach dem Rezept ihrer serbischen Uroma rührte, die immer so scharf gewürzt wurde, dass es ein Fall für das UN-Kriegsverbrechertribunal war.

Jörg, der auf der Terrasse noch an einem kleinen Katapult Marke Eigenbau herumbosselte. Neulich am Lagerfeuer hatte er sich im Fieber der Nacht mit Konrad einen Riesengag für die Party ausgedacht: Porzellanentenschießen. In der Einladung stand deshalb die kryptische Aufforderung, dass möglichst jeder Gast eine der bei älteren Hausfrauen beliebten Porzellanenten auftreiben und mitbringen sollte – weil es in Deutschland eine gefährliche Überpopulation dieser Art gebe. Die Deko-Enten, so Jörgs und Konrads Plan, wollten sie wie beim Tontaubenschießen über den See katapultieren und von den Gästen mit Konrads altem Luftgewehr abfeuern lassen. In letzter Minute schritten Elke und Simone ein: Jörg und Konrad wollten ja wohl nicht im Ernst auf einer Party, auf der auch viele Kinder herumlaufen würden, die Gäste mit einem Gewehr auf Porzellanenten ballern lassen. Die beiden hatten ein Einsehen: Dann würden sie eben nur ein paar der Enten im hohen Bogen in den See schleudern, das sehe sicher auch ganz lustig aus.

Anders als die wortkargen Reaktionen auf meine persönliche Einladung befürchten ließen, lockte der Volksfestcharakter unserer Hofparty nicht wenige Einheimische hinterm Kacheltisch hervor. Und einige Maltriner hatten sogar noch Freunde mitgebracht. Das Programm unserer Großveranstaltung – von Lammgrillen am Lagerfeuer und Kindertheater über Fußballgucken in der Scheune, dem spontanen Auftritt eines Feuerschluckers aus dem alten Müßiggang-e.V.-Freundeskreis bis hin zum Porzellanentenschießen, Livemusik und DJ –, dieses Programm an Abendunterhaltung überzeugte.

Ähnlich unerwartet wie der mächtige maltrin-interne Besucherstrom war, dass sich im Laufe des Abends bei einigen der vermeintlich einsilbigen Dorfkollegen hörbar die Zunge lockerte: Im selben Maße, wie die Getränkebestände im Kühlwagen zurückgingen, begann das Landvolk zu reden. Nicht nur Thea Tiemann geriet ins Plaudern und offenbarte zwischenmenschliches Gefühlsgedöns. Schneller noch war ein gewisser Bauer Behrens an diesem Punkt angelangt. Ich kurbelte seit anderthalb Stunden das Lamm Karl, da gesellte sich Konrad mit dem Zweimeter-Lulatsch an seiner Seite zu mir, und Konrad stellte uns einander vor. Trotz meiner kleinen Vorstellungsrunde durchs Dorf ging Konrad weiterhin davon aus, dass ich das Gros der Leute aus unserer Umgebung noch nicht kannte. Und daran tat er auch gut. Konrad besuchte inzwischen sogar das Maltriner Feuerwehrfest, und Gerüchten zufolge hatte er sich selbst das Osterfeuer in Bürzow nicht entgehen lassen, um Beziehungen zu knüpfen. Konrads Vorsprung in dieser Hinsicht war nicht mal eben so im Handumdrehen aufzuholen – augenscheinlich auch, was die Tiefe und Qualität der Kontakte betraf. Steffen Behrens jedenfalls, ein eher steifer Mittvierziger mit schütterem blonden Haar und spitzbübischem Gesicht begann rundheraus, Konrad sein Herz auszuschütten, wovon ich unweigerlich Ohrenzeuge wurde. Sein Zungenschlag war von jenem norddeutschen Idiom, das man schon wenige Kilometer nördlich von Maltrin antreffen konnte, wo eine übergangslose Sprachgrenze zum Mecklenburgischen verlief. Man musste nur ein paar Dörfer weiter fahren, und in den Bäckereien wurden aus den brandenburgischen »Schrippen« die norddeutsch in die Länge gezogenen »Bröötchen«. Und so erfuhren wir in der gemütlichen Intonation des norddeutschen Landwirts, dass Steffen Behrens vor ein paar Wochen seine Frau mit zweien der drei Kinder davongelaufen war, durchgebrannt mit dem Schwimmlehrer der Jungs, welcher drei Dörfer weiter in einem Plattenbau wohnte. Behrens war fassungslos und berichtete im Stakkato, ohne den Namen seiner Frau auch nur einmal in den Mund zu nehmen, was vorgefallen war.

»Ist mit unseren Kindern von heute auf morgen bei dem Typ eingezogen. Lebt jetzt in beengtesten Verhältnissen. Zieht das Leben in der Platte dem Leben auf unserem Hof offenbar vor. Eine schlimmere Kränkung hätte ich mir nie vorstellen können.«

Doch der Schmerz war noch steigerungsfähig, wie Behrens weiter berichtete: »Und dann sind mir drei Wochen später fünfzehn Hektar Weizen abgebrannt. Brandstiftung. Da hatte ich aber erst mal Ablenkung, kann ich euch sagen. Zwei Tage und zwei Nächte waren wir nur am Löschen. Der Schaden war fünfstellig.«

Lord Cord und ich starrten etwas hilflos aufs Lamm, um dem Unglück von Behrens, den ich gerade mal zehn Minuten kannte, nicht ins Antlitz schauen zu müssen. Der Spieß hatte sich umgedreht, nun waren *wir* die Wortkargen.

»Sie merken es«, begann Behrens wieder, »mir liegt es nicht so, groß über meine Gefühle zu sprechen. Daran ist wohl auch meine Frau verzweifelt.«

Unsere Blicke ruhten weiter auf dem Lamm. Was sollte man dazu noch sagen? Bauer Behrens anbieten, dass wir ihn mit einer unserer Berliner Freundinnen verkuppeln könnten? Das war zu platt, dem frühen Stadium der Trennung und unserer Bekanntschaft unangemessen – und völlig unrealistisch obendrein. Trotzdem ratterte ich in Gedanken die unbemannten Frauen aus dem erweiterten Freundeskreis durch. Bei einigen tickte die biologische Uhr so laut, dass eine Verständigung kaum noch möglich war. Und doch fiel mir beim besten Willen nicht eine ein, für die das Leben auf Behrens' Hof ernsthaft infrage gekommen wäre.

»Das ist dann wohl durch«, sagte Behrens.

Ich schaute ihn irritiert an: »Was ist durch?«

Behrens stach mit der Grillgabel ins Fleisch. »Das Lamm. Das Lamm ist durch«, sagte er und verabschiedete sich in Richtung Kühlwagen. »Brauche jetzt dringend noch ein Bier.«

Ich war Steffen Behrens dankbar, dass er uns mit dem Lamm geholfen und zudem einen so eleganten Ausweg aus der Gesprächssackgasse gewiesen hatte. Was für ein intelligenter Mann, dachte ich und setzte unser größtes Fleischmesser an Karls knuspriger Keule an. Das Lämmchen hatte inzwischen einen tiefbraunen Teint bekommen und war in der letzten halben Stunde auch nicht mehr von so vielen Besucherinnen aus der Stadt bemitleidet worden. Auch bei den Städterinnen war der Hunger nun größer als die Moral, allein schon, weil Karlchens Kruste einfach zu appetitlich aussah. Lord Cord fing mit einem Silbertablett die Fleischstücke auf, die unter meinem Messer nur so herunterprasselten. Stante pede bildete sich eine lange Schlange von Menschen mit leeren Tellern, die gefüllt werden wollten. Von Zeit zu Zeit drang von jenseits der Scheune ein

Raunen und etwas Applaus herüber – jedes Mal wenn Jörg sein Katapult betätigt hatte. Inzwischen gab es auf der Terrasse kaum noch einen Stehplatz. Wann bekamen Stadtbewohner schon mal die Gelegenheit, von einem Logenplatz aus und bei Sonnenuntergang den Flug der Porzellanenten zu beobachten? Dann heulten die Gitarren von Ylvas Band in der Scheune auf.

Wenn stimmt, was die Mitbewohner so erzählten, konnte man Bauer Behrens noch im Morgengrauen auf der Tanzfläche antreffen – das Freizeithemd völlig durchgeschwitzt und der steife Kerl plötzlich ganz beweglich. Ein bisschen schwankend aber durchaus mit Rhythmusgefühl. So jedenfalls wollte es Ylvas Partyprotokoll, als wir am Nachmittag des folgenden Tages nach der Aufräumtortur einer nach dem anderen am Steg aufkreuzten.

»Das war doch der mit dem Jeanshemd, oder? Wenn mich nicht alles täuscht, ist der im Morgengrauen mit einer Frau an seiner Seite in Richtung Steg verschwunden«, sagte Elke.

Ich grätschte rein: »Wäre ja schön. Aber gerade deshalb klingt das für mich schon sehr nach dem erfundenen Teil der Geschichte.«

»Wieso? Auf der Tanzfläche fand ich ihn gar nicht mal so unsexy, der wird schon wieder eine abkriegen«, meinte Ylva leicht ironisch.

Ich griff mir den abgebrochenen Schnabel einer Porzellanente.

»Na ja, wenn Scherben wirklich Glück bringen, hat zumindest Jörg alles in seiner Macht Stehende getan, muss man sagen. Und was man auch neidlos anerkennen muss, Konrad, ist, dass du eindeutig der Doktor bist, dem die Bauern vertrauen.«

»Na super«, sagte Andine gelangweilt, »dann bin ich aber die Frau Doktor, der die Bäuerinnen vertrauen. Schließlich hat Thea Tiemann ja *mir* gestanden, was Jens wegen des Todes von dem Lamm durchgemacht hat. Hat den übrigens gestern noch irgendjemand gesehen?«

Alle zuckten mit den Schultern.

»Apropos gesehen, wo war eigentlich Wolle?«, fragte Simone.

Oscar und Noah sprangen kreischend mit ihren Schwimmflügeln ins Wasser und spritzten die erste Reihe nass.

»Der lag den ganzen Abend flach in seinem Tabbert«, sagte Fabian. »Hat sich vorhin bei mir entschuldigen lassen, als ich ihm seinen Fernseh-Receiver zurückgebracht habe. Beziehungsweise seinen ›Rezeiwa‹. Als ich reinkam, meinte er: ›Na fferstanden aus Ruinen?‹ Aber so richtig gut drauf war er nicht. Lag wie ein Schluck Bier in der Kurve in seinem aufblasbaren Sofasessel und guckte eine DVD mit so einer alten Truckerserie.«

»*Auf Achse* mit Manne Krug?«, fragte ich. »Das war doch diese Serie, wo Manfred Krug und sein Truckerkollege immer mit Achtzehntonnern durch den nahen Osten geheizt sind.«

»Und Monica Bleibtreu hat die Spediteurin gespielt«, ergänzte Olli. Und fügte noch an: »Übrigens wurde von Insidern ja lange gerätselt, ob der Titelsong der Serie damals von Elton John eingespielt worden ist.«

Einige der Umstehenden lächelten, andere schüttelten nur noch mit dem Kopf.

So war es immer: Halb zufällig kamen wir nach Partys, sofern keine Rohre geplatzt waren, im Laufe des Nachmittags irgendwo auf unserem weitläufigen Gelände wieder zusammen, um eine Kaffeepause von den quälerischen Aufräumarbeiten zu nehmen und die Geschehnisse der Nacht noch einmal wie Kokablätter durchzukauen. Als Restalkoholiker neigten Olli und ich dann noch mehr als ohnehin schon dazu, jede noch so alberne Brücke in die Abgründe unserer Fernsehkindheit zu schlagen. Weil dort aber kaum ein Mitbewohner auf unserem Niveau mitreden konnte, nahm das Gespräch regelmäßig eine Hundertachtziggradkurve zurück ins Weidenhofuniversum.

»Um noch mal auf unsere lieben Nachbarn zu kommen, Olli Geyer«, sagte Mette, »ich schätze mal, du musst dein Bild vom wortkargen Uckermärker, der nicht über Gefühle reden kann, sowieso bald mal revidieren. Die Geständnisse aus den Familien Behrens und Tiemann sind ja noch längst nicht alles. Ich hab auch noch was.«

Mette lenkte unseren Blick damit wieder aufs Wesentliche: Klatsch. Alle schauten sie wie gebannt an.

»Es geht um unsere ach so unauffälligen polnischen Nachbarn. Wisst ihr, was mir die Frau heute Nacht nach einigen Wodkas erzählt hat?« Mette machte eine kurze Trommelwirbelpause. »Dass ihr Mann soeben schwul geworden ist und im Begriff, die Familie zu verlassen. Er zieht zu seinem Freund nach Stettin.«

»Nääá!«, brüllte die Runde.

»Chapeau«, sagte ich. »Langsam ist es so weit, dass wir Maltrin als Partnergemeinde von Kreuzberg vorschlagen können. Aber mein Bild des einsilbigen Uckermärkers bringt das trotzdem nicht ins Wanken, Mette. Wenn mich nicht alles täuscht, kamen diese offenherzigen Geständnisse allesamt von Zugezogenen beziehungsweise von Steffen Behrens, der ja glaube ich aus McPomm kommt. Wahrscheinlich sind die alle froh, dass sie mit uns endlich mal ein paar Hobbypsychologen haben, mit denen man über alles reden kann.«

»Bin ganz bei Olli«, meinte Jörg, »der Uckermärker an sich macht aus seinem Herzen eine Mördergrube, beziehungsweise Güllegrube. Daran wird sich auch durch unsere Party nichts ändern.«

Im Großen und Ganzen aber, so stellten wir Brombeerhausbewohner einhellig fest, musste man die Hofparty als einen Riesenerfolg betrachten. Ich erinnerte die Mitbewohner daran, wie wir nach unserem Blitzeinzug in Maltrin viel Gewese um das symbolische Ankommen an diesem Ort gemacht hatten, und wagte die steile These, dass uns dieses sagenumwobene Ankommen vielleicht erst in der letzten Nacht in Vollendung gelungen sei. Weil wir endlich unsere beiden Welten, die Berliner Freunde und die Maltriner Nachbarn, zusammengebracht hatten. Aber mit dieser esoterisch gefärbten Feststellung konnte die Runde nicht viel anfangen. Und so floss das Gespräch weiter in einen Spezialbereich der Partyaufarbeitung, der erfahrungsgemäß besonders ergiebig, aber auch ein vermintes Terrain war: die DJ-Frage. Auf einer Party mit dreizehn Gastgebern und rund zweihundertfünfzig Gästen mit jeweils eigenen Musikansprüchen war die Musikfrage pures Dynamit. Was die Situation zeitweise zu einem Spannungsfeld mit Zügen eines kleinen Balkankonflikts machte, war die Tatsache, dass es im erweiterten Freundeskreis ein paar professionelle DJs gab, die von den Mitbewohnern mit einem gewissen Stolz für die Party engagiert wurden. Einzelne dieser professionellen Plattenaufleger jetteten an normalen Wochenenden zwischen Tokio, New York und Buenos Aires hin und her. Für uns legten sie einen Stopp in Maltrin ein.

»Das Problem ist, dass das manchmal ein bisschen zu ambitionierte DJs sind für so eine Scheunenparty«, analysierte Elke.

Nun wurde Olli garstig: »Ich weiß gar nicht, was du hast, Elke, ich finde dieser finnische Freund von meinem Bruder hat super aufgelegt.«

»Olli hat recht«, sagte ich, »zum Verständnis muss man nur wissen, dass wir es hier mit einem dieser ganz ehrgeizigen DJs zu tun hatten, die es als Bestätigung ihres Avantgardismus ansehen, wenn die Tanzfläche leer bleibt.«

»Mich hat er jedenfalls nur irritiert angesehen, wenn ich mir was gewünscht habe«, sagte Simone.

»Das ist nicht dein Ernst, Simone, du hast dir bei *dem* was gewünscht?«, fragte ich. »Das nenne ich mutig. Das ist wie Picasso zum Malen nach Zahlen zu zwingen!«

Olli knetete sich genervt die Stirn. Dabei war er selbst es, der zu später Stunde nach heftigem Drängen einiger Gäste und Mitbewohner ein Einsehen hatte und den Putsch an den Turntables wagte. Olli hatte den finnischen Profi-DJ des Feldes verwiesen und sein iPod angeschlossen. Sofort bebte die Tanzfläche. Während Olli mit schlechten Übergängen und langen Pausen tanzbares Zeug einspielte, packte der Finne sichtlich beleidigt seine Plattenkoffer.

Man ließ dieses Thema besser ruhen. Olli lenkte das Gespräch denn auch zurück auf das sichere Terrain des Gästelästerns, indem er auf »irgend so einen Berliner Hipsterhitler« zu sprechen kam, der ihm ungefragt eine Standpauke gehalten habe, wie peinlich altertümliche landwirtschaftliche Geräte als Gartendeko seien.

An diesem Punkt ließ das Interesse der Mitbewohner sichtlich nach. Einer nach dem anderen entledigte sich der durchgeschwitzten Kleider und sprang in den See. Es war der erste Sonntag im September, und der Sommer konnte sich in dieser nordöstlichsten Ecke des Landes erfahrungsgemäß sehr plötzlich vom Acker machen. Mit dem menschenunwürdigen Berliner Winter vor dem geistigen Auge war man auf dem Weidenhof bemüht, den Sommer bis zum letzten Tag auszuquetschen.

Unseren Gästen aus der Stadt, die durch die Hofparty eine ordentliche Infusion Landlust mit auf den Weg bekommen hatten, muss es ähnlich ergangen sein. Jedenfalls häuften sich in den Wochen des Altweibersommers die Anfragen: Ob man nicht noch mal ein Wochenende vorbeikommen könnte?

VON DEN GRENZEN DER GASTFREUNDSCHAFT

Besucher sind stets willkommen.« Dieser Grundsatz war seit den frühen Zechliner Zeiten eine eherne Regel der ungeschriebenen Charta unserer Landlebensgemeinschaft. Aufgrund dieser Open-House-Politik glich die kleine Zechliner Datsche, das Sahnestückchen des Explosionsfilterherstellers, phasenweise einem überfüllten Städtergenesungswerk. Jeder berlingestresste Besucher, mit dem wir mal besser mal schlechter bekannt waren, fand bei uns eine vorübergehende Heimstatt, lieferte er uns nur genug von dem Stoff, von dem einige hier nahezu physisch abhängig waren: Gesprächsstoff. Wer sich bei unserer Hochleistungskommunikation auf der Seeterrasse als geeigneter Sparringspartner erwies, durfte jederzeit wiederkommen. Das sollte sich auch in Maltrin nicht ändern. Vielmehr stieg das Gäste- und Gesprächsaufkommen mit dem Umzug auf den Weidenhof, wo viel mehr Platz für Schlafbesuch war, noch einmal sprunghaft an. Und einige Besucher lieferten Gesprächsstoff nicht nur in ihrer Funktion als Diskussionspartner – sie sorgten durch bloße Anwesenheit dafür.

Zoltan war so ein Fall. Der tiefenentspannte ungarische Filmemacher mit der Wuschelfrisur, der meinte, unseren Außenborder in der äußersten Kurvenstellung mit einem Seil festbinden zu müssen, um dann auf dem Rücken liegend und in den Himmel glotzend Vollgas mit dem Boot im Kreis zu fahren –

eine Reminiszenz des frühen Gunther Sachs, der es in den Sechzigerjahren an Deck eines führerlos im Kreis fahrenden Motorboots vor Saint Tropez mit Brigitte Bardot getrieben haben soll, wusste Olli die Aktion sofort zu interpretieren. Der Unterschied zu dem Jetsetter war allerdings rund zwei- bis dreihundert PS groß und bestand zudem darin, dass es hier um einen Außenborder ging, der nur mit einer einfachen Schraubvorrichtung an einer Nussschale befestigt war. Zoltan hatte einige Ehrenrunden gedreht, da rutschte der Motor aus der Halterung und verschwand im See.

Es war eine Besonderheit dieser Sorte von Gesprächsstoff, dass er, war er erst gut abgehangen, wieder genießbar wurde und sich dem kollektiven Weidenhofgedächtnis eingrub.

Sogar die Geschichte der kinderfeindlichen Punklady aus Simones früheren Hausbesetzerkreisen war mit dem nötigen Abstand wieder halbwegs bekömmlich. Der Frau, die sich als Sängerin einer Postpunk-Kapelle etwas unverhältnismäßige Starallüren herausnahm, war spätnachts aufgefallen, dass sie bei der »Reise nach Jerusalem« der Zimmerverteilung auf der Strecke geblieben war. Im Vollrausch riss sie deshalb einfach die nächstbeste Schlafzimmertür auf und beeilte sich, eine andere Besucherin, die dort Seite an Seite mit ihrem Kind selig schlief, unter Geschrei aus dem Zimmer zu bugsieren. Zum Glück war Simone in Hörweite, die sie direkt wieder hinauskomplimentierte, ihr einen Schlafsack in die Hand drückte und sie zur Hängematte im Garten führte. Und auch am nächsten Morgen war von Reue keine Spur: Wenn die Punklady vor dem verschlossenen Badezimmer stand, und dort stand man nicht nur einmal an einem typischen Vormittag auf dem Weidenhof, dann versetzte sie der Tür einen heftigen Tritt mit ihren Springerstiefeln und brüllte: »Hey, ich will da rein!«

Simones Toleranz gegenüber Egozentrikern war grenzenlos und geriet in der Folge zum wiederkehrenden Reizthema zwischen uns beiden. Sogar mit egomanischen Alkoholikern, die in ihrem Wahn despotische Züge entwickelten, wusste Simone dermaßen gelassen umzugehen, als sei sie ausgebildete Streetworkerin für die ganz harten Fälle. Mich machten solche Menschen, und infolgedessen auch Simones Gleichmut ihnen gegenüber, aggressiv. Simones und meine Auseinandersetzungen darüber endeten in der immer gleichen Sackgasse: »Und bei Hitler hättest du auch gesagt, ›der ist halt ein schwieriger Typ, den muss man eben zu nehmen wissen‹, oder was?« Dann war Simones Gutmütigkeit wie verflogen, und sie konnte zumindest mit *mir* nicht mehr gelassen umgehen.

Irgendwie melancholisch, aber deutlich sympathischer als der Schwank von der Postpunklady war der von Maltrin-Besucherin Tamara, der neuen Frau von Benni, einem Schulfreund von Steve. Unternehmensberater Benni hatte sich die Brasilianerin während eines längeren Arbeitseinsatzes in São Paolo angelacht. Ein paar Tage, nachdem die beiden in München gelandet waren, wo sie in Zukunft zusammenleben wollten, reiste das frisch vermählte Paar auf Einladung von Steve geradewegs weiter zu einem Osterbesuch nach Maltrin, sozusagen zum Honeymoon in die Uckermark. Es war Tamaras erster Europatrip, und das Schicksal wollte es so, dass ein Besuch im Gasthof Zum Dorfteich in Küstnitz eine ihrer ganz frühen Europa-Erfahrungen werden sollte. Hier saßen wir Weidenhofer am Abend des Ostersamstags in trauter Runde, weil ausnahmsweise niemand Lust zum Grillen hatte. Der Landgasthof, der nur ein paar Autominuten vom Weidenhof entfernt lag, zeugte nicht eben von dem Ehrgeiz des Pächters, Architektur- und Designpreise einzuheimsen. Ein grenzwertiges Interieur, wie es derart verunstaltet durch Glitzerputz, Püppchen, Schwan-Blumenlampen und sonstigen Kitsch meiner Erfahrung nach nur in der Gastronomie dieser Gegend existierte. Zur Gestaltung der Speisekarte hatte der Gastronom tief in die Word-Clipart-Trickkiste gegriffen, ließ zum Thema

Meeresfrüchte das obligatorische Fischchen blubbern und über den Schnitzeln ein Schweinchen mit Kleeblatt im Mund winken. Zu Ostern hatte die Betreiberfamilie dieses Juwels brandenburgischer Gastlichkeit noch mal ordentlich draufgesattelt. Im Eingangsbereich wurden die Besucher von zwei menschengroßen Osterhasen in Empfang genommen, die im elektrischen Dauerbetrieb mit der rechten Hand salutierten – eine Bewegung, die dem Hitlergruß nicht unähnlich war. Kurz nachdem Benni und Tamara in dem Landgasthof eingetroffen waren und das landestypische Kotelett im eigenen Fett serviert bekamen, spielte ein älterer Herr an der Hammondorgel zum Tanz auf. Als sich das Durchschnittsalter auf der Tanzfläche um die siebzig eingepegelt hatte und die Stimmung auf den Höhepunkt zusteuerte, stimmte der leicht sächselnde Alleinunterhalter den Welthit »At The Copa« an. Ganz nach Art deutscher Alleinunterhalter trug der Sachse den Text des Liedes jedoch eher in der Manier eines Nachrichtensprechers vor, also mehr sprechend als singend. Die Tanzfläche füllte sich und verwandelte sich wegen der vielen Wattebauschfrisuren der Rentnerinnen in ein kleines Blumenkohlfeld. Benni war so ins Gespräch mit seinem alten Kumpel Steve vertieft, dass er gar nichts davon mitbekommen hatte, dass seine neue Liebe einfach verschwand. Tamara hatte sich klammheimlich aus dem Staub gemacht. Es war Olli, der sie vor dem Gasthof auflas, weil er nach diesem Kotelett unbedingt eine Verdauungszigarette brauchte. Die Riomaus, wie Olli die Frau aus São Paolo in seiner späteren Anekdotenroutine stur nannte, saß auf dem Treppenabsatz des Gasthofs und weinte. Schlussendlich war nicht auszumachen, was für die Brasilianerin irritierender war, die Ereignisse im Gasthof oder der Versuch dieses blonden Hünen, ihr auf seinem Pidginenglisch zu verklickern, dass nicht ganz Deutschland so schlimm sei.

Erzählenswert waren Vorfälle wie diese nicht nur wegen ihres Unterhaltungswerts, sondern sie dienten auch unserer Selbstvergewisserung, wie strapazierfähig unsere Gastfreundschaft doch war. Wer Besuch anschleppen wollte, musste streng genommen nur eine Regel beachten: Gäste vorher kurz per E-Mail ankündigen. Denn in jenem kleinen Anfall von Regulierungswut, den die Gruppe durchlebt hatte, nachdem die Grenzen der Schwarmintelligenz einige Monate nach dem Einzug sichtbar geworden waren, hatten wir auch die folgende Regelung getroffen: Mit Vorlauf von einer Woche sollten die Mitbewohner künftig sogar ihr Veto gegen Gäste einlegen können, falls sie mal ein ruhiges Wochenende brauchten. Es war dies ein kleines Zugeständnis zugunsten besserer Planbarkeit, das unsere Open-House-Politik im Grundsatz aber nie infrage stellen sollte. Entsprechend routinemäßig lasen sich die Gästeanmeldungen im E-Mail-Verteiler. Nur dass sie sich nach dem Hoffest ein wenig häuften.

Absender: Elke Schönberger.
Uhrzeit: 11:16.
Betreff: Besuch

Wertes Kollektiv,
Jörg und ich haben ein paar Leute aus der Kita eingeladen. Wir gehen davon aus, dass die meisten von Euch sowieso auf der Müßiggang-Revivalparty in Berlin sind, ansonsten seid Ihr natürlich herzlich willkommen. Es werden halt einige Kinder am Start sein – und sehr nette Erwachsene.
Liebe Grüße, Elke.

Absender: Ylva Nydal.
Uhrzeit: 14:04.
Betreff: Re: Besuch

Wie viele Leute, wie viele Kinder? Ich wollte eventuell rauskommen und auch mal zwei Freundinnen mitbringen.

Absender: Ylva Nydal.
Uhrzeit: 14:18.
Betreff: Re: Re: Besuch

Sorry. Aber das Gästethema – vor allem auch die Frage, wie viele besuchende Kinder verkraften das Haus und die Mitbewohner – muss noch mal besprochen werden. So wie ich es mitbekommen habe, bin ich nicht die Einzige, die genervt ist. Und Sätze wie: »Ansonsten seid Ihr natürlich herzlich willkommen«, finde ich super – ich brauche keine Einladung, um in ein Haus zu fahren, wo ich Miteigentümerin bin.

Absender: Elke Schönberger.
Uhrzeit: 15:51.
Betreff: Re: Re: Re: Besuch

Liebe Ylva,
Andine rief mich an und erzählte, wie aufgebracht Du bist. Ich weiß ehrlich gesagt nicht, was ich sagen soll. Letztes Wochenende warst Du alleine mit einer Freundin draußen. Aus Rücksicht auf Euch sind wir am Samstag nicht rausgekommen, damit Ihr Eure Ruhe habt. Und Du hattest Dich ja auch schon für das erste Oktoberwochenende mit zwei Freundinnen angekündigt. Es war für mich nicht abzusehen, dass sich Deine Pläne geändert haben und Ihr nächstes Wochenende kommen wollt. Meine »Einladung« wollte ich so ver-

standen wissen, dass sich niemand vom Kollektiv ausgeladen fühlt, nur weil wir mit ein paar Freunden da sind. Ich habe das Gefühl, Du willst mich einfach missverstehen.
Das Besucherthema wurde mehrfach besprochen und mehrheitlich abgestimmt mit dem Kompromiss, dass wir ein offenes Haus sind, aber dass ruhige Wochenenden eingefordert werden können. Davon hast Du, Ylva, bisher nie Gebrauch gemacht. Vielleicht deshalb, weil es ein unangenehmes Gefühl ist, das zu tun. Ich habe da keinen Redebedarf mehr. – Wir werden übrigens voraussichtlich vier Zimmer belegen. Es bleiben also noch genug übrig.
Elke.

Absender: Oliver Geyer.
Uhrzeit: 18:06.
Betreff: Re: Re: Re: Re: Besuch

Also ich kann Ylva durchaus verstehen. Ich finde zwar auch, dass wir alle auch mal spontan drauflos einladen können sollen und die Sache nicht zu bürokratisch werden darf. Aber wenn ich vorhätte, mit mehreren Leuten aus der Kita + Kindern anzureisen, Elke, dann wäre es für mich schon selbstverständlich, das mit dem Vorher-Abklären etwas genauer zu nehmen. Da gibt es einen nachvollziehbaren Unterschied, ob man hin und wieder mal einen Kumpel mitbringt oder ob es auf einen Schlag mehrere Paare mit Kindern sind. Da geht es doch auch um Feingefühl.

Regeln sind schön und gut. Aber zu einer funktionierenden Gruppe gehört für mich auch, dass man vor größeren Einladungen mal unabhängig vom Regelwerk die Perspektive der anderen einnimmt. Die wollen eben ab und zu ihre Ruhe haben, ohne das immer nachträglich durchfechten zu müssen

und als Kinderfeinde dazustehen. Ich kann Euch versichern, dass ich auch gerne mal wieder kinderlose Ruhe hätte …
So seh ich die Sache. Und Gesprächsbedarf hätte ich auch.
Grüße, O.

Absender: Elke Schönberger.
Uhrzeit: 20:19.
Betreff: Re: Re: Re: Re: Re: Besuch

Lieber Olli,
noch mal: Ich bin davon ausgegangen, dass wir wegen der Müßiggang-Party sowieso freie Bahn haben auf dem Weidenhof. Soweit ich mich erinnere, war es Konsens, dass jeder feste Mitbewohner immer das Recht auf ein eigenes Zimmer hat. Das wird durch unseren Besuch ja gar nicht angetastet. Ihr tut so, als würden wir ständig mit unseren Freunden in Maltrin rumhängen. Ich bin etwas irritiert.
Es ist ein schöner Spätsommer, wir haben ein großes Haus und ein Riesengrundstück. Ich erwarte von niemandem, dass er sich für unsere Kinder verantwortlich fühlt, es sei denn, jemand hat Spaß daran. Man kann sich ungestörte Ecken suchen, man kann auf der Liege im Garten liegen und dem Treiben zusehen. Alle unsere Freunde haben sich bisher eingebracht, gekocht, aufgeräumt, mit im Garten rumgewerkelt, Steg gebaut etc. Man sitzt abends zu zehnt am Feuer und nicht zu dritt, trotzdem sind Zweiergespräche möglich. Man hat die Chance, neue Leute kennenzulernen. Ihr seid alle nett, warum sollten es Eure Freunde nicht sein?
Wenn es ein normales Wochenende gewesen wäre, hätte ich in jedem Fall abgecheckt, ob es für unsere Gäste noch genug Platz gibt. Der beschlossene Kompromiss bezüglich Besuch war doch klar. Wenn sich die mehrheitliche Meinung da geändert haben sollte und jetzt doch gefragt werden soll, ob man

jemanden mitbringen darf, werde ich mich auch daran halten. Ich bitte nur, dass jeder dazu noch mal seine Meinung kundtut.

Absender: Ylva Nydal.
Uhrzeit: 21:34.
Betreff: Re: Re: Re: Re: Re: Re: Besuch

Hallo Ihr,
Olli hat es auf den Punkt gebracht. Mir geht es nicht darum, die Gästediskussion neu aufzurollen.
Ich nehme ja auch Freunde mit und sehe gerne Gäste im Haus. Wie gesagt, am ersten Oktoberwochenende will ich ja auch mit zwei Freundinnen anrücken.
@ Elke: Ich bin auch davon ausgegangen, dass Ihr dieses Wochenende rausfahrt, und habe auch vermutet, dass Ihr wahrscheinlich Gäste mitbringt. Wütend wurde ich nur, als mir klar wurde, dass es sehr viele sind und Ihr vorher nicht gefragt habt. Wie viele sind es denn nun, acht Kinder, acht Erwachsene?
Ihr müsst schon verstehen, dass es sehr anstrengend sein kann mit vielen Kindern – und ich bin bestimmt kein Kinderhasser. Aber was würdet Ihr sagen, wenn ich meine Band und sagen wir sechs weitere Musiker einladen würde, zum Jammen drinnen und draußen, das ganze Wochenende. Wir würden wahrscheinlich morgens um sieben noch in der Küche sitzen und spielen, wo die ersten Kinder gefüttert werden müssen. Aus Deiner Argumentation heraus, Elke, müsste ich hier nicht vorher nachfragen, die Besucher nur ankündigen und Euch vor vollendete Tatsachen stellen. Und Ihr hättet sechs Erwachsene und sechs Kinder auch eingeladen für dasselbe Wochenende. Wie wäre das? Immer noch okay?
Grüße von Ylva

Absender: Jörg Schönberger.
Uhrzeit: 0:44.
Betreff: Re: Re: Re: Re: Re: Re: Re: Besuch

Ich will meine Freunde in mein Haus einladen können, ohne vorher dreizehn Leute um Erlaubnis fragen zu müssen! Ich will in der Kita von Noah die spontane Idee aussprechen dürfen, ob uns nicht mal zwei, drei Familien besuchen wollen! Zum Thema Feingefühl: Mein Feingefühl als Einladender verbietet es mir, eine Einladung mit Wenn und Aber auszusprechen, die dem Eingeladenen zu verstehen gibt, dass er bei einem Teil der Hausbesitzer nicht willkommen ist. Wir hatten einen klaren Beschluss, um ganz sicherzugehen, dass man weiter mit gutem Gewissen Leute einladen kann. Jetzt geht der ganze Mist von vorn los, und ich kann nur sagen, mir reicht's.
Jörg

Absender: Oliver Geyer.
Uhrzeit: 8:19.
Betreff: Re: Re: Re: Re: Re: Re: Re: Re: Besuch

Jörg, dein »ich will, ich will« ist für mich Teil des Problems. Wir sind nun mal eine Gruppe von dreizehn Leuten. Die wollen auch das ein oder andere. Der »Mist« wird auch immer wieder losgehen, egal, was für Regeln und Hausordnungen wir noch beschließen. Denn die bleiben immer interpretierbar. Ohne das viel zitierte Feingefühl wird es nicht gehen.
Gr. Olli

Absender: Ylva Nydal.
Uhrzeit: 11:55.
Betreff: Re: Re: Re: Re: Re: Re: Re: Re: Re: Besuch

Noch mal: Es geht mir nicht um die allgemeine Gästeregelung. Es geht mir darum, Rücksicht zu nehmen und daran zu denken, dass wir recht viele Leute draußen sind und ALLE eine Meinung haben, die ernst genommen werden muss. Ich verstehe auch nicht, was so schlimm daran sein soll, den Freunden zu sagen, dass man das vorher noch mit den Mitbewohnern abklären muss – meine Freunde finden das in keinster Weise merkwürdig.
Diese kategorische Verweigerung, auch mal eine andere Meinung zum Thema ernst zu nehmen, macht mich traurig und nachdenklich. Wenn wir es nicht schaffen, Rücksicht aufeinander zu nehmen da draußen, sodass alle ihren Platz finden, werden wir als Gruppe zerbrechen.
Ylva

Absender: Jana Gabler.
Uhrzeit: 8:19.
Betreff: Re: Re: Re: Re: Re: Re: Re: Re: Re: Re: Besuch

Hallo zusammen,
will mich doch auch noch mal äußern. Ich meine, es geht wie so oft im Leben nicht um das »Was«, sondern um das »Wie«. Der konkrete Fall scheint mir aber auf einem Missverständnis zu beruhen. Elke und Jörg haben sich was dabei gedacht, als sie ihre Freunde fragten – sie nahmen an, es sei wegen der Müßiggang-Party niemand draußen. Dummerweise war dem nicht ganz so, was aber nichtsdestotrotz noch kein Platzproblem ausgelöst hätte. So weit, so unproblematisch – wenn da nicht ein paar alte Verletzungen gepaart mit einem unguten

Gefühl in Teilen der Gruppe wären, dass es einen Unterschied macht, ob ich zwei Leute mitbringe oder es zu einer Reisegruppe anwächst, was ich auch so sehe – unabhängig vom Kinderanteil übrigens.
Mein Plädoyer wäre, dabei zu bleiben, jeglichen Besuch möglichst rechtzeitig anzukündigen, und wenn sich abzeichnet, dass es mehr Leute werden, vorher noch mal im Kollektiv abzuchecken, ob das hinhaut. Könnte ja auch mal sein, dass andere dasselbe planen und das Haus dann aus allen Nähten platzt.
Ich will vor allem, dass sowohl Elke und Jörg als auch die anderen inklusive Ylva sich wohlfühlen und wir als die wunderbare Weidenhof-Chaoten-Truppe erhalten bleiben.
Hasta la vista
Jana

Absender: Jörg Schönberger.
Uhrzeit: 10:41.
Betreff: Re: Re: Re: Re: Re: Re: Re: Re: Re: Re: Re: Besuch

Danke für die Vermittlung, Jana!
@ Ylva: Ich hätte kein Problem mit Deiner Musikerhorde, sofern die Lautstärke kinderschlafkompatibel wäre. Im Gegenteil … fänd ich super!

Simone konnte jedes Mal aufs Neue in Begeisterungsstürme darüber ausbrechen, dass es Putzfrau Doreen auch nach der größten Besucherinvasion jeden Dienstag gelang, innerhalb von vier Stunden das Chaos vom Wochenende zu beheben und den gesamten Weidenhof wieder zu picobellieren. Entrüstet war Simone nur, als sie erfuhr, wie wenig Geld das zierliche Persönchen für diese Herkulesaufgabe bekam: fünf Euro die Stunde – oder umgerechnet in den gängigen Alltagsindex: »Das sind ja gerade mal zwei Tassen Milchkaffee.« Simones Forderung nach einer Lohnanhebung für Doreen ließ nicht lange auf sich warten. Immerhin teilten wir diesen Lohn durch zwölf Parteien, appellierte sie. Wir sollten uns mal nicht so haben.

Unsere Vollversammlungen liefen für gewöhnlich so ab, dass erst einmal opulent aufgetischt, gegessen und anschließend die Kinder ins Bett gebracht wurden, damit die Diskussion dann so gegen 22 Uhr beginnen konnte. Wir legten also exakt in dem Moment los, wenn die meisten Teilnehmer gerade ins tiefste Essenskoma fielen. Doch das Thema Doreen brachte bei dieser Herbstvollversammlung zumindest Simone schnell wieder auf Betriebstemperatur – und in der Folge auch Konrad. Er begrüßte diese Gelegenheiten, uns am lebenden Objekt eine volkswirtschaftliche Lektion erteilen zu können. Als Graf Zahl dozierte er, dass fünf Euro aus gutem Grund der Durchschnittslohn von Reinigungskräften in dieser Region sei, weil die fünf

Euro sich in das hiesige Gefüge von Angebot und Kaufkraft sinnvoll einfügten. Es gebe nur Scherereien, wenn irgendwelche Gutmenschen meinten, von diesem Mittelwert abweichen zu müssen. Den Neid, das Gerede und die Missgunst im Dorf wolle er nicht erleben, sagte er. Darüber hinaus nutzte Konrad das Momentum von Simones eindeutig gegen ihn und seinen Wirtschaftsliberalismus gemünzten Attacke sogleich, um die Angreiferin mit einem rhetorischen Judogriff rückwärts auf die Matte fliegen zu lassen: »By the way, wir haben hier im Dorf inzwischen den Status von Quasiunternehmern. Damit geht doch, was meines Erachtens viel wichtiger ist, eine gewisse soziale Verantwortung für unser Personal einher.« Konrad stellte die Frage in den Raum, ob wir uns überhaupt genug um unsere Mitarbeiter kümmerten: sie ab und zu mal fragen, ob sie sich bei uns wohlfühlen; sich bei ihnen erkundigen, ob sie noch was brauchen, um gut arbeiten zu können; ganz allgemein auch mal Interesse zeigen, ob sie in ihrem Leben klarkommen. Et cetera pp.

Meinen Einwurf, das sogenannte »Gutmenschentum« sei ein Begriff der Nazis, wischte Konrad mit einer bei Niels in Auftrag gegebenen Kurzrecherche auf der Website der Gesellschaft für deutsche Sprache vom Tisch, deren Erstbeleg für das Wort »Gutmensch« aus dem Jahr 1985 stammte: Die US-amerikanische Zeitschrift *Forbes* hatte den damaligen deutschen Gewerkschaftsführer Franz Steinkühler von der IG Metall in einem Artikel als »Gutmensch« bezeichnet. »Womit wir ja mitten im Thema wären«, sagte der Lord. Wenigstens war jetzt auch Niels, der bei den Vollversammlungen öfter mal wegdöste, wieder ganz bei der Sache.

Grünenmitglied Jana lächelte Konrad an, wie Frauen das mit polternden Alphatieren eben so handhaben, um jede weitere Diskussion als vergebens und müßig zu deklassieren. Olli rieb sich sichtbar genervt die Stirn und appellierte, die Runde müsse jetzt mal auf die wirklich wichtigen Themen zurückkommen. Simone indessen hatte das Bedürfnis, Konrad noch einen verbalen Schlag in die Fresse zu erteilen. »Sorry, Konrad«, sagte sie. »Aber dein Verantwortungsgerede klingt für mich großkotzig und heuchlerisch: Du willst doch nur die Leute in unsere Schuld bringen und vom Geld-Thema ablenken. Wer ist eigentlich ›wir‹, in ›wir haben Verantwortung‹. Pluralis Majestatis oder was?« Simone kündigte an, sich durch nichts und niemanden davon abbringen zu lassen, Doreen wenigstens ein saftiges Weihnachtsgeld zu zahlen. »Warum überhaupt lassen wir sie eigentlich nicht einfach schwarz für uns arbeiten, wenn ich fragen darf. Dich kotzt der Staat doch so furchtbar an, Konrad. Warum plötzlich so korrekt?«

Konrad lächelte die Aufregung weg: »Ganz simpel: Weil unser Wohnwagenorakel Schröder mir so ziemlich als Erstes mit auf den Weg gegeben hat, dass wir es hier in Maltrin mit Schwarzarbeit gar nicht erst versuchen sollen. Der arbeitslose Bauarbeiter in dem gelben Haus schräg gegenüber lässt sowieso jeden auffliegen, der irgendwelche Anstalten in dieser Richtung unternimmt. Wir reden hier von einem Typen, der sich vom Leben verarscht fühlt und im Denunziantentum seine neue Lebensaufgabe gefunden hat.«

»Scheiß Stasidorf!«, schmollte Simone.

Zum Einlenken erklärte sich Konrad mit einer Weihnachtsgeldanhebung für Doreen einverstanden. »Das fällt hinters Komma«, sagte er, kaprizierte sich aber sogleich noch mal auf den Aspekt der Verantwortung. Zu diesem Thema gehöre auch, und jetzt holte er etwas weiter aus, dass einige von uns den Weidenhof nach seiner und auch nach Andines Beobachtung immer mehr wie ein Hotel bewohnten – und das ginge so nicht.

»Weil man ja mit Schröder, Jürgen und Mike inzwischen für alles seine Leute hat«, höhnte Andine dazwischen.

Darum ging es den beiden also! Wir waren, ohne es zu merken, bei Punkt zwei der nicht existenten Tagesordnung angelangt.

Es sei dringend geboten, fuhr Konrad fort, dass wir uns wieder mehr *selbst* um die Dinge kümmern. Schon allein, weil er am Nachmittag mit Ylva und Fabian noch mal die Finanzen en détail unter die Lupe genommen habe. Nun übernahm Ylva das Wort, die vorab klargestellt hatte, dass sie jetzt nicht jedes Plenum moderieren wolle, wodurch unsere Diskussion direkt wieder in unseren alten Random-Modus verfallen war. Ylva lieferte uns die Zusammenfassung des Finanzberichts mit der Kernbotschaft: »Viel ist nicht mehr da.« Durch mangelnde Koordination von Projekten und nach ursprünglicher Planung nicht vorgesehener Luxus-Maßnahmen wie dem Heizungseinbau im Wohnhaus sei die Finanzierung des Scheunenumbaus ins Wanken geraten. Damit hatte Ylva den Ball wieder an Konrad zurückgespielt. Wenn wir die ersten zwei Ausbaustufen der Scheune schaffen wollten, ohne trockenzulaufen, erklärte der, dann gebe es nur eins: Wir müssten wieder öfter selbst Hand anlegen. »So viel dann übrigens auch noch mal zum Thema soziale Wohltaten«, schloss er.

Da ich meine Baulampe oft genug unter den Scheffel gestellt hatte und die anderen damit vermutlich nur noch nervte, beschloss ich, fortan zu schweigen und mir diesmal, welche Aufgabe es auch sein mochte, besonders große Mühe zu geben. Als Zuarbeiter von Maurer Mike ging es darum, unter seiner Anleitung im Boden der Scheune ein etwa zwei Meter tiefes, rechteckiges Loch von zwei mal einem Meter Seitenlänge auszuheben und es anschließend auszumauern. In dem unterirdischen Kämmerchen, das so entstand, sollten später die Steuereinheiten der Wasserversorgung und der Fußbodenheizung untergebracht werden, und es sollte sicherstellen, dass uns das Zuwasser nicht einfror, bis wir auch eine Heizung finanzieren konnten – so zumindest hatte ich die Sache verstanden.

Die Scheunenboys Fabian, Konrad und Jörg kommunizierten mit den Fachkräften aus dem lokalen Baugewerbe längst auf einem bautechnischen Rotwelsch, dessen der Rest der Truppe nicht mehr mächtig war. Da ging es um schwarze Wannen, die Kriecheigenschaften von Beton der Sorte C20/25 F3 Größtkorn 8, um zu vermeidende Kältebrücken, um den Wärmedurchlasskoeffizienten einer Feldsteinwand sowie den Einsatz von Dehnfugenschutzrohren und hochmolekularen MBE-Systemrohren. Die Scheunenboys hatten sich im Laufe der vergangenen Monate förmlich zu Scheunenpriestern entwickelt, die einen Wissensschatz hüteten. Gesellte sich der Scheunenlaie zu einem der regelmäßigen Hochämter, musste er sich wie ein Messdiener am ersten Tag vorkommen – in einer Zeit, als die Messe noch auf Lateinisch zelebriert wurde. Man konnte nur »Amen« sagen.

Bevor es endlich handfest werden sollte, wohnte ich nach längerer Pause einer solchen Besprechung von Konrad und Fabian mit Schröder und der Blaumanngroup bei. Während die Granden zwischen Sandbergen, Schubkarren, gelben Plastikrohren, aufgeplatzten Kalkbeuteln und einem zementverkrusteten Radio mit hämmernden Elektrobeats herumstanden und palaverten, dämmerte mir, dass meine Unmündigkeit in Sachen Scheune eine selbst verschuldete war. Und rekapitulierte: Begonnen hatte nach dem Rohrbruchfiasko alles mit einer guten Portion naivem Anarchismus. Jeder durfte nach seiner Fasson am Weidenhof herumflickschustern, überall mitmischen und auch mitreden. Als jedoch die Grenzen der Schwarmintelligenz in Form eines durch Kleinbaustellen zeitweise lahmgelegten Weidenhofs sichtbar geworden waren, gründeten wir Task Forces mit weitreichender Entscheidungsbefugnis. Diese Maßnahme beruhte zudem auf der Einsicht, dass es den Prozess zu sehr lähmte, wenn man jeden Mitbewohner in jede kleine Entscheidung mit einbeziehen wollte. »Weniger Demokratie wagen« war bekanntermaßen die Losung der Stunde. Doch schon bald kam die Brombeergate-Affäre und bewirkte, dass die scheinbar so klare Regelung wieder verwässerte. Was wer alleine entscheiden durfte und wo der Segen der Mitbewohner einzuholen war, stellte sich eben doch als unklar heraus. Es hatte sich gezeigt, dass manche Fragen zu sensibel waren, um über die Köpfe eines Teils der Gruppe hinweg entschieden zu werden. Offiziell aufgelöst wurden die Task Forces nie, aber bald wusste keiner mehr so recht, wer wo dazugehörte. Um noch mehr Großkonflikte zu vermeiden, durften alle wieder überall ihren Senf dazugeben. Innerhalb dieser Regelungsunschärfe und ohne dass man genau wusste, wie, nahmen die Kleinprojekte dennoch eine passable Entwicklung. Versprengte Reste der Task Forces bewirtschafteten nun den Weidenhof, und das nicht ohne Erfolg. Das lag daran, dass inzwischen jeder schon viel besser einzuschätzen wusste, wo seine individuellen Stärken lagen, aber auch daran, dass Schröder als unser heimlicher Hausmeister zur Stelle war und die Dinge wenn nötig in geordnete Bahnen lenkte. Das Beste war, dass er uns das lästige Rasenmähen mit dem Allesmäher abnahm; als Extrucker hatte Wolle den eigensinnigen Bock voll im Griff. Auch hob sich das Gesamtniveau der praktischen Intelligenz: Wände, die durch Bohrversuche wie Schweizer Käse aussahen, wurden merklich weniger. Für das Großprojekt Scheune aber hatte sich unlängst aus natürlichen Interessen und Begabungen eine echte, eine schlagkräftige Task Force für die Bauaufsicht etabliert.

Während Fabian aus dem Stehgreif eine Stärken-Schwächen-Analyse von Luft-Wärme-Pumpen versus Luft-Luft-Pumpen hinlegte, beschäftigte mich die Frage, ob es womöglich eine Strukturähnlichkeit der Entwicklung unserer Hausgemeinschaft mit der gesellschaftlichen Evolution als Ganzer gab. Zunächst hatte der chaotische Urzustand jenen Umkipppunkt erreicht, aus dem eine erste funktionale Arbeitsteilung erwachsen war. Dann bildete sich nach dem Brombeerclash und dem darauf folgenden kurzen Rückfall in die Anarchie eine Projektaristokratie heraus, die einiges an Machtwissen akkumulierte. Ringsherum hatten die kleinen Handwerksleute und Gartenbauern ihre Nischen gefunden, in denen man sie gewähren ließ. Und nun? Nun war die Phase der Aufklärung angebrochen: der Ausgang des Mitbewohners aus seiner selbst verschuldeten Unmündigkeit. Er wollte die Dinge endlich selbst in die Hand nehmen.

»Jut, denn lecht ma wieda los. Wenn watt is, ick sitze im Tabbert.« Wolle weckte mich unsanft aus der intellektuellen Träumerei. Wie ein Vater, der seinen Sohn in die Lehre schickt, übergab mich Konrad in die Obhut von Mike. Der zeichnete mit dem Spaten die Umrisse des Lochs in den Boden und drückte mir das Arbeitsgerät in die Hand: »Bitteschön.«

Hier war nun die Gelegenheit, der versammelten Elite zu zeigen, dass ich einen wertvollen Beitrag zu leisten hatte und das Projekt Scheune vorantreiben konnte. Immerhin hatte ich ja noch meine Fitness als Jogger einzubringen. Ich buddelte wie ein Tagebaubagger drauflos. Fabian und Konrad unternahmen derweil mit Kippchen im Mundwinkel einen Kontrollgang entlang der Gräben, um die frisch verlegten Leitungen vor ihrem Verschwinden unter der Betonplatte noch einmal aufs Genaueste zu inspizieren. Ein Seitenblick der beiden verriet mir, dass ich meine Sache gar nicht mal so schlecht machte. Ich hatte sogar den Eindruck, einen Funken Stolz in ihren Augen zu sehen. Nur Mike ignorierte mich, wenn er mit seiner Schubkarre an meinem Loch vorbeikam. Ich legte die Jacke ab und noch eine Schippe zu. Dann musste ich es einsehen: Diese Geschwindigkeit war nicht lange durchzuhalten. Völlig außer Atem stützte ich mich auf den Spaten. Endlich schenkte mir mein Ausbilder Mike ein wenig Beachtung. Er stoppte mit der Schubkarre neben dem Loch. Ein erstes Lächeln.

»Allet jut?«

»Alles bestens«, flötete ich.

Bums, da war es wieder, dieses Gefühl, mich im Ton vergriffen zu haben. Wie schon auf der Einladungstour vor Betonplattengießer Heinchens Haustür klangen meine Worte zu unmännlich, fand ich. Dass ich diesmal allein schon deswegen so flötete, weil ich aus dem letzten Loch pfiff, machte die Sache nicht besser. Gegenüber Mike und seinem handfesten Können kamen mir die paar Meriten, die ich als Kopfarbeiter gesammelt hatte, plötzlich besonders ätherisch vor. Die Verdienste des Akademikers verflüchtigten sich, sobald er mit Spaten und Maurerkelle seinem uckermärkischen Vorarbeiter gegenübertritt. Ich musste an eine Zeichnung meines Lieblingscartoonisten Gary Larson denken: Zwischen lauter breitbeinig vornübergebeugten Cowboys am Lagerfeuer sitzt einer, der die Beine in intellektueller Pose überschlagen hat. Sein Sitznachbar zeigt auf die verknoteten Beine und fährt ihn von der Seite an: »Lass den Scheiß, Joe!« Hier war ich der Joe.

»Bessa, man jeht die Sache ruhiger an, wa?«, sagte Mike.

»Ja, ist wohl besser«, antwortete ich nun mit sonorer Stimme.

Ab eineinhalb Meter Tiefe schüttete mein Körper Endorphine aus, die mich bei der Stange hielten. Das Zementradio mit dem Elektrogeballer gab den Takt vor. Ich grub mich glücklich. Zwischendurch schaute immer mal wieder Oscar mit seinem Fußball unterm Arm in der Scheune vorbei und fragte mich, warum ich gerade *das* jetzt machen müsse.

»Damit wir hier mal einen schönen großen Gemeinschaftsraum mit einer Küche, einem Badezimmer und noch ein paar mehr Schlafzimmern haben«, erklärte ich ihm. Der Filius schaute mich ratlos an. Zwischen Vision und Realität klaffte derzeit noch deutlich mehr als nur das Loch, in dem ich inzwischen bis zur Hüfte stand.

Um mich bei Laune zu halten, hielt Mike nach jeder zweiten

Schubkarre Ziegelsteine, die er ranholte, seinen Zollstock in die Grube und sagte: »Kleenet bisschen noch.«

Als es vollbracht war und ich bis zum Scheitel in der Grube stand, reichte mir Mike einen Eimer mit Mörtel, eine Maurerkelle und erste Steine an. Ich begann, die Ziegel schnurgerade an den Seitenwänden entlangzulegen.

»Falsch! Allet retour«, befahl Mike.

Er erklärte mir, in welcher Formation ich die Steine zu mauern hatte, doch ich begriff es nicht. Also lotste er mich mit jedem Stein wie einen Fahranfänger beim Einparken in die richtige Position: »Noch zwee Zentimeter nach links, jawoll, und noch ein bisschen schräger, ja, so isset jut.« Als die erste Reihe lag, verstand ich, dass wir im Kreis mauerten, einen Zylinder beziehungsweise eine Art Brunnen. Und der Abstand, der zu den Seitenwänden des Lochs verblieb, sollte später mit Erde aufgefüllt werden. Weil man es nur so wirklich gerade hinbekam. Hatte ich also schon mal was gelernt.

»Ruhig ordentlich ruffklatschen«, feuerte Mike mich an, weil ich offensichtlich zu sparsam mit dem Mörtel umging. »Ansonsten sieht dit doch jarnich so übel aus.«

Wir gingen zu einer tayloristischen Arbeitsweise über. Im Akkord ging es weiter: Mike reichte mir Steine an, ich mauerte, währenddessen mischte er neuen Zement an, ich stapelte und verschmierte – und immer wieder von vorn. Über die Baseline des Betonradios legte sich nun das Brummen und Plätschern des rotierenden Betonmischers, was im Zusammenklang ein gar nicht mal so übles Baustellen-Techno ergab: ein Sound, der mich in eine Mischung aus Party- und Arbeitsstimmung versetzte – Slave of the Rhythm. Nachdem uns, vielmehr mir, der repetitive Rhythmus der Arbeit in Fleisch und Blut übergegangen war, gab es Raum für Gespräche.

»Und, heute nach Feierabend noch Party machen?«, fragte ich etwas ranschmeißerisch.

»Eher nich, muss morgen und Sonntag ooch wieda ranticken.«

»Sonntags auch? Was willst du eigentlich mit dem ganzen Geld?«

»Mein Vadder ist seit Sommer Frührentner. Ohne mein Jeld müssten wir beede aus unserm Haus raus.«

Ich schwieg und griff verlegen nach dem nächsten Ziegel.

Nach ein paar Steinen ergriff Mike wieder das Wort: »Und watt übrich bleibt, fließt in mein bestet Stück.«

»Deine Freundin, oder was?«

»Nee, mein Crossmotorad. Ick fahr immer mit meine Kumpels Motorrad im Jelände hier. Heute später wollnwer ooch wieder ne Runde drehn.«

»Wo denn?«

»Na, kreuz und quer überde Feldwege.«

»Gibt's da nicht Ärger?«

»Ja, warnt mein Vadder ooch immer. Aber ick sage: Inner janzen Uckermark sind vielleicht zwee, drei Streifenwagen unterwegs, die kriegen uns sowieso nich. – Pass mal uff, da links anne Seite kriegt dit Mäuerchen bisschen Schlachseite.«

Wir mauerten und redeten und mauerten und redeten. Ein paar Mal, wenn mir ein Ziegel zu schief geriet oder eine Ladung Mörtel auf die Erde klatschte, rutschte mir noch ein mädchenhaftes »Uups« raus. Ansonsten lief alles glatt: Mike zeigte mir, wie man Ziegelsteine mit dem Hammer so splittet, dass man exakt passende Zwischenstücke bekommt. Er erzählte mir, wie seinerzeit die Feldsteine für die typischen uckermärkischen Scheunen zurechtgeschlagen wurden, sodass sie eine geeignet glatte Außenseite für die Fassade boten. Er erläuterte, wie die Vorfahren diese Oschis von Steinen überhaupt an der Wand hochgehievt und gestapelt bekommen hatten, und korrigierte von Zeit zu Zeit freundlich einen missglückten Stapelversuch von mir. Ein paar Mal drückte er mir eine Wasserwaage in die Hand und sagte: »Immer schön jerade hochziehen.« Dann ging er wieder zum Theorieteil über: woraus genau Zement sich zusammensetzt, wie er besser bindet, woran es liegt, wenn die Konsistenz nicht stimmt. All das erfuhr ich in meiner kleinen Maurerlehre.

»So, dit haste ja janz jut jemacht. Aber wie jedenkste, aus der Nummer nu wieder rauszukommen?«, fragte Mike.

»Aus welcher Nummer?«

Ich schaute mich um. Gedankenversunken hatte ich den Brunnen inzwischen bis auf Brusthöhe hochgemauert und den Ausstieg verpasst. Ratlos schaute ich zu Mike auf.

»Und, watt lernen wa daraus? Beim nächsten Mal rechtzeitich rausklettern und von oben zu Ende mauern, würd ick sagen.«

Mike rief Fabian zu Hilfe, um mich aus meinem selbst gemauerten Gefängnis herauszuhieven. Sie packten den Spaten an beiden Enden und hielten mir den Stil hin. Ich klammerte mich daran fest und ließ mich wie in einem Managerseminar für Teambuilding von den beiden hochziehen. Zusammen ein Mäuerchen hochziehen, das hatte schon Konrad und mich nach unserem persönlichen Verdun wieder versöhnt. Nun hatte es mich auch den Maltrinern ein gutes Stück nähergebracht. Mauer hoch, Vorurteile runter, dachte ich.

Am Samstagmorgen danach: Hände voller Blasen, ein steifer Rücken und ein rechter Unterarm, der ein knarzendes Geräusch machte, wenn ich das Handgelenk bewegte.

Auf der samstagmorgendlichen Gartenbanksitzung mit Olli freute ich mich diebisch über meinen wohlverdienten Tag Pause.

»Na, hast du bei Konrad schon den gelben Schein eingereicht?«, fragte Olli und trug damit meiner Leidensmiene Rechnung, die ich wie einen Orden vor mir hertrug. Wie im Boulevardtheater ging just in dem Moment die Haustür auf: Konrad.

»Wer übernimmt eine Besorgungsfahrt nach Polen in den Baumarkt?«, fragte er.

Ich legte die Stirn in Falten, nahm die Besorgungsliste entgegen und salutierte widerwillig: »Eye eye, Sir.«

Als Konrad mit einem diabolischen Lachen wieder im Haus verschwunden war, wiederholte ich missfällig seine Worte: »›Ein paar Sachen‹ ist gut. Euphemistischer geht es ja wohl kaum. Konrad weiß genau, in welches Stahlbad er mich da schickt.«

Auf der Besorgungsliste, einem auf der Rückseite bekritzelten Sichtfensterumschlag, stand eine Menge übles Zeug, mit Bezeichnungen, die für mich schon unter deutschen Baumarktbedingungen nach Ärger rochen und die im polnischen Baumarkt Böses erwarten ließen.

»Punkt eins: Rückstoßventil, Punkt zwei: Doppelspindeleckventil mit Rückflussverhinderer«, las ich Olli vor, der vor Schadenfreude eine Qualmwolke ausprustete. »Nun wird das Wochenende endgültig zur Konfrontationstherapie«, sagte ich. »Ich hatte immer gehofft, wenigstens um den Einsatz an der Ostfront herumzukommen.«

»Das muss man Lord Cord lassen«, sagte Olli. »Uns mit dieser Beiläufigkeit ins Verderben zu schicken, das hat er wirklich drauf. Er hat einfach das Zeug zum Gutsherren.«

Ich ließ mich tief in die Gartenbank sinken.

»Aber wenn du schon mal dabei bist, bring mir doch noch einen Satz dreifach vernickelter Gelenkmuffen aus Polen mit«, sagte Olli mit einem bitteren Lachen.

Die Tür ging erneut auf: Konrad. Er trug jetzt seine Baustellenkluft: dunkelblaue Hose mit Breitcord und das ausrangierte Tweedsakko mit Spuren aller bisherigen Baumaßnahmen und überzogen mit einer gleichmäßigen Staubschicht. Dazu die mit Betonspritzern gesprenkelten Büroschuhe, seine »Krokoletten«. Konrad lächelte sibyllinisch, als würde er uns Ollis durchschauen, und setzte sich mit einem Pad-Kaffee und einer Selbstgedrehten dazu.

»Kurze Instruktion: Das Rückstoßventil bräuchten wir für

die Gartenpumpe«, erläuterte er, »aus der, wie ihr ja sicher bemerkt habt, seit Tagen nichts mehr rauskommt. Und das Doppelspindeleckventil mit Rückflussverhinderer ist ein leidiges Thema – der x-te Versuch, den Toplader auf der Rückseite endlich dicht zu kriegen. Und bitte noch eine Info einholen, was Klinkersteine in Polen kosten«, bat er. »Die ganz normalen mit ovalem Eingriffloch, keinen Reichsbrand. – So viel von eurem Gutsherren zur Vorbereitung auf den Einsatz an der Ostfront«, sagte Konrad. »Und denkt dran, dass man euch durchs Badezimmerfenster gut hören kann.«

Qua Namen und auch von der Fassade her hätte der Baumarkt vor den Toren Stettins ebenso gut als Atommüllzwischenlager durchgehen können. Ich parkte versehentlich an der Materialannahme des »Castorama« und musste erst mal ganz um den Baumarkt herumlaufen, um zum Eingang zu gelangen. Auf dem Parkplatz standen viele deutsche Autos, sodass ich es wagte, mich am Infoschalter direkt mal auf Deutsch nach Rückstoßventilen für Gartenpumpen zu erkundigen. Die Infodame sagte: »Ja, Charten, ja, ja Charten«, und zeigte den Gang entlang. Ganz am Ende der Halle gab es einen Durchgang ins Gartencenter, das sich in einer separaten Halle aus Plexiglas befand.

In der »Charten-Abteilung« waren Fremdsprachenkenntnisse noch rarer gesät.

»Sprechen Sie… äh… do you speak?« – Alle reagierten prompt mit Kopfschütteln. Ich half mir mit deutsch-englischen Versatzstücken, machte pumpende Handbewegungen und wagte auch mal einen kleinen Gag: »You know? Pump up the jam!« Der Mann im gelben Polohemd schaute ernst und führte mich zur Gartenpumpe. Welch ein Glück! Es handelte sich um dasselbe Modell, das auch im Garten des Weidenhofs stand. Klar, Konrad und Andine hatten es ja auch hier gekauft. So konnte ich mein Anliegen am realen Objekt pantomimisch weiterelaborieren: Um zu zeigen, dass es hier nicht um die ganze Pumpe ging, maß ich das Gerät einmal in voller Länge mit den Händen ab und schüttelte danach heftig mit Kopf und Zeigefinger. Dass es mir vielmehr darum ging, dass aus unserer Pumpe kein Wasser mehr kam, stellte ich dar, indem ich wieder zu pumpen begann, dabei in die Öffnung der Pumpe schaute und anschließend ein prononciert verdutztes Gesicht machte beziehungsweise heftig mit den Schultern zuckte. Ohne zu zögern, bedeutete mir der Castorama-Mann, ihm zu folgen. Wir liefen zu einem nahe gelegenen Regal, wo er sich einen grünen Hartgummiring in der Größe eines Einmachglasgummis griff. Alles deutete darauf hin, dass es sich hierbei tatsächlich um ein Rückstoßventil handelte.

Vielleicht war der Chef dieses Baumarkts ein weiser Mann. Hatte er erkannt, dass es vollkommen unnötig war, Mitarbeiter mit Deutschkenntnissen einzustellen? Womöglich hatten die Castorama-Manager weiter gedacht und verstanden, dass Baumärkte, egal in welchem Land, ohnehin eine ganz eigene Sprachzone waren, in der sich der Laie in der Regel nur nonverbal zu helfen wusste. Zumindest mein Vokabular beschränkte sich selbst in muttersprachlichen Baumärkten auf Hilfskonstruktionen wie: »So ein Teil mit sonem Haken zum Anbringen eines Dingsbums an der Wand«, während ich die Ausmaße des Teils auch deutschen Baumarktangestellten gegenüber schon mal durch Gebärdenspiel darstellte. Nur ganz ausgebuffte Heimwerker wussten schließlich, wenn sie sich nach einer dreifach vernickelten Gelenkmuffe zu erkundigen hatten. Der Rest musste den Erleuchtungsmoment im Beratungsgespräch mit dem Fachpersonal erhobenen Hauptes ertragen: »Ach so, warum sagen Sie das nicht gleich?« Umso angenehmer war es für den Baumarktlegastheniker, er erledigte seine Besorgungen unauffällig in Polen. Hier konnte er seine peinliche Unkenntnis der Gelenkmuffe hinter seiner allgemeinen Sprachunkenntnis verbergen. Warum auch sonst sollte in Zeiten hoher Spritpreise der Parkplatz des Castorama in Stettin so voll mit deutschen Autos sein? Bestimmt nicht wegen der paar Cent, die man hier sparte. Nach dieser Erkenntnis fühlte ich mich gut gewappnet, es nun auch mit dem Doppelspindeleckventil mit Rückflussverhinderer aufzunehmen.

Der freundliche Mitarbeiter im gelben Polohemd nickte nach meiner pantomimischen Darbietung verständig und lief mir voraus. Als wir den Gang mit den Waschmaschinen erreicht hatten, zog ich wieder meine Nicht-das-ganze-Ding-Scharade ab und stellte anschließend auf der Rückseite mit flirrenden Bewegungen meiner Finger ein kleines Rinnsal dar, das an der Anschlussstelle austrat – worüber ich mit heftigem Stirnrunzeln mein Missfallen ausdrückte. Der Castorama-Mann drückte mir eine Packung mit einem kleinen Metallventil in die Hand. Als ich las, was auf der Packung geschrieben stand, sah ich mich in meiner Überzeugung bestätigt, dass es anders als nonverbal sowieso nicht ging. Es handelte sich um ein: »Zawòrpralkowy zprzed I uzka dobaterii ´sciennej 3/4 »x3/4 x ¾» vento v 130002.«

Die Klinker-Info einzuholen war die leichteste Übung. Mein gelber Helfer führte mich punktgenau in den Gang mit dem Schild »Klinkierowa«. Nur als ich anschließend dringend mal musste, leistete er sich einen kleinen Patzer und geleitete mich in die Abteilung mit den Kloschüsseln.

Konrad, Andine! Konrad, Andine!«

Andine baute den Ruf in ihren morgendlichen Traum ein. Auch Konrad war ganz weit weg und versteckte seinen Kopf unterm Kissen. Doch der Rufer mit der brüchigen, seltsam gepressten Stimme ließ nicht locker.

»Konrad, Andine!«

Konrad grummelte irgendetwas vor sich hin und richtete sich im Bett auf. In seiner Verwirrung versuchte er zu eruieren, woher der merkwürdige Weckruf kam.

»Konrad, Andine – Hilfe!«

Er ging zum Fenster des Splatterzimmers, das immer noch mit einer unverputzten Decke auskommen musste, und zog die Gardine beiseite. Von hier oben konnte man das Nachbargrundstück gut einsehen: Dort saß Wolle Schröder auf der Bank vor seinem Wohnwagen. Stocksteif und regungslos.

Absender: Konrad Volkmann.
Uhrzeit: 12:49.
Betreff: Schröder

Heute Morgen um sechs werden wir wach durch mehrere Rufe: »Konrad, Andine!« Draußen sitzt Schröder in sehr schlechtem Zustand. Konnte nicht mehr laufen, war komplett blau angelaufen, schwitzte wie wild und schob echt Pa-

nik. Gott sei Dank hatte er selbst schon einen Rettungswagen bestellt, der allerdings verdammt lange brauchte. Uckermark eben. Die Ärzte haben ihn noch im Wagen notbehandelt und waren ernsthaft besorgt. Verdacht auf Herzinfarkt. Offensichtlich hatte er den Infarkt schon gestern Abend und dachte, das ginge vorbei. Jetzt liegt Wolle im Kreiskrankenhaus.
Hoffen wir, dass er wieder auf die Beine kommt.
Seid nett zu ihm.
Andine ist draußen geblieben, hält die Stellung und füttert Paula. Wir wissen noch nicht, wie es weitergeht.
Konrad

Als Schröders Hund Paula mit den Grillresten vom Wochenende versorgt war und im Vorzelt selig schlummerte, setzte sich Andine in den Wellsow und fuhr los. Dreißig Kilometer legte sie zurück, nur um am Empfang des Kreiskrankenhauses abzublitzen. Die diensthabende Oberschwester teilte ihr in bewährter Krankenhausfreundlichkeit mit, dass sie ihr mit einer Patientenauskunft nicht dienen könne, allein schon weil wegen des Ärztestreiks nur in Notbesetzung gearbeitet werde. Ferner belehrte sie Andine ziemlich barsch, dass Patientenauskünfte sowieso und überhaupt nur Angehörigen zustünden.

Das Wort »Angehörige« versetzte Andine einen Stich. Wenn es über die Lippen so einer Oberschwester kam, klang es immer schon nach dem Schlimmsten. Um Atemluft zu schöpfen, ließ sich Andine in eine der umliegenden Sitzgruppen sacken und starrte auf das Ensemble aus Ficus-Bäumchen und Kunstdrucken mit den Seerosen von Monet, die hier die Wände schmückten – offensichtlich hatten sich Steve und Fabian mit ihrem Kunst-Service den Nordosten Deutschlands noch nicht vorgeknöpft. Da öffnete sich die automatische Glastür, und Wolle Schröder wurde in einem Rollstuhl in Richtung Ausgang geschoben.

Aufgeweckt tönte er: »War wohl nurn einjeklemmta Nerv oder sowatt, vamuten die Halbjötter. Hab ne Spritze jekricht. Kann gleich wieda abhaun, sajense.« Auf dem Beifahrersitz neben Andine lief Wolle dann zu alter Form auf: »Ick bin sowatt von froh, ditt ick aus den Scheißladen wieda raus bin, Andine, dit kann ich dir sajen.«

Auf etwa der Hälfte der Strecke geriet der Motor des Volvo ins Stottern. Andine bog in einen Feldweg ein und öffnete die Kühlerhaube.

Schröder war zwar nicht in der Lage, lange aufzustehen, aber er lotste Andine vom Beifahrersitz aus blindlings durch die marode Technik im Motorraum: »Klingt mia danach, ditt sich der Stangjasfinger vaabschiedet hat.«

Als Andine die Motorhaube aufklappte, war in der Tat der Standgasfinger abgebrochen.

»So, Mädchen, jetz machste Folgendet: Jetz schnappste dir eine von euan Weinflaschen im Kofferraum, denn schnitzen wa den Korken zurecht, und den stopfste dann in dit Loch vom Standjasfinga rin.«

Bald surrte der Motor wieder wie ein Kätzchen, und Schröder und Andine rollten die alte Allee entlang über die weiten Hügel in Richtung Maltrin. »Hömma, Andine, sach dein Konrad, ditt er sich ma langsam 'n vernünftijet Auto zulejen soll. Die Rotte hier muss vom Hof.«

Andine chauffierte Wolle direkt bis vor seinen Wohnwagen und half ihm auf die Campingliege, wo sich der alte Trucker erst mal gesund schlafen wollte. Andine versprach, in Hörweite zu bleiben, lief zurück ins Brombeerhaus und rief bei Konrad an.

Absender: Konrad Volkmann.
Uhrzeit: 14:14.
Betreff: Entwarnung bei Schröder

Andine rief gerade an. Schröder ist okay. Sah zwar erst böse aus, war aber wohl doch nur irgendein Nerv. Er liegt schon wieder in seinem »Tabbert«. Trotzdem. Ich glaub, ich hab noch nie jemandem die Angst so angesehen. Andine und ich waren heute Morgen erst mal wie schockgefrostet.

In der Hängematte verdaute Andine den Schrecken vom Vormittag und schaukelte sich in einen unruhigen Mittagsschlaf. Dann durchfuhr es sie wieder, das gleiche gepresste Rufen.

»Andine!«

Schröder lag nach wie vor auf der Campingliege, war aber wieder blau angelaufen. Diesmal rückte das Rettungsteam mit dem Helikopter an, der in einem gewagten Manöver zwischen dem Wohnwagen und dem Zaun des Weidenhofes hinunterging. Der Wind der Rotorenblätter drückte die Plane des Vorzelts tief ein und ließ die schwachen Äste der Trauerweiden brechen. Zum zweiten Mal von Hilfeschreien aus dem Schlaf gerissen, war Andine nun hypernervös, was Sie in einem Flirt mit dem Hubschrauberpiloten abreagierte: »Mein Gott, wie Sie das geschafft haben, hier zu landen!!« Zwei Ärzte sprangen aus dem Helikopter, eilten zum Vorzelt und präparierten noch halb im Laufschritt die Spritze. Das Mittel wirkte sofort – sichtlich verschwand der Schmerz aus Wolles Gesicht, und alle beruhigten sich ein bisschen. Dann verfrachteten sie unser lieb gewonnenes Wohnwagenorakel Schröder auf einer Trage in den Hubschrauber und hoben ab.

Absender: Konrad Volkmann.
Uhrzeit: 18:08.
Betreff: ohne Worte

Wolfgang ist verstorben.

Bei Simone auf dem Handy meldete sich eine erbärmlich wimmernde Andine, ein hörbares Häufchen Elend, deren Weinen rasch in Wutgeheul umschlug.

»Dieses Arschloch! Schröder ist noch keine achtundvierzig Stunden tot, da steckt dieses Arschloch Paula ins Tierheim. Nur weil der Hund ein bisschen rumgekläfft hat in unserer Wohnung.«

Die Freundinnen waren außer sich. Unverzüglich machte sich Simone auf den Weg zu der Polizeiwache an der Bernauer Straße, wo Konrad laut Andine den Hund abgegeben hatte. Die Rundmail, die Konrad ungefähr zur selben Zeit herumschickte, konnte mit dem Tempo der beiden nicht mithalten.

Absender: Konrad Volkmann.
Uhrzeit: 10:29.
Betreff: Paula

Schröders Hund ist jetzt bei der Polizei und wird von dort bald ins Tierheim gebracht. Wenn irgendwer jemanden kennt, der Paula adoptiert, hole ich ihn sofort zurück. Ansonsten bitte ich um Zurückhaltung mit unverbindlichem Gutmenschentum.

Wolles schwarzer Mischling quietschte wie eine schlecht geölte Metalltür und scharrte mit den Krallen über den PVC-Boden der Polizeiwache Abschnitt 15 an der Eberswalder Straße. Dann sackte er in sich zusammen. Paula, die, als wir gerade auf dem Weidenhof eingezogen waren, einfach nicht davon abzuhalten gewesen war, sich vor lauter Lebensfreude Hals über Kopf in die frisch ausgehobenen Gräben mit der milchkaffeebraunen Fäkalbrühe zu stürzen, machte, sofern man das über einen Hund sagen konnte, einen manisch depressiven Eindruck, harrte, angebunden an ein Schreibtischbein, ihres Abtransports ins zentrale Tierheim Berlin-Falkenberg und ging den Polizisten sichtlich auf die Nerven. Es lag in der Luft, dass der Hund jeden Augenblick von einem ausrastenden Cop geschlagen werden könnte. Jedenfalls brachen nicht nur der Hund, sondern auch die Beamten in Begeisterung aus, als Simone auf dem Präsidium erschien, um Paula vor einem Lebensabend in Gefangenschaft zu retten. Eins musste Simone nur vorab noch versprechen, darauf legte der Polizeihauptwachtmeister besonderen Wert, nämlich, dass sie diesen Köter auch ganz bestimmt nicht wieder zurückbrachte. Nach diesem wenig feierlichen Gelöbnis führte Simone Paula an der Leine ins Freie.

Das allgemeine Schwanzwedeln über die Entlassung aus dem Polizeigewahrsam war unterdessen nicht von großer Dauer, weil der Hund in Simones und meiner Obhut fortwährend von dem kleinen Gustav am Schwanz gezogen wurde. In unserer Stadtwohnung hatte das Tier keine Chance, dem noch empathieunfähigen Zweijährigen zu entkommen. Selbst Simone musste bald einsehen, dass man diese Qualen keinem Hund – und schon gar nicht einem trauernden Hund – antun konnte, und brachte Paula nach zwei Tagen der Folter zu einer entfernten hundevernarrten Bekannten. Bedauerlicherweise verliebte sich diese Mutter Theresa für Vierbeiner alsbald via Internet in einen kanadischen Mann und wanderte Hals über Kopf nach Vancouver aus. So verlor sich auch die Spur von Paula. Ob Paula ihren Lebensabend an der Pazifikküste verbrachte oder als Opfer der neuen Unverbindlichkeit doch noch in Falkenberg gelandet war, haben wir nie erfahren.

Mehr noch als unverbindliche Gutmenschen, die schnell

mal auf den Hund kamen und ebenso rasch wieder davon ab, brachte es Konrad zur Raserei, dass hier ein Mensch über die Klinge der Zweiklassenmedizin gesprungen war. Nach zähem Ringen mit dem Kreiskrankenhaus hatte Andine noch in Erfahrung bringen können, dass Wolle anscheinend einem Bauchspeicheldrüsenleiden erlegen war. Einer Erkrankung, die man durchaus hätte erkennen können und *müssen*, wie ein befreundeter Arzt bestätigte.

»Den alten Brummifahrer schicken sie mit einem offensichtlichen Bauchspeicheldrüsenproblem wieder nach Hause«, wetterte Konrad. »Den privat versicherten Spediteur hätten sie sicher mit Kusshand dabehalten.«

Nicht zuletzt musste man auch mal an die Landwirtschaft denken und damit an Bauer Plietsch. Auch der hatte den guten Geist seines Großagrarbetriebs verloren. Es war nicht zu leugnen: Nach einem Sommer, in dem wir die Porzellanenten hatten fliegen lassen, erhielt mit dem Herbst auch eine Vorstellung vom Ernst des Landlebens auf dem Weidenhof Einzug. Die zu Zechliner Zeiten angeleierte und hochtourig drehende Selbstvergewisserungsmaschine, dass es mehr als angemessen und total Avantgarde sowieso sei, sich neben dem Leben in der Stadt, die so viele Menschen anzog, noch eine Landzuflucht zu leisten, bekam eine spürbare Unwucht: Nicht nur, dass die Landflucht inzwischen nicht mehr ganz so Avantgarde war – alle Welt legte sich mittlerweile eine Datsche im Brandenburger Umland zu –, vielmehr rückte nun an die Stelle unserer kindlichen Begeisterung für die Mission »Sommerhaus jetzt!« ein fragender, teils grübelnder Blick in die Zukunft. Sicher hatte auch die Tatsache, dass mit Olli und Jana sowie Konrad und Andine zwei weitere Weidenhofpaare Nachwuchs erwarteten, ihren Teil dazu beigetragen.

Es war schließlich Olli, der an einem kalten Abend am Lagerfeuer Ende Oktober bei Bratapfel- und Stockbrotgenuss eine bislang unbeachtete, aber deshalb nicht weniger berechtigte Frage aufwarf: »Fabian, du bist doch der Meister unseres Immobilien-GbR-Vertrages. Du kannst uns doch bestimmt verraten, wer das hier eigentlich alles mal erbt.«

Fabian saß auf dem Stamm einer kranken Pappel, die wir am Mittag fällen mussten, und drehte gerade sein Stockbrot überm Feuer, als ihn Ollis Frage sichtlich unerwartet traf.

»Wie kommst du denn jetzt darauf? Um ehrlich zu sein, bin ich mir da selbst gar nicht mehr hundertprozentig sicher.« Der Jungunternehmer nahm einen größeren Schluck aus der Radebergerpulle, musste aufstoßen und dann lachen: »Ist nicht ausgeschlossen, dass der letzte Überlebende von uns alles bekommt. Diese Passage unseres Vertrages sollte ich wohl besser noch mal nachlesen.«

Andine warf Konrad einen verzückten Blick zu: »Aber das wäre doch wunderbar, my Lord, dann könnten wir den ganzen Weidenhof ja unserer kleinen Princess of Maltrin vererben? Hör mal am besten bald mit dem Rauchen auf, damit wir es hier am längsten von allen machen.«

»Das wird alles mal dir gehören, Mädchen«, parodierte Olli Konrad und schwenkte den Arm über unseren Großgrundbesitz.

»Haben wir allen Ernstes eine dynastische Regelung?«, fragte Steve entsetzt. Bei ihm waren noch keine Kinder in Planung.

Konrad kicherte. »Nein, wir haben damals beim Notar tatsächlich festgelegt, dass, wenn einer von den Eigentümern stirbt, die überlebenden Eigentümer dessen Anteile erben. Damit das Ursprungsteam es in der Hand behält und nicht plötzlich irgendwelche bekloppten Erben mit am Plenumstisch sitzen und hier mitbestimmen wollen.«

»Ist doch perfekt«, sagte ich. »Ist doch ein wunderbarer Agatha-Christie-Plot: Zwölf betagte Menschen in einem alterwürdigen Landhaus, und jeder versucht den anderen des Nachts heimlich zu meucheln, um alles selbst einzusacken ... Und jeden Morgen kann ein weiteres Gedeck von der Frühstückstafel abgeräumt werden.«

»Mal 'ne andere Frage«, unterbrach Jörg meine Synopsis, »gibt es eigentlich eine Möglichkeit, aus der Nummer hier auch wieder rauszukommen?«

»Ist nicht!« Mette, die nur Mieterin war, lachte. »Wusstest du nicht, dass das hier Scientology ist?«

»Wer weiß, vielleicht legt die Regierung irgendwann mal so staatlich geförderte Aussteigerprogramme für unsere Landhaussekte auf«, spekulierte Olli. – »Fuck!« Olli schüttelte heftig seine Hand, die er sich an der Alufolie eines Bratapfels verbrannt hatte. »Und die Abtrünnigen treten bei *Panorama* auf mit verpixeltem Gesicht«, sagte er.

»Verbrannte Finger immer ans Ohrläppchen halten, Olli«, riet ich ihm. »Übrigens wäre es neuesten Erkenntnissen der Altersforschung zufolge gar nicht empfehlenswert, hier auszusteigen. In der *Zeit* stand gerade ein sehr interessanter Artikel, wonach sich die Hinweise verdichten, dass den Menschen nichts so frisch hält wie eine möglichst vielfältige kognitive Stimulation mit vielen unvorhersehbaren Ereignissen – und das am besten bis ins hohe Alter. Von daher ist der Weidenhof doch ein einziger, sechstausend Quadratmeter großer Jungbrunnen. Besonders jetzt, wo Wolles schützende Hand nicht mehr über uns liegt, dürfte die Sache ja wieder unwägbar werden.«

Von Überraschungen würde das gemeinsame Leben in unserem Landhaus wohl bis zum unabsehbaren Ende gekennzeichnet bleiben. Das war letztlich die einzige Sicherheit, die es hier gab. Dafür sorgten allein die vielen unterschiedlichen Stimmen unter diesem Dach, die sich nur sehr eingeschränkt steuern ließen. Jedem von uns war nach dieser ersten großen gemeinsamen Wegstrecke klar, dass unsere Teilzeitkommune immer und dauerhaft zwischen Regulation und Laissez-faire, zwischen Ordnung und Chaos, changieren würde. Und ich wurde das Gefühl nicht los, dass dieses ständige Hin und Her die einzige dem Menschen angemessene Form von Gemeinschaft war. Regeln waren vor allem dazu da, um aufgeweicht zu werden – und dann neu vereinbart. Wie überall konnte es auch auf dem Weidenhof allerhöchstens Annäherungen an Vollkommenheit geben und das auch nur, so paradox das klang, wenn man den Willen zur Perfektion aufgab. Wer hier mitmachte, musste den Pedanten in sich exorzieren.

Die beiden glücklichsten Tage im Leben eines Hausbesitzers, hatte der Notar seinerzeit geunkt, seien der Tag des Kaufs und der Tag des Verkaufs. Das mochte sein. Der Notar hatte nur ausgeklammert, dass die Tage dazwischen auch ziemlich schön sein konnten. Vielleicht machte es den Unterschied, dass wir nicht ein, sondern viele Hausbesitzer waren. Für die Unwägbarkeiten, die das mit sich brachte, hatte sich bei allen Weidenhofbewohnern eine seelische Hornhaut gebildet, die es ihnen leichter machte, tolerant zu sein. Mit den Wechselfällen unserer bisherigen Geschichte hatte jeder von uns auch seinen Bizeps der Sozialkompetenz erkennbar vergrößert. Hätten sonst, um nur ein Beispiel zu nennen, alle stillschweigend akzeptiert, dass Ylva und Mette entgegen den Statuten plötzlich ihre eigenen Zimmer haben wollten? Dauerhaft eigene Zimmer waren nie vorgesehen. Doch bei Regelabweichungen wurde mittlerweile immer seltener rumgemosert und immer öfter auf die typische Maltrinart mit einer Prise Sarkasmus nachreguliert: Die beiden Zimmer bekamen den Namen »skandinavisches Viertel«, und jeder machte seinen Frieden damit. Das war auch gut so, denn im Laufe der Monate zogen alle nach: Singles, Paare und Familien, wir alle richteten uns mit der Zeit in »unseren« Zimmern auf Dauer wohnlich ein, deponierten Klamotten in den Kommoden und zogen Wochenende für Wochenende immer wieder dort ein – sofern es bei unserer Ankunft noch zu haben war.

Irgendwann, dafür war Maltrin ein Lehrstück, korrigierte eine organische Entwicklung bestimmte Regeln, die zwar gut klangen, aber an den Bedürfnissen vorbeigingen. Zum Beispiel an dem nach etwas mehr Stabilität und Berechenbarkeit, das sich selbst bei noch so anarchischen Weidenhofbewohnern im Laufe der Zeit manifestierte.

»Ich würde eher sagen«, ergänzte Elke meine Gedanken, »jetzt, wo Wolle nicht mehr da ist, müssen wir dann wohl doch selbst mal ein bisschen erwachsen und vernünftiger werden. Immerhin haben wir uns hier alle einem Projekt verschrieben, das verbindlicher ist als die meisten Beziehungen heutzutage.«

Diese Stichworte kamen auch Konrad sehr gelegen. Er nahm das Begriffspaar »erwachsen« und »vernünftig« zum Anlass, ein generelles Schifahrverbot während der anstehenden zweiten Ausbaustufe der Scheune zu fordern, die immerhin nichts Geringeres als eine Fußbodenheizung beinhaltete. Mit dieser Forderung spielte Konrad, wie alle sofort einzuordnen wussten, auf den abwesenden Steve an, der sich zur Eröffnung der Wintersportsaison beim Tiefschneefahren das Schultergelenk zertrümmert hatte. Was wir Steve allerdings hoch anrechneten, war die SMS, die er uns vom Krankenhausbett in Innsbruck geschickt hatte.

Sorry, falle vorläufig für Scheunenumbauarbeiten aus. Habe mir aber fest vorgenommen, bei der Gelegenheit das Rauchen aufzugeben. Mit dem eingesparten Geld ist wenigstens mein finanzieller Beitrag zum Projekt Scheune sicher. lg Steve

Am nächsten Morgen auf der Gartenbank hielten Olli und ich noch einmal fest, dass wir wahrscheinlich beide von der Hoffnung bei der Stange gehalten wurden, irgendwann später im Leben würde es noch einmal so richtig geil werden. Und dass wir diesem utopischen Zustand mit dem Weidenhof ein reelles Stück näher gekommen waren.

NACHBEMERKUNG DES AUTORS

Dieses Buch basiert auf wahren Begebenheiten, real existierenden Orten und behandelt Personen, die es gibt und gegeben hat. Aber um den Schutz dieser Personen zu gewährleisten und das Erlebte gestalterisch in den Gesamttext einzuordnen, spielt der Autor mit der Verschränkung von Wahrheit und Fiktion und hat Namen und andere Details geändert. Der Autor bittet um Verständnis, dass auch der Ort, in dem das im Buch beschriebene Haus steht, geheim bleibt. Maltrin findet selbst Google nicht.

DANKSAGUNG

Ich danke meiner Familie, meinen Mitbewohnern und den Menschen aus dem Dorf für ihre Unterstützung.